PIC 单片机自学笔记

主　编　魏学海

副主编　陈义平　郑　爽

北京航空航天大学出版社

内 容 简 介

本书以美国 Microchip 公司的 PIC16F877 单片机为主线，详细介绍其基本结构、工作原理及应用技术。全书共分 14 章，内容包括：集成开发环境、PIC 系列单片机的基本结构、存储器模块、PIC 指令系统及应用、I/O 端口、同步串行通信、定时器、中断处理、A/D 转换以及应用实例等。

本书内容丰富而实用，通俗易懂，可作为高等工科院校相关专业的教材，也可供从事单片机开发应用的工程技术人员参考。

图书在版编目(CIP)数据

PIC 单片机自学笔记 / 魏学海主编． -- 北京：北京航空航天大学出版社，2011.2
ISBN 978 - 7 - 5124 - 0305 - 5

Ⅰ.①P… Ⅱ.①魏… Ⅲ.①单片微型计算机 Ⅳ.①TP368.1

中国版本图书馆 CIP 数据核字(2011)第 000033 号

版权所有，侵权必究。

PIC 单片机自学笔记
主　编　魏学海
副主编　陈义平　郑　爽
责任编辑　宋淑娟
*
北京航空航天大学出版社出版发行
北京市海淀区学院路 37 号（邮编 100191）　http://www.buaapress.com.cn
发行部电话：(010)82317024　传真：(010)82328026
读者信箱：bhpress@263.net　邮购电话：(010)82316936
北京时代华都印刷有限公司印装　各地书店经销
*
开本：787×960　1/16　印张：20.25　字数：454 千字
2011 年 2 月第 1 版　2011 年 2 月第 1 次印刷　印数：4 000 册
ISBN 978 - 7 - 5124 - 0305 - 5　定价：39.00 元(含光盘)

前言

单片机是芯片级的小型计算机系统,可以嵌入到任何应用系统中,实现智能化控制。近20年来,8位单片机以其价格低、功耗低、指令简练、易于开发等优点,加上近几年嵌入式C语言的推广普及,指令执行速度的不断提升,片载Flash程序存储器及其在系统内编程ISP和在应用中编程IAP技术的广泛采纳,片内配置外设模块的不断增多,以及新型外围接口的不断扩充,使得单片机越来越受到广大电子工程师的欢迎。单片机的发展和性能的日益完善,开创了微控技术的新天地。现代控制理念的核心,就是嵌入式计算机应用系统。通过不断提高控制功能和拓展外围接口功能,使单片机成为最典型、最广泛、最普及的嵌入式微型控制单元。单片机拥有计算机的基本核心部件,将其嵌入到电子系统中,可以满足控制对象的要求,为电子系统的智能化奠定了基础。

单片机的实现方式比模拟控制思想更为简洁和方便得多;同时,可以跨越式地实现对外部模拟量的高速采集、逻辑分析处理以及对目标对象的智能控制。PIC系列单片机是美国Microchip(微芯)公司生产的单片机产品中的标志性产品。Microchip公司从10年前的默默无闻,到今天成为全世界8位单片机销量第一的公司,与其过硬的技术支持和设计完善的系统内核有着直接的关系。PIC系列单片机可以满足用户的各种需要。为了推广和普及PIC单片机的基础知识,提高系统开发及应用能力,特别是适应高校专业改革和教学内容更新的需要,近年来在美国Microchip公司卓有成效的推广之下,PIC单片机已逐渐为国内从事单片机开发应用的工程技术人员所认识和应用。在众多的PIC单片机家族成员中,PIC16F877型号具备在线调试功能和在线编程功能,并包含廉价的学习和开发工具套件。借助于这项独特的性能和优势,学习者可以边学边练、学用结合,既学习理论知识又掌握开发技能,而且在经济上还不需要投入太多。PIC系列单片机的硬件系统设计简洁,指令系统设计精练。在所有单片机品种中,PIC单片机具有性能完善、功能强大、学习容易、开发应用方便以及人机界面友好等突出优点。学好PIC单片机,掌握其核心技术内涵,拓展其应用范围,将具有划时代的意义。

本书以美国Microchip公司PIC16F877单片机为主线,详细介绍其基本组成、原理和实际应用。全书共分14章,第1、3、4、5、7、10、12、14章由魏学海编著,第2、11、13章由郑爽编著,第6、8、9章由陈义平编著。内容包括:第1章PIC单片机简介,主要介绍PIC单片机的硬件结构和开发所需的四件法宝;第2章PIC编译器的语法规则,对指令集系统及语法规则进行分析和说明；第 3 章熟悉 PIC 开发环境，对 PIC 单片机 MPLAB 集成开发环境及使用方法进行详细介绍，并通过具体实例演示项目开发过程；第 4 章 I/O 端口实验，对 I/O 端口的基本功能及其内部结构、初始化设置进行介绍，并列举了很多 I/O 口应用开发实例；第 5 章按键及 B 口电平中断，介绍利用 PIC 单片机电平变化中断来实现一种新的按键扫描方法，并介绍电平变化中断在温度测量中的应用；第 6 章定时器/计数器的应用，重点讨论内部 2 个定时器/计数器的结构、配置及工作方式；第 7 章捕获/比较/脉宽调制 CCP 模块，介绍 CCP 模块的应用方法并给出具体实例；第 8 章 10 位模/数转换器模块，主要介绍 10 位 A/D 转换器的工作原理及其应用；第 9 章捕捉/比较/PWM(CCP)应用，2 个 CCP 模块与 TMR1 和 TMR2 配合，可实现捕捉外部输入脉冲，输出不同宽度的脉冲信号及输出脉冲宽度 PWM 调制；第 10 章休眠、看门狗和 EEPROM 应用，介绍看门狗、休眠和 EEPROM 的基本原理，并给出编程实例；第 11 章并行从动端口，介绍并行从动端口原理，并给出编程实例；第 12 章主从同步串行端口模块，介绍 SPI 总线和 I²C 总线原理及应用实例；第 13 章通用同步/异步收发器，介绍 USART 异步模式；第 14 章 GPS 应用实例，介绍当前比较流行的 GPS 的原理并给出开发实例。本书中各部分均给出了详细分析过程及参考程序，具有一定的实用价值。

本书内容丰富而实用，通俗而流畅，可作为高等工科院校相关专业的教材，也可供从事单片机开发应用的工程技术人员参考。

本书附带 1 张光盘，光盘中包含第 4～14 章详细的程序文件，程序文件均经过测试。光盘中的实例集以章节号命名，便于查询，供读者自学参考使用。

由于微芯公司不断推出新品，可查阅的中文新资料尚不十分丰富，需要撰写的内容不仅量大而且新颖，加之作者的水平有限，书中不妥之处敬请广大读者不吝赐教。

编 者
2010 年 9 月

目 录

第1章 PIC 单片机简介 ………………………………………………………… 1
  1.1 PIC 单片机概述 ……………………………………………………………… 1
    1.1.1 PIC 单片机的优势 ……………………………………………………… 2
    1.1.2 PIC 单片机的选型 ……………………………………………………… 3
  1.2 硬件结构和引脚定义 ………………………………………………………… 5
    1.2.1 内部结构 ……………………………………………………………… 5
    1.2.2 引脚定义 ……………………………………………………………… 8
  1.3 PIC 单片机开发中的四件法宝 …………………………………………… 19
    1.3.1 实验开发板 …………………………………………………………… 19
    1.3.2 下载线 ………………………………………………………………… 20
    1.3.3 编程软件 ……………………………………………………………… 24
    1.3.4 下载软件 ……………………………………………………………… 28

第2章 PIC 编译器的语法规则 ……………………………………………… 31
  2.1 数据类型 …………………………………………………………………… 31
    2.1.1 PICC 中的常量 ……………………………………………………… 32
    2.1.2 PICC 中的变量 ……………………………………………………… 33
  2.2 位指令 ……………………………………………………………………… 34
  2.3 变量的绝对定位 …………………………………………………………… 36
  2.4 结构和联合 ………………………………………………………………… 37
    2.4.1 结构和联合的定义 …………………………………………………… 37
    2.4.2 结构和联合的引用 …………………………………………………… 39
    2.4.3 结构和联合的限定词 ………………………………………………… 39
    2.4.4 结构中的 bit 域 ……………………………………………………… 40
  2.5 PICC 对数据寄存器 bank 的管理 ………………………………………… 41
  2.6 局部变量和全局变量 ……………………………………………………… 42

2.6.1　自动变量 …………………………………………………………… 42
　　2.6.2　静态变量 …………………………………………………………… 42
　　2.6.3　全局变量 …………………………………………………………… 43
2.7　特殊类型限定词 ……………………………………………………………… 43
2.8　指　针 ………………………………………………………………………… 44
2.9　函　数 ………………………………………………………………………… 47
　　2.9.1　函数的参数传递 ……………………………………………………… 47
　　2.9.2　函数返回值 …………………………………………………………… 48
　　2.9.3　调用层次的控制 ……………………………………………………… 49
　　2.9.4　中断函数的实现 ……………………………………………………… 50
　　2.9.5　标准库函数 …………………………………………………………… 51
2.10　♯pragma 伪指令 …………………………………………………………… 52
2.11　C 语言和汇编语言的互利合作 …………………………………………… 55
　　2.11.1　嵌入行内汇编的方法 ………………………………………………… 56
　　2.11.2　汇编指令寻址 C 语言定义的全局变量 …………………………… 56
　　2.11.3　汇编指令寻址 C 函数的局部变量 ………………………………… 57
2.12　特殊区域值 …………………………………………………………………… 59
　　2.12.1　定义工作配置字 ……………………………………………………… 59
　　2.12.2　定义芯片标记单元 …………………………………………………… 60

第 3 章　熟悉 PIC 开发环境 …………………………………………………… 62
3.1　MPLAB 编程软件的应用 …………………………………………………… 62
3.2　PICkit2 下载软件的应用 …………………………………………………… 67
　　3.2.1　PICkit2 窗口简介 …………………………………………………… 67
　　3.2.2　下载目标文件 ………………………………………………………… 69
3.3　程序的调试 …………………………………………………………………… 72
　　3.3.1　设置断点和单步调试 ………………………………………………… 72
　　3.3.2　测试延时函数的延时时间 …………………………………………… 73

第 4 章　I/O 端口实验 …………………………………………………………… 75
4.1　I/O 端口介绍 ………………………………………………………………… 75
4.2　古老流水灯实验 ……………………………………………………………… 75
4.3　共阳极数码管显示当前日期 ………………………………………………… 77
4.4　液晶显示屏的应用 …………………………………………………………… 79

4.4.1　液晶显示屏 1602 的应用 ………………………………………… 80
　　4.4.2　1602 的应用程序 …………………………………………………… 83
4.5　巧用按键 ……………………………………………………………………… 92
　　4.5.1　独立按键与流水灯的配合 …………………………………………… 92
　　4.5.2　矩阵键盘与数码管的配合 …………………………………………… 95
　　4.5.3　利用定时器实现长短按键 …………………………………………… 98
4.6　用 I/O 口模拟 93C46 时序 …………………………………………………… 101

第 5 章　按键及 B 口电平中断 ……………………………………………… 113

5.1　电平变化中断构成的键盘电路 ……………………………………………… 113
5.2　按键的两种设计方法 ………………………………………………………… 114
　　5.2.1　查询方式判别按键 …………………………………………………… 114
　　5.2.2　电平变化中断方式判别按键 ………………………………………… 117
　　5.2.3　电平变化中断的设计技巧 …………………………………………… 119
　　5.2.4　电平变化中断唤醒单片机 …………………………………………… 123
　　5.2.5　用电平变化和定时器测量 TMP03/TMP04 的温度 ………………… 126

第 6 章　定时器/计数器的应用 ……………………………………………… 134

6.1　定时器/计数器 0 模块 ………………………………………………………… 134
　　6.1.1　定时器 0 中断 ………………………………………………………… 134
　　6.1.2　定时器 0 预分频器 …………………………………………………… 135
　　6.1.3　寄存器 ………………………………………………………………… 135
　　6.1.4　用定时器 0 实现小灯闪烁 …………………………………………… 137
6.2　定时器/计数器 1 模块 ………………………………………………………… 140
　　6.2.1　定时器 1 中断 ………………………………………………………… 141
　　6.2.2　定时器 1 寄存器 ……………………………………………………… 141
　　6.2.3　定时器 1 计数器操作 ………………………………………………… 142
　　6.2.4　TMR1 振荡器 ………………………………………………………… 143
　　6.2.5　用 CCP 触发输出复位定时器 1 ……………………………………… 143
　　6.2.6　定时器 1 程序设计 …………………………………………………… 143
6.3　定时器/计数器 2 模块 ………………………………………………………… 147
　　6.3.1　定时器 2 中断 ………………………………………………………… 148
　　6.3.2　定时器 2 输出 ………………………………………………………… 148
　　6.3.3　定时器 2 程序设计 …………………………………………………… 149

第 7 章 捕获/比较/脉宽调制 CCP 模块 ·················· 152
7.1 捕获/比较/脉宽调制 CCP 模块简介 ·················· 152
7.2 CCP1CON/CCP2CON 控制寄存器 ·················· 153
7.3 捕获模式 ·················· 153
7.4 比较模式 ·················· 154
7.5 PWM 模式 ·················· 156
7.6 各种模式程序设计 ·················· 158
7.6.1 捕获模式程序设计 ·················· 158
7.6.2 比较模式程序设计 ·················· 165
7.6.3 PWM 模式程序设计 ·················· 169

第 8 章 10 位模/数转换器模块 ·················· 172
8.1 模/数转换器 A/D 模块 ·················· 172
8.2 A/D 转换时钟的选择 ·················· 176
8.3 A/D 结果寄存器 ·················· 176
8.4 休眠期间 A/D 的工作 ·················· 177
8.5 复位的结果 ·················· 177
8.6 A/D 转换程序设计 ·················· 178

第 9 章 捕捉/比较/PWM(CCP) 应用 ·················· 186
9.1 CCP 模块简介 ·················· 186
9.2 捕捉模式应用 ·················· 189
9.2.1 捕捉模式寄存器设置 ·················· 189
9.2.2 捕捉测量信号频率 ·················· 190
9.3 比较模式应用 ·················· 195
9.3.1 比较模式寄存器设置 ·················· 195
9.3.2 比较模式应用实例 ·················· 195
9.4 PWM 模式应用 ·················· 198
9.4.1 PWM 模式寄存器设置 ·················· 198
9.4.2 PWM 模式下控制电机调速 ·················· 198

第 10 章 休眠、看门狗和 EEPROM 应用 ·················· 201
10.1 看门狗原理 ·················· 201

10.1.1　WDT 基本原理 …………………………………… 201
　　10.1.2　WDT 相关寄存器 ………………………………… 203
　　10.1.3　使用 WDT 注意事项 …………………………… 203
　10.2　休眠节电模式及其激活 ……………………………… 204
　　10.2.1　休眠模式简介 …………………………………… 204
　　10.2.2　从休眠到唤醒状态 ……………………………… 204
　　10.2.3　中断唤醒应用 …………………………………… 205
　10.3　数据存储器 EEPROM 应用 ………………………… 206
　　10.3.1　与 EEPROM 相关的寄存器 …………………… 207
　　10.3.2　EEPROM 的读取 ……………………………… 208
　　10.3.3　EEPROM 的写入 ……………………………… 208
　10.4　编　程 ………………………………………………… 209

第 11 章　并行从动端口 …………………………………… 214
　11.1　并行从动端口的工作原理 …………………………… 214
　11.2　并行从动端口编程实例 ……………………………… 218

第 12 章　主从同步串行端口模块 ………………………… 223
　12.1　SPI 总线方式 ………………………………………… 223
　　12.1.1　寄存器设置 ……………………………………… 224
　　12.1.2　93C46 编程 ……………………………………… 226
　　12.1.3　M25P80 Flash 芯片应用 ……………………… 229
　12.2　I²C 总线方式 ………………………………………… 247
　　12.2.1　寄存器设置 ……………………………………… 247
　　12.2.2　波特率发生器 …………………………………… 251
　　12.2.3　24C02 编程应用 ………………………………… 253
　　12.2.4　PCF8563 I²C 实时时钟/日历芯片 …………… 258
　　12.2.5　PCF8563 时钟软件设计 ……………………… 271

第 13 章　通用同步/异步收发器 …………………………… 283
　13.1　USART 寄存器设置 ………………………………… 283
　13.2　USART 波特率发生器 BRG ………………………… 286
　13.3　USART 异步模式 …………………………………… 287
　　13.3.1　发送模式 ………………………………………… 288

13.3.2 接收模式 ………………………………………………………… 291
13.4 接口硬件电路 ……………………………………………………… 294
13.5 USART 异步模式编程 ……………………………………………… 295

第 14 章 GPS 应用实例 …………………………………………………… 301

14.1 GPS 定位原理浅析 …………………………………………………… 301
14.2 GPS 卫星的身世 ……………………………………………………… 304
14.3 GPS 系统的构成 ……………………………………………………… 305
14.4 GPS 程序设计 ………………………………………………………… 307

参考文献 …………………………………………………………………… 314

第 1 章

PIC 单片机简介

首先恭喜大家找到了学习单片机的法宝。虽然我们学会了 51 单片机,但是距离嵌入式系统应用还有很大的差距。近年来随着信息技术的发展,嵌入式系统已经渗透到各个领域,如果现在不往嵌入式应用方向发展,今后会很难取得更大的成就。要想学好嵌入式系统的理论和应用,就必须先学好一款高级单片机,这里就推荐 PIC 系列单片机供大家学习参考。

1.1 PIC 单片机概述

由美国 Microchip 公司推出的 PIC 单片机系列产品,率先采用了精简指令集(RISC)结构的嵌入式微控制器,其高速度、低电压、低功耗、大电流 LCD 驱动能力和低价位 OTP 技术等都体现出单片机产业的新趋势。现在,PIC 系列单片机在世界单片机市场的份额排名中已逐年上升,尤其在 8 位单片机市场上,据称已从 1990 年的第 20 位上升到目前的第 2 位。PIC 单片机从覆盖市场出发,已有 3 种(又称 3 层次)系列多个型号的产品问世,所以在全球都可以看到 PIC 单片机从计算机的外设、家电控制、电信通信、智能仪器、汽车电子到金融电子各个领域的广泛应用。现今的 PIC 单片机已经是世界上最有影响力的嵌入式微控制器之一。

据统计,我国的单片机年容量已达 1 亿~3 亿片,且每年以大约 16% 的速度增长,但相对于世界市场,我国的占有率还不到 1%。这说明单片机应用在我国才刚刚起步,有着广阔的前景。因此,培养单片机应用人才,特别是在工程技术人员中普及单片机知识就更具有重要的现实意义。

当今单片机厂商繁多,产品性能各异。针对具体情况,应选择何种型号呢? 首先,要弄清以下两个概念:集中指令集(CISC)和精简指令集(RISC)。采用 CISC 结构的单片机的数据线与指令线分时复用,即所谓冯·诺伊曼结构。它的指令丰富,功能较强;但取指令和取数据不能同时进行,速度受限,价格亦高。采用 RISC 结构的单片机的数据线与指令线分离,即所谓哈佛结构。它使得取指令和取数据可同时进行,且由于一般指令线宽于数据线,故使其指令较同类 CISC 单片机指令包含更多的处理信息,执行效率更高,速度亦更快。同时,这种单片机指令多为单字节,程序存储器的空间利用率大大提高,有利于实现超小型化。属于 CISC 结构的单片机有 Intel 公司的 8051 系列、Motorola 公司的 M68HC 系列、Atmel 公司的 AT89 系列、中国台湾 Winbond(华邦)公司的 W78 系列和荷兰 Philips 公司的 PCF80C51 系列等;属于 RISC 结构的单片机有 Microchip 公司的 PIC 系列、Zilog 公司的 Z86 系列、Atmel 公司的 AT90S 系列、韩国三星公司的 KS57C 系列 4 位单片机和中国台湾义隆公司的 EM—78 系列等。目前,两种结构的单片机共存,各有优势,CISC 单片机提供了更好的代码深度以及成熟的开发工具,而 RISC 单片机则有更高的时钟速度和广阔的市场前景。RISC 单片机在控制技术上不断完善,大有超过 CISC 单片机的趋势,是单片机发展的方向。

1.1.1　PIC 单片机的优势

自笔者开始进行单片机开发以来,不少朋友询问 PIC 单片机有哪些优势?现在就把笔者的使用心得与大家分享。

1. 高性能价格比

PIC 单片机不搞功能堆积,而从实际应用出发,设计各种类型和型号的单片机以适应不同场合的应用。PIC 单片机有 8 位、16 位和 32 位,每种类型又有很多型号供开发者选用。

2. 采用精简指令集

采用 RISC 结构,指令数量少,执行效率高。PIC 系列 8 位 CMOS 单片机具有独特的 RISC 结构,数据总线和指令总线分离的哈佛总线(Harvard)结构,使得指令具有单字长的特性,且允许指令码的位数多于 8 位的数据位数,这与传统的采用 CISC 结构的 8 位单片机相比,可以达到 2∶1 的代码压缩,速度提高 4 倍。

3. 优越的开发环境

PIC 在推出一款新型号的同时,也推出相应的仿真芯片,所有的开发系统都由专用的仿真芯片支持,实时性非常好。

4. 引脚具有瞬态抑制能力

PIC 单片机引脚可以直接驱动继电器,不需要加光电耦合器进行隔离,抗干扰能力强。

5. 安全保密性

PIC 以保密熔丝来保护代码,用户在烧入代码后熔断熔丝,别人再也无法读出,除非恢复熔丝。目前,PIC 采用熔丝深埋工艺,恢复熔丝的可能性极小。

6. 自带看门狗

看门狗不需要外接,提高了应用程序的可靠性。

7. 睡眠和低功耗模式

PIC 可以工作在睡眠和低功耗模式下,特别是在便携式设备中,满足电池供电场合应用。当然,具有这种方式的单片机很多,比较典型的是 MSP430,PIC 单片机虽然在低功耗方面无法与之比拟,但是也能满足一些低功耗场合的应用。

1.1.2 PIC 单片机的选型

面对那么多系列和那么多型号的 PIC 单片机,初学者应该选择哪一款比较合适呢?为了能与 51 单片机衔接,应该首先选择 8 位高档单片机进行学习。8 位单片机中也有很多系列,如 PIC10 MCU、PIC12 MCU、PIC16 MCU 和 PIC18 MCU,鉴于网上 PIC16 MCU 的资料丰富,且价格易接受,故推荐选择 PIC16 MCU 系列中的 PIC16F877 型号单片机进行学习。

PIC16F877 有 40 个引脚,3 种封装形式。这 3 种封装形式分别是 DIP、PLCC 和 QFP,各种封装图形如图 1-1～图 1-3 所示。

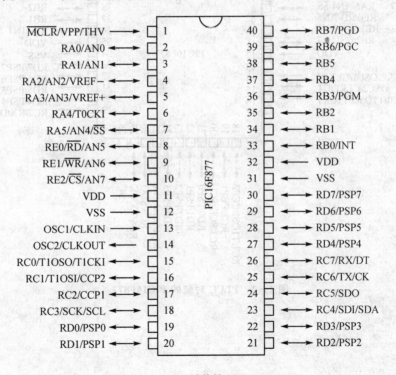

图 1-1 DIP 封装的 PIC16F877

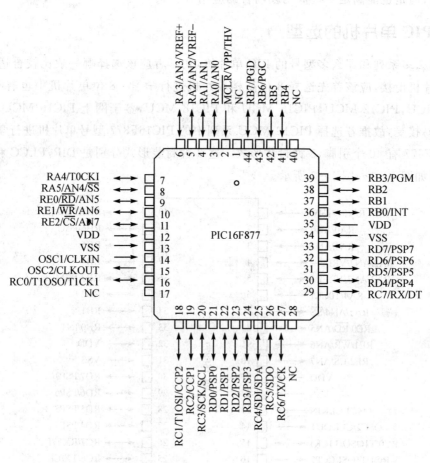

图 1-2 PLCC 封装的 PIC16F877

1 PIC 单片机简介

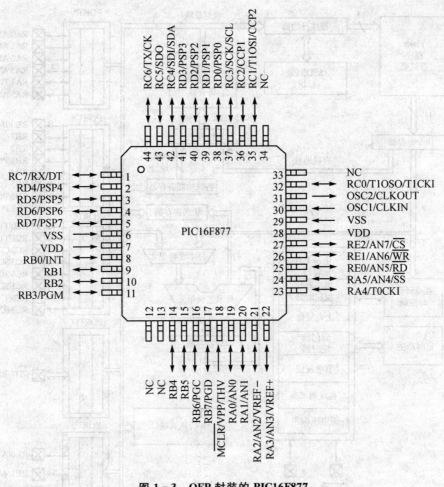

图 1-3　QFP 封装的 PIC16F877

1.2　硬件结构和引脚定义

想必大家通过 1.1 节的学习对 PIC16F877 这款单片机已有了初步的了解，为了能够更加顺利地开发单片机程序，有必要对其内部硬件结构和引脚定义进行探讨。

1.2.1　内部结构

从图 1-4 所示的结构框图可以看出，PIC16F877 采用了哈佛结构。下面介绍其内核特性：

◆ 高性能的精简指令集 CPU。

◆ 16 位字长的 35 条指令。

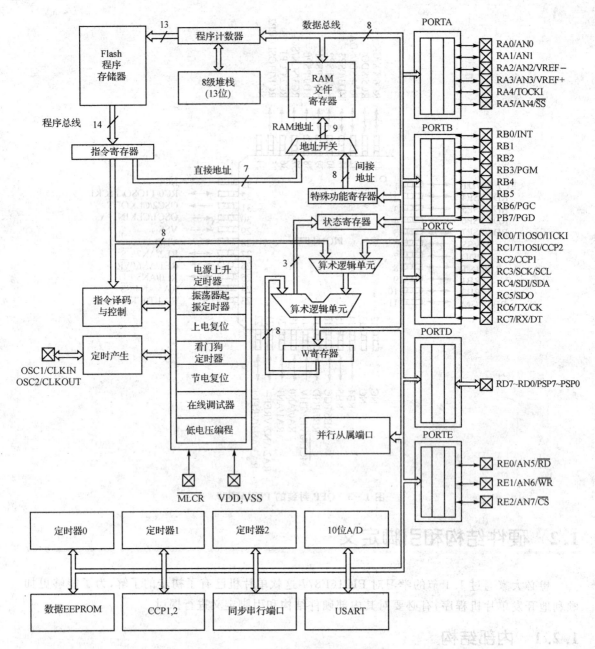

图 1-4 PIC16F877 内部结构框图

- ◆ 除了程序分支指令外都是单周期指令。
- ◆ 工作速度是 DC—20 MHz 时钟输入，DC—200 ns 指令周期。
- ◆ Flash 程序存储器为 8K×14 W，数据存储器 RAM 为 368×8 B，EEPROM 为 256×8 B。
- ◆ 引脚与 PIC16F874 兼容。
- ◆ 8 级深度的硬件堆栈，即能放 8 个程序返回地址的堆栈。
- ◆ 直接、间接、相对三种寻址方式。
- ◆ 具有上电复位功能 POR(Power-on Reset)。
- ◆ 具有电源上升定时器 PWRT(Power-up Timer)和振荡器起振定时器 OST(Oscillator Start-up Timer)。
- ◆ 带有片内的看门狗定时器 WDT(Watchdog Timer)。
- ◆ 可编程的代码保护，保护程序防止窃密。
- ◆ 具有节电休眠 SLEEP 模式，适合电池供电场合。
- ◆ 可以随意选择振荡器。
- ◆ 低电源、高速度 CMOS 闪速 Flash/EEPROM 技术。
- ◆ 全静态设计。
- ◆ 可经两个引脚在线串行编程 ICSP(In-Circuit Serial Programming)。
- ◆ 具有单电源 5 V 在线串行编程能力。
- ◆ 可经两个引脚进行在线调试。
- ◆ 处理器可读/写程序存储器。
- ◆ 工作电压范围为 2.0～5.5 V。
- ◆ 高漏/源电流为 25 mA。
- ◆ 具有商业和工业级温度范围。
- ◆ 耗电低，即典型值为 5 V、4 MHz 时，耗电小于 2 mA；典型值为 3 V、32 kHz 时，耗电小于 20 mA；典型值为等待电流时，耗电小于 1 μA。

PIC16F877 除了内核之外，外围还集成了很多电路，它们的电路特性是：

- ◆ 集成了定时器 0。带有 8 位预分频器的 8 位定时器/计数器，预分频器可以通过程序改变定时器的时钟频率。
- ◆ 集成了定时器 1。带有预分频器的 16 位定时器/计数器，可以外接晶振/时钟，也可以采用系统时钟。如果外接晶振，则可以在休眠期间工作。
- ◆ 集成了定时器 2。带有 8 位周期寄存器 PR2、预分频器和后分频器的 8 位定时器/计数器。
- ◆ 有两个捕获(capture)、比较(compare)、脉冲宽度调制 PWM 模式。捕捉 16 位时，最大分辨力为 12.5 ns；比较 16 位时，最大分辨力为 200 ns；PWM 的最大分辨力是 10 位。

- ◆ 带有 8 通道 10 位 A/D 转换器。
- ◆ 带有 SPI(主模式)和 I^{2}C(主/从)的同步串行端口 SSP(Synchronous Serial Port)。
- ◆ 带有 9 位地址检测的通用同步异步接收发送器 USART(USART/SCI)。
- ◆ 8 位并行从属端口 PSP(Parallel Slave Port),配有外部 $\overline{RD}$、$\overline{WR}$、$\overline{CS}$ 控制引脚。
- ◆ 具有节电锁定复位 BOR(Brown-Out Reset)的节电检测电路。

1.2.2 引脚定义

DIP 封装的 PIC16F877 共有 40 个引脚,如图 1-1 所示,其中 11、32 脚是电源引脚,12、31 脚是电源地,分别接到 5 V 电源的正负极上;1 脚是复位引脚,低电平复位;13、14 引脚是时钟输入引脚和时钟输出引脚,可由 RC 振荡电路或晶振振荡电路构成时钟源;其余引脚分别是 RA0~RA5、RB0~RB7、RC0~RC7、RD0~RD7、RE0~RE2。这些引脚除了当做普通端口使用外,很多引脚还有其他功能。笔者在第 1 次使用 RA4 口控制液晶屏使能端口时,无论如何液晶屏都不能正常显示,后来详细了解端口后发现,RA4 是漏极开路的,需要接上拉电阻。所以对于初学者来说,有必要详细了解端口的特性,做到知己知彼。

PIC16F877 的每个 I/O 端口都配有 2 个相关的寄存器:一个是寄存器 TRISx;另一个是端口寄存器 PORTx。TRISx 是一个方向寄存器,用来设置端口的方向,也就是将端口设置为输入口或者输出口:逻辑 1 代表端口是输入口,逻辑 0 代表端口是输出口。需要注意在上电复位后,这些 I/O 端口的默认状态都是输入。PORTx 是端口寄存器,在作为输出口时,该寄存器中存放的是要输出的数据;在作为输入口时,该寄存器中存放的是要读取的数据。这两个寄存器都是 8 位寄存器,分别与每个端口的 8 个引脚相对应。

1. PORTA 和 TRISA 寄存器

PORTA 是一个 6 位长度的双向端口,相对应的方向寄存器是 TRISA。设置相应的位为 1 将使相对应的 PORTA 端口设置为输入口,设置相应的位为 0 将使相对应的 PORTA 端口设置为输出口。当将端口设置为输入口时,从 PORTA 寄存器读取的数据表示引脚的状态;当将端口设置为输出口时,则将数据写到端口锁存器中。所有写操作都经过读—修改—写的过程,因此对端口的"写"意味着先读引脚,然后修改值,最后再写入到端口锁存器,其内部电路如图 1-5 所示。

RA4 引脚同时被复用为 TMR0 的时钟输入引脚,作为输入时,其内部是一个施密特触发器;作为输出时,则是一个漏极开路输出,其内部电路如图 1-6 所示。所有其他 RA 端口引脚的输入信号都是 TTL 电平,输出信号都是 CMOS 驱动输出。需要注意的是,将 RA4 作为输出口时一定要接上拉电阻。当其他引脚复用为模拟输入或者模拟参考电压输入时,由 ADCON1 寄存器进行设置。注意,在上电复位后,这些引脚都将配置为输入。端口 A 各个引脚的功能如表 1-1 所列。

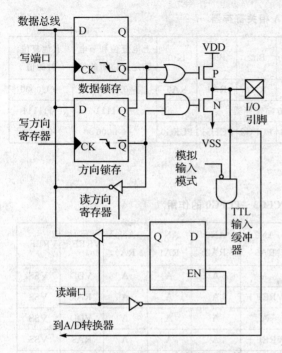
图 1-5 RA3~RA0 和 RA5 引脚内部电路

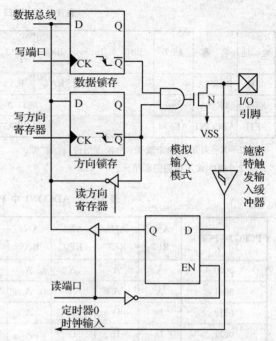
图 1-6 RA4/T0CKI 引脚内部电路

表 1-1 端口 A 功能表

引脚名称	位	缓冲	功　　能
RA0/AN0	第 0 位	TTL	通用输入/输出口,模拟输入口
RA1/AN1	第 1 位	TTL	通用输入/输出口,模拟输入口
RA2/AN2/VREF−	第 2 位	TTL	通用输入/输出口,模拟输入口,负参考电压
RA3/AN3/VREF+	第 3 位	TTL	通用输入/输出口,模拟输入口,正参考电压
RA4/T0CKI	第 4 位	ST	通用输入/输出口,定时器 0 外部时钟输入口,漏极开路输出
RA5/$\overline{SS}$/AN4	第 5 位	TTL	通用输入/输出口,模拟输入口,同步串口从模式选择输入

注:TTL=TTL 输入,ST=施密特触发输入。

通过上面的学习,相信对端口 A 已经比较了解了。下面为便于学习,总结归纳出与端口 A 相关的寄存器如表 1-2 所列。表 1-3 所列为 ADCON1 寄存器中 PCFG3~PCFG0 的作用,用来设置 A 口和 E 口是作为模拟输入口还是数字 I/O 口使用,以及如何配置模拟输入的正参考电压和负参考电压。

表 1-2 端口 A 相关寄存器

地址	名称	Bit7	Bit6	Bit5	Bit4	Bit3	Bit2	Bit1	Bit0	上电复位和节电锁定复位时的值	其他复位时的值
05H	PORTA	—	—	RA5	RA4	RA3	RA2	RA1	RA0	--0X0000	--0U0000
85H	TRISA	—	—	端口 A 方向寄存器						--111111	--111111
9FH	ADCON1	ADFM	—	—	—	PCFG3	PCFG2	PCFG1	PCFG0	--0-0000	--0-0000

注:1 X=未知;U=未改变;-=未占用位,读做"0"。
    2 端口 A 不使用阴影单元。

表 1-3 ADCON1 中 PCFG3~PCFG0 的作用

PCFG3~PCFG0	AN7 RE2	AN6 RE1	AN5 RE0	AN4 RA5	AN3 RA3	AN2 RA2	AN1 RA1	AN0 RA0	VREF+	VREF-
0000	A	A	A	A	A	A	A	A	VDD	VSS
0001	A	A	A	A	VREF+	A	A	A	RA3	VSS
0010	D	D	D	A	A	A	A	A	VDD	VSS
0011	D	D	D	A	VREF+	A	A	A	RA3	VSS
0100	D	D	D	D	A	D	A	A	VDD	VSS
0101	D	D	D	D	VREF+	D	A	A	VDD	VSS
011X	D	D	D	D	D	D	D	D	VDD	VSS
1000	A	A	A	A	VREF+	VREF-	A	A	RA3	RA2
1001	D	D	D	A	A	A	A	A	VDD	VSS
1010	D	D	D	A	VREF+	A	A	A	RA3	VSS
1011	D	D	D	A	VREF+	VREF-	A	A	RA3	RA2
1100	D	D	D	D	VREF+	VREF-	A	A	RA3	RA2
1101	D	D	D	D	VREF+	VREF-	A	A	RA3	RA2
1110	D	D	D	D	D	D	D	A	VDD	VSS
1111	D	D	D	D	VREF+	VREF-	D	A	RA3	RA2

2. PORTB 和 TRISB 寄存器

PORTB 是一个 8 位长度的双向端口,相对应的方向寄存器是 TRISB。设置 TRISB 相应的位为 1 将使相对应的 PORTB 端口设置为输入口,设置相应的位为 0 将使相对应的 PORTB 端口设置为输出口。PORTB 端口中的三个端口 RB3/PGM,RB6/PGC 和 RB7/PGD 复用为低电压编程功能。

端口 B 中的每一个引脚都有内部的弱上拉电阻,由一个控制位设定,即 OPTION_REG 寄存器中的第 7 位 $\overline{\text{RBPU}}$。当 $\overline{\text{RBPU}}=0$ 时打开所有的内部弱上拉电阻。当引脚配置为输出时,自动关闭所有的上拉电阻。在电源上电复位时所有的弱上拉电阻被禁止。RB3~RB0 引脚的内部电路如图 1-7 所示。

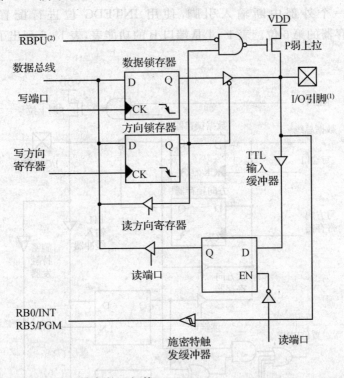

注:(1) I/O 脚对 VDD 和 VSS 有保护二极管。
　　(2) 为了使能弱上拉电阻,应对 TRISB 的合适位进行设置,并清除 $\overline{\text{RBPU}}$(OPTION_REG⟨7⟩)。

图 1-7　RB3~RB0 引脚内部电路

RB7~RB4 这四个引脚在电平变化时产生中断,因此可以利用这个特点构成电平变化中断键盘。当这些引脚配置成输入引脚后,可以自动将锁存器中的数值与当前引脚电平数值进行比较。若不一致,称为"失配",则会产生一个中断,该中断可将单片机从睡眠状态中唤醒。任何一个中断的产生都有一个中断标志位,电平变化中断标志位为 RBIF,该位是中断控制寄存器 INTCON 的第 0 位。如果有中断产生,标志位 RBIF=1,那么处理完中断后将该位清零。在中断程序中可以采用如下方法清除中断:

◆ 对 PORTB 的任何读或写。这将结束不一致的条件。
◆ 清除标志位 RBIF。

失配的条件将会继续设置标志位 RBIF。读 PORTB 将结束失配的条件,并允许清除标志位 RBIF。

"电平变化中断"推荐用于键盘唤醒操作和电平变化时的中断操作。当使用电平变化中断时,不建议用 PORTB 查询。图 1-8 是 RB7～RB4 引脚内部电路图。

RB0/INT 是一个外部中断输入引脚,使用 INTEDG 位进行配置,INTEDG 位是 OPTION_REG 寄存器的第 6 位。表 1-4 是端口 B 的功能表,表 1-5 列出了与端口 B 有关的寄存器。

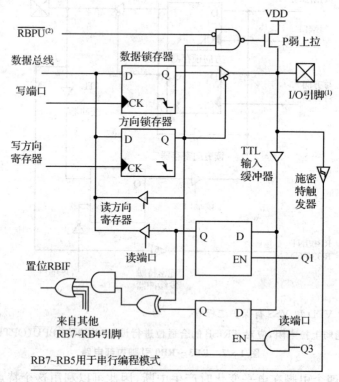

注:(1) I/O 脚对 VDD 和 VSS 有保护二极管。
(2) 为了使能弱上拉电阻,应对 TRISB 的合适位进行设置,并清除 RBPU(OPTION_REG⟨7⟩)。

图 1-8 RB7～RB4 引脚内部电路

表 1-4 端口 B 功能表

引脚名称	位	缓冲	功能
RB0/INT	第 0 位	TTL/ST(1)	通用输入/输出口或外部中断输入,内部软件可编程弱上拉电阻
RB1	第 1 位	TTL	通用输入/输出口,内部软件可编程弱上拉电阻
RB2	第 2 位	TTL	通用输入/输出口,内部软件可编程弱上拉电阻

续表1-4

引脚名称	位	缓冲	功能
RB3/PGM	第3位	TTL	通用输入/输出口或LVP模式可编程引脚,内部软件可编程弱上拉电阻
RB4	第4位	TTL	通用输入/输出口(电平变化中断),内部软件可编程弱上拉电阻
RB5	第5位	TTL	通用输入/输出口(电平变化中断),内部软件可编程弱上拉电阻
RB6/PGC	第6位	TTL/ST(2)	通用输入/输出口(电平变化中断)或在电路调试引脚,内部软件可编程弱上拉电阻和串行可编程时钟
RB7/PGD	第7位	TTL/ST(2)	通用输入/输出口(电平变化中断)或在电路调试引脚,内部软件可编程弱上拉电阻和串行数据口

注:TTL=TTL输入,ST=施密特触发输入。
(1) 当为外部中断时,该缓冲器为施密特触发器。
(2) 当用于串行可编程模式时,该缓冲器为施密特触发器。

表1-5 端口B相关寄存器

地址	名称	Bit7	Bit6	Bit5	Bit4	Bit3	Bit2	Bit1	Bit0	上电复位和节电锁定复位时的值	其他复位时的值
06H,106H	PORTB	RB7	RB6	RB5	RB4	RB3	RB2	RB1	RB0	XXXX XXXX	UUUU UUUU
86H,186H	TRISB	—	—	端口B方向寄存器						1111 1111	1111 1111
81H,181H	OPTION_REG	$\overline{RBPU}$	INTEDG	T0CS	T0SE	PSA	PS2	PS1	PS0	1111 1111	1111 1111

注:1 X=未知,U=未改变。
2 PORTB不使用阴影单元。

3. PORTC 和 TRISC 寄存器

PORTC是一个8位的双向端口。相对应的方向寄存器是TRISC。设置TRISC相应位为1将使该端口设置成输入端口。将TRISC相应位清零则将使该端口设置成输出端口。RORTC与几个外设的功能是复用的(表1-6)。PORTC具有施密特触发输入缓冲器。当I^{2}C模块使能时,PORTC的3、4引脚可以通过CKE位(SSPSTAT〈6〉)配置为标准的I^{2}C电平和SMBUS电平。当外设功能使能时,特别要注意PORTC的方向寄存器TRISC的设置。某些外设忽略TRISC中相应位将一个引脚设置为输出引脚,而其他外设忽略TRISC中相应位将一个引脚设置为输入引脚。当外设使能时,由于忽视TRISC中相应位的影响,故要避免使用以TRISC为目标的读出—修改—写入指令。图1-9是RC0~RC2和RC5~RC7的引脚内部电路(不考虑外设输出)。图1-10是RC3~RC4的引脚内部电路(不考虑外设输出)。表1-6是端口C的功能表,表1-7列出了与端口有关的寄存器。

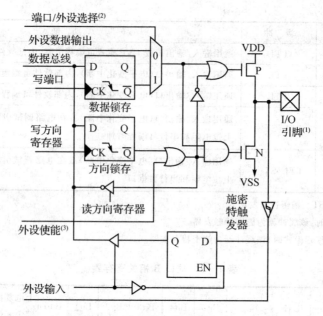

注:(1) I/O 脚对 VDD 和 VSS 有保护二极管。
(2) 端口外设选择信号在端口数据和外设输出之间进行选择。
(3) 如果外设选择是激活的,则只能激活外设输出使能 OE(Out Enable)。

图 1-9　RC0~RC2 和 RC5~RC7 引脚内部电路

表 1-6　端口 C 功能表

引脚名称	位	缓冲	功　能
RC0/T1OSO/T1CK1	第 0 位	ST	通用输入/输出口或定时器 1 振荡器输出/定时器 1 时钟输入
RC1/T1OSI/CCP2	第 1 位	ST	通用输入/输出口或定时器 1 振荡器输入或 Capture2 输入/Compare2 输出/PWM2 输出
RC2/CCP1	第 2 位	ST	通用输入/输出口或 Capture1 输入/Compare1 输出/PWM1 输出
RC3/SCK/SCL	第 3 位	ST	通用输入/输出口或作为 SPI 和 I^2C 模式的同步串行时钟
RC4/SDI/SDA	第 4 位	ST	通用输入/输出口或同步串行数据输入端口或 I^2C 数据口
RC5/SDO	第 5 位	ST	通用输入/输出口或同步串行数据输出端口
RC6/TX/CK	第 6 位	ST	通用输入/输出口或 USART 异步发送或同步时钟
RC7/RX/DT	第 7 位	ST	通用输入/输出口或 USART 异步接收或同步数据

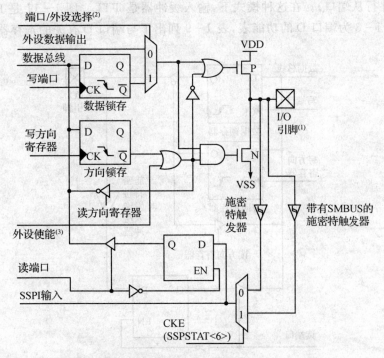

注：(1) I/O 脚对 VDD 和 VSS 有保护二极管。
(2) 端口外设选择信号在端口数据和外设输出之间进行选择。
(3) 如果外设选择是激活的，则只能激活外设输出使能 OE(Out Enable)。

图 1-10　RC3～RC4 引脚内部电路

表 1-7　端口 C 相关寄存器

地址	名称	Bit7	Bit6	Bit5	Bit4	Bit3	Bit2	Bit1	Bit0	上电复位和节电锁定复位时的值	其他复位时的值
07H	PORTC	RC7	RC6	RC5	RC4	RC3	RC2	RC1	RC0	XXXX XXXX	UUUU UUUU
87H	TRISC	端口 C 方向寄存器								1111 1111	1111 1111

注：X=未知，U=未改变。

看到这里，大家可能对 PIC16F877 的端口引脚有所了解了，其实只要了解就已经足够了，因为在开发时很少关注其内部结构，而主要研究如何应用它来开发实际的产品，不过对芯片内部结构有所了解还是很必要的。

4. PORTD 和 TRISD 寄存器

　　PORTD 也是一个具有施密特触发输入缓冲器的 8 位端口。每个端口可以配置成输入或者输出引脚。通过设置控制位 PSPMODE(TRISE<4>)，也可以将 PORTD 配置为 8 位宽的微处理器端口(并行从端口)。在这种模式下,输入缓冲器是 TTL。图 1-11 是 PORTD 口引脚内部电路。表 1-8 为端口 D 的功能表,表 1-9 列出了与端口 D 有关的寄存器。

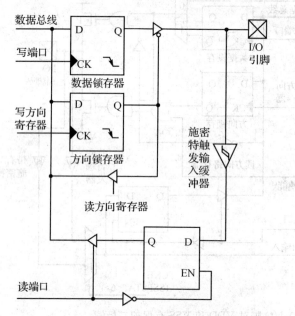

注:I/O 脚对 VDD 和 VSS 有保护二极管。

图 1-11　PORTD 口引脚内部电路

表 1-8　端口 D 功能表

引脚名称	位	缓　冲	功　能
RD0/PSP0	第 0 位	ST/TTL[(1)]	通用输入/输出口或并行从端口第 0 位
RD1/PSP1	第 1 位	ST/TTL[(1)]	通用输入/输出口或并行从端口第 1 位
RD2/PSP2	第 2 位	ST/TTL[(1)]	通用输入/输出口或并行从端口第 2 位
RD3/PSP3	第 3 位	ST/TTL[(1)]	通用输入/输出口或并行从端口第 3 位
RD4/PSP4	第 4 位	ST/TTL[(1)]	通用输入/输出口或并行从端口第 4 位
RD5/PSP5	第 5 位	ST/TTL[(1)]	通用输入/输出口或并行从端口第 5 位
RD6/PSP6	第 6 位	ST/TTL[(1)]	通用输入/输出口或并行从端口第 6 位
RD7/PSP7	第 7 位	ST/TTL[(1)]	通用输入/输出口或并行从端口第 7 位

注:ST=施密特触发输入,TTL=TTL 输入。

(1) 输入缓冲器 I/O 模式下为施密特触发器,并行从端口模式下为 TTL 缓冲器。

表 1-9 端口 D 相关寄存器

地址	名称	Bit7	Bit6	Bit5	Bit4	Bit3	Bit2	Bit1	Bit0	上电复位和节电锁定复位时的值	其他复位时的值
08H	PORTD	RD7	RD6	RD5	RD4	RD3	RD2	RD1	RD0	XXXX XXXX	UUUU UUUU
88H	TRISD	端口 D 方向寄存器								1111 1111	1111 1111
89H	TRISE	IBF	OBF	IBOV	PSPMODE	—	PORTE 数据方向位			0000 -111	0000 -111

注:1 X=未知;U=未改变;-=未占用,读做"0"。
　　2 PORTD 不使用阴影单元。

5. PORTE 和 TRISE 寄存器

PORTE 端口有 3 个引脚:RE0/$\overline{RD}$/AN5、RE1/$\overline{WR}$/AN6 和 RE2/$\overline{CS}$/AN7。它们都可以独立地配置成输入或输出引脚。这些引脚都具有施密特触发器输入缓冲器。当控制位 PSPMODE(TRISE⟨4⟩)置位时,PORTE 变成微处理器端口的控制输入。在这种模式下,用户必须确保 TRISE 寄存器的第 2~0 位被置位(引脚配置成数字输入),并通过 ADCON1 寄存器将 PORTE 配置成数字 I/O 口。在这种模式下,输入缓冲器为 TTL。表 1-10 为端口 E 寄存器。

表 1-10 端口 E 寄存器

地址	名称	R	R	R/W	R/W	U	R/W	R/W	R/W
89H	TRISE	IBF	OBF	IBOV	PSPMODE	—	Bit2	Bit1	Bit0

注:R=可读;R/W=可读可写;U=上电复位值。

TRISE 寄存器各位含义如下:

IBF　输入缓冲器满状态位(Input Buffer Full status bit):

　　1=接收到一个字等待 CPU 读取。

　　0=没有接收到字。

OBF　输出缓冲器满状态位(Output Buffer Full status bit):

　　1=输出缓冲器仍然保持以前写的字。

　　0=输出缓冲器已经读取。

IBOV　输入缓冲器溢出检测位(Input Buffer Overflow detect bit):

　　1=当以前写的字还没有读取时,发生写溢出(软件中必须清除)。

　　0=没有溢出发生。

PSPMODE　并行从端口模式选择位(Parallel Slave Port Mode select bit):

　　1=并行从端口模式。

　　0=通常 I/O 口模式。

—　未占用,读做"0"。

Bit2 引脚 RE2/$\overline{CS}$/AN7 的方向控制位:

　　1＝输入引脚。

　　0＝输出引脚。

Bit1 引脚 RE1/$\overline{WR}$/AN6 的方向控制位:

　　1＝输入引脚。

　　0＝输出引脚。

Bit0 引脚 RE0/$\overline{RD}$/AN5 的方向控制位:

　　1＝输入引脚。

　　0＝输出引脚。

6. 并行从端口(Parallel Slave Port)

当控制位 PSPMODE(TRISE⟨4⟩)置位时,PORTD 也可作为 8 位宽的并行从端口或微处理器端口。在从模式下,8 位并行从端口由外界通过引脚 $\overline{RD}$ 控制输入引脚 RE0/$\overline{RD}$ 和通过引脚 $\overline{WR}$ 控制输入引脚 RE1/WR 来进行异步读/写。

8 位并行从端口可以直接与 8 位微处理器接口,外部微处理器可以读和写作为 8 位的 PORTD 锁存器。设置 PSPMODE 可以使 RE0/$\overline{RD}$ 作为 $\overline{RD}$ 输入,使 RE1/$\overline{WR}$ 作为 $\overline{WR}$ 输入,使 RE2/$\overline{CS}$ 作为 $\overline{CS}$ 输入。当 RE2～RE0 作为控制端口使用时,必须将 TRISE 寄存器的第 2～0 位设置成输入,再通过 A/D 端口配置位 PCFG3～PCFG0(ADCON1⟨3:0⟩)将引脚 RE2～RE0 配置成数字 I/O 口。

当 $\overline{CS}$ 和 $\overline{WR}$ 为低电平时,对并行从端口进行写操作;当 $\overline{CS}$ 和 $\overline{RD}$ 为低电平时,对并行从端口进行读操作。

图 1-12 是并行从属操作时 PORTD 和 PORTE 引脚内部电路。表 1-11 为与并行从端口相关的寄存器。

表 1-11 与并行从端口相关的寄存器

地址	名称	Bit7	Bit6	Bit5	Bit4	Bit3	Bit2	Bit1	Bit0	上电复位和节电锁定复位时的值	其他复位时的值
08H	PORTD	写时为端口数据锁存器,读时为端口引脚								XXXX XXXX	UUUU UUUU
09H	PORTE	—	—	—	—	—	RE2	RE1	RE0	---- -XXX	---- -UUU
89H	TRISE	IBF	OBF	IBOV	PSPMODE	—	PORTE 数据方向位			0000 -111	0000 -111
0CH	PIR1	PSPIF	ADIF	RCIF	TXIF	SSPIF	CCP1IF			0000 0000	0000 0000
8CH	PIE1	PSPIE	ADIE	RCIE	TXIF	SSPIF	CCP1IE			0000 0000	0000 0000
9FH	ADCON1	ADFM	—	—	—	PCFG3	PCFG2	PCFG1	PCFG0	--0- 0000	--0- 0000

注:1 X＝未知;U＝未变化;-＝未占用,读做"0"。

　　2 并行从端口不使用阴影单元。

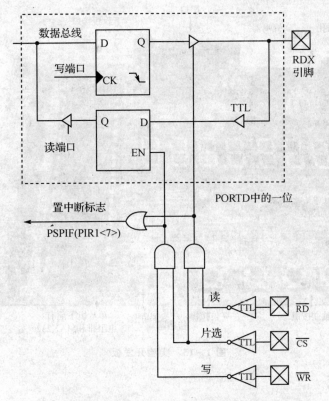

注：RDX 脚对 VDD 和 VSS 有保护二极管。

图 1-12　并行从属操作时 PORTD 和 PORTE 引脚内部电路

1.3　PIC 单片机开发中的四件法宝

其实 51 单片机开发中的四件法宝同样适用 PIC 单片机，只要掌握了这四件法宝，学习 PIC 单片机就轻车熟路了。

1.3.1　实验开发板

此处自己设计的 PIC 开发板采用了《51 单片机自学笔记》一书中的 51 单片机外围电路，这样做可以节省了解单片机外围电路的时间，使大家快速踏上学习嵌入式开发的道路。开发板上的资源都是一些比较基础且应用广泛的设备，包括 8 个共阳极数码管、4 个独立按键、4×4 矩阵键盘、8 个 LED、串行接口、继电器、蜂鸣器、DS18B20 数字温度传感器、93C46 存储器、DS1302 时钟日历芯片、12864 液晶显示屏和 1602 液晶显示屏等。电路板如图 1-13 所示。

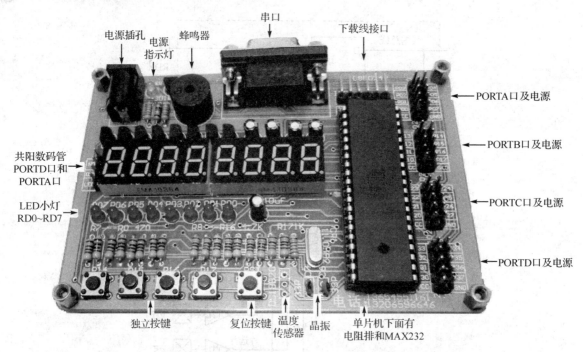

图 1-13 实验开发板

1.3.2 下载线

这里介绍两款下载线，一款是 USB 口下载线 PICkit2，外观如图 1-14 所示，这种下载线在 PIC 网站上提供了相应的原理图和固件，适合笔记本电脑使用。其内部电路如图 1-15 和图 1-16 所示。

1—状态指示灯；2—复位按钮；3—挂绳连接；4—USB 端口连接；
5—图 1-16 中 J3 的引脚 1 标记；6—编程连接器

图 1-14 PICkit2 下载线外观图

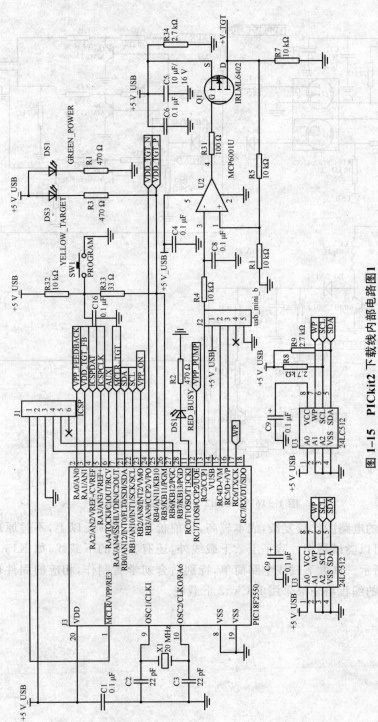

图 1-15 PICkit2 下载线内部电路图 1

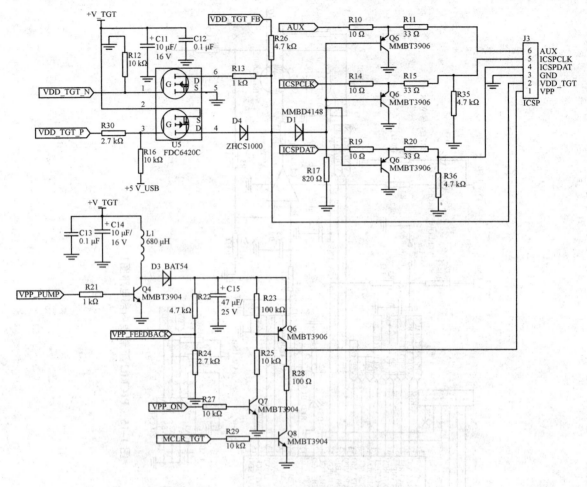

图 1-16　PICkit2 下载线内部电路图 2

这款下载线的电路图比较复杂,成本较高,目前价格在 100 元以上,不过原理图和固件都是开放的,大家可以尝试制作。除了上款下载线外,还有其他的下载线,如 K150 USB 口下载线,如图 1-17 所示。该款下载线电路简单,特别适合初学者制作,相应的固件也可在网上找到。本书中以后的编程将全部采用 PICkit2 下载线。

PIC 单片机简介

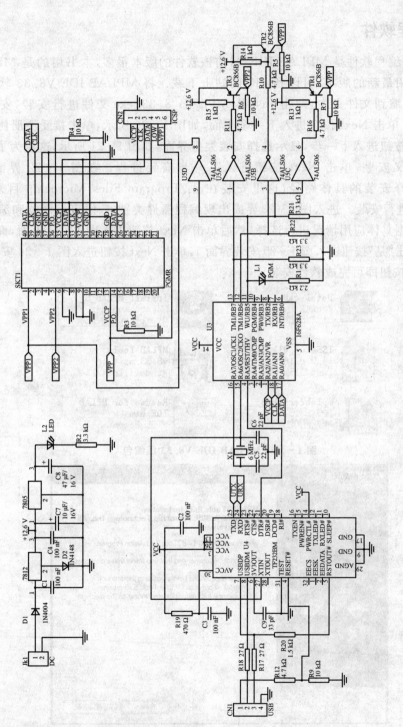

图 1-17　K150 USB口下载线内部电路图

1.3.3 编程软件

应用最广的编程软件是 MPLAB IDE,目前该软件的版本很多,本书用的是 MPLAB IDE V8.33,如果想用最新的版本,可以到 PIC 网站上下载。将 MPLAB IDE V8.33 软件压缩包(图 1-18)解压缩到文件夹中,双击 Install_MPLAB_8_33.exe 文件进行安装,安装界面如图 1-19 所示。单击 Next 按钮进入下一个界面,如图 1-20 所示,单击接受注册协议单选按钮后单击 Next 按钮进入下一步,显示选择安装类型界面,如图 1-21 所示,这里为了修改安装路径,选择自定义安装,单击 Next 按钮进入下一步安装过程。在图 1-22 界面中,单击 Browse 按钮选择安装的具体路径,这里安装在 d:/Program Files/Microchip 目录下,单击 Next 按钮接着进行安装。进入图 1-23 界面出现编程器件类别、C 语言编译器和编译工具选项按钮,这里根据具体应用情况进行选择,然后单击 Next 按钮进入图 1-24 界面,询问是否安装 C 编译器,单击"是"按钮进入图 1-25 安装界面 1,单击 Next 按钮进入图 1-26 安装界面 2,接着单击 Next 按钮即可完成软件安装。

图 1-18　MPLAB IDE V8.33 压缩包

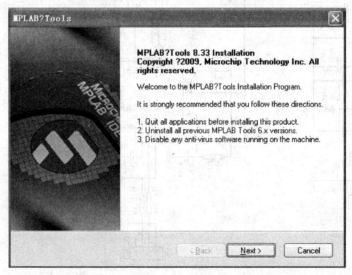

图 1-19　MPLAB IDE V8.33 安装界面

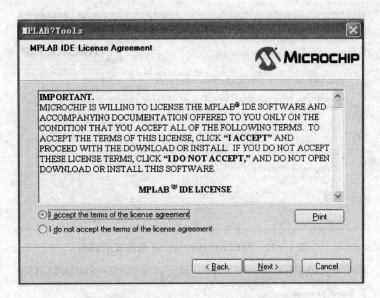

图1-20　MPLAB IDE V8.33 接受协议界面

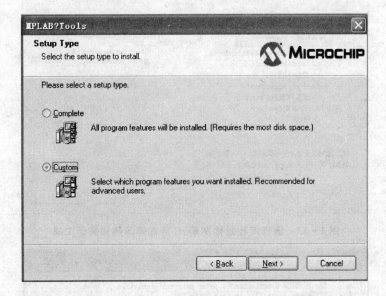

图1-21　MPLAB IDE V8.33 选择安装类型

图 1-22　MPLAB IDE V8.33 选择安装路径

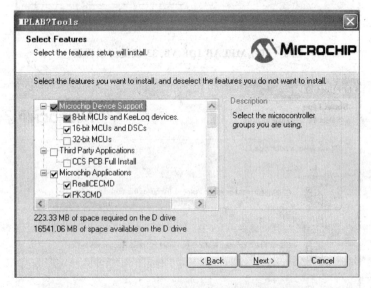

图 1-23　选择编程器件类别、C 语言编译器和编译工具

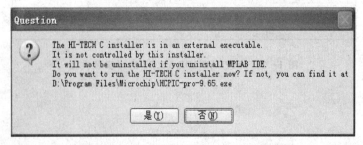

图 1-24　询问是否安装 HI-TECH C 编译器

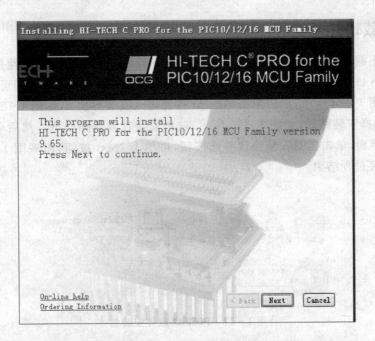

图 1-25 C 编译器安装界面 1

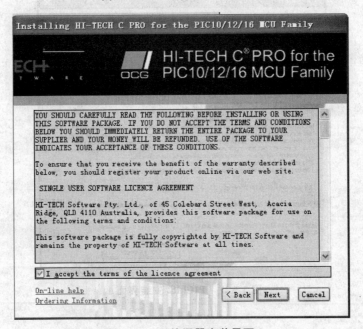

图 1-26 C 编译器安装界面 2

1.3.4 下载软件

可以完成下载任务的软件很多,这里介绍一款下载软件 PICkit2,该软件是由 PIC 公司提供的,支持 USB 口下载。解压软件如图 1-27 所示,双击 setup.exe 文件即可进行安装,出现安装界面 1 如图 1-28 所示,然后单击 Accept 按钮进入安装界面 2,如图 1-29 所示。接着单击 Next 按钮选择安装路径,如图 1-30 所示,这里安装在默认路径下。然后单击 Next 按钮,出现图 1-31 界面,单击接受安装协议单选按钮,再单击 Next 按钮,出现图 1-32 界面,单击 Close 按钮,安装过程结束。

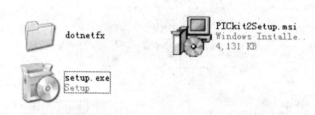

图 1-27 PICkit2 软件安装包

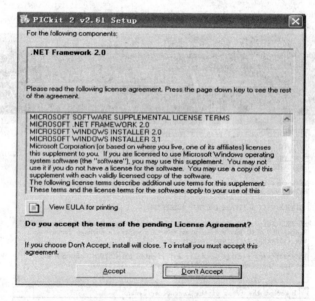

图 1-28 PICkit2 安装界面 1

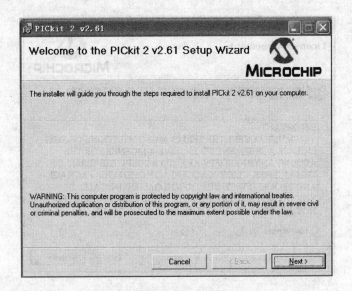

图 1-29　PICkit2 安装界面 2

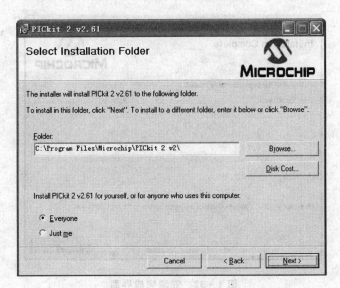

图 1-30　选择安装路径

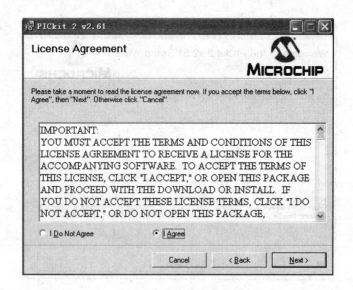

图 1-31　接受安装协议

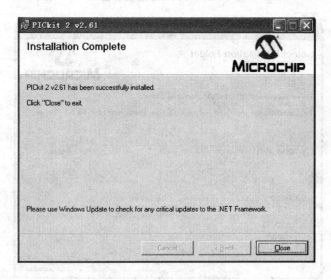

图 1-32　安装完成界面

第 2 章

PIC 编译器的语法规则

用 C 语言开发单片机系统软件的最大好处是编写代码效率高、软件调试直观、维护升级方便、代码的重复利用率高和便于跨平台的代码移植等,因此用 C 语言编程在单片机系统设计中已得到越来越广泛的运用。针对 PIC 单片机的软件开发,同样可以用 C 语言实现。PIC 单片机的 C 语言编译器有着自己的语法规则,因此在开始软件开发前有必要进行了解。

单片机内的资源非常有限,对控制的实时性要求很高,因此,如果对单片机体系结构和硬件资源没有进行详尽的了解,就无法写出高质量实用的 C 语言程序。Microchip 公司自己没有针对中低档系列单片机的 C 语言编译器,但很多专业的第三方公司却提供了众多支持 PIC 单片机的 C 语言编译器,常见的有 HI-TECH、CCS、IAR、ByteCraft 等公司。这些第三方公司提供的编译器可以在 MPLAB IDE 集成开发环境中通过选择 Project→Set Language Tool Location 菜单项,在所弹出的对话窗口中查询到。PICC 和 PICC18 编译器就是优化了 PIC 8 位系列单片机的 C 语言编译器,由 HI-TECH 公司研制。

PICC 和 PICC18 编译器除了不支持函数的递归调用外,基本上符合 ANSI 标准。不支持函数的递归调用是因 PIC 单片机特殊的堆栈结构所致。PIC 单片机中的堆栈是用硬件实现的,其深度已随芯片而固定,从而无法实现需要大量堆栈操作的递归算法;另外,在 PIC 单片机中实现软件堆栈的效率也不是很高。为此,PICC 编译器采用一种叫做"静态覆盖"的技术,以便实现对 C 语言函数中的局部变量分配固定的地址空间。这样可最大限度地利用 PIC 单片机有限的 RAM 数据存储器。另外,PICC 编译器还可直接挂接在 MPLAB IDE 集成开发平台下,实现一体化的编译、链接和源代码调试,非常方便。

2.1 数据类型

PICC 和 PICC18 中的基本数据类型可分为整型、浮点型和字符型三类,每一类中又有常量和变量之分。所谓常量指在程序运行过程中,其值始终保持不变的量。变量则是在程序运行过程中,其值可以改变的量。

2.1.1 PICC 中的常量

PICC 和 PICC18 的常量分为整型、浮点型、字符型和字符串型四种。

1. 整型常量

PICC 和 PICC18 支持二进制、八进制、十进制和十六进制的整型常量,同时也支持 ANSI 标准进制。不同的进制,其表示方法也不同,如要表示十进制数 120,则不同进制的表示方法如表 2-1 所列。

表 2-1 不同进制的表示方法

进 制	格 式	举 例
二进制	0b+数值 或 0B+数值	0b1111000
八进制	O+数值	O170
十进制	数值	120
十六进制	0x+数值 或 0X+数值	0x78

在整型常量后加后缀 L(或 l),可使整型常量变为有符号或无符号的长整型;若加后缀 U(或 u),可使整型常量变为无符号数据类型;若加后缀 L(或 l)和 U(或 u),可使整型常量变为无符号的长整型。所以一个整型常量应该是符合整型类型且最小的整型类型。

2. 浮点型常量

浮点型常量通常是用一个十进制数表示的有符号实数,可以通过加后缀 F(或 f)加以区分。

3. 字符型常量

字符型常量是用一对单引号括起来的一个字符,这与标准 C 语言的表达格式一样,如 'a',这里单引号只起定界作用。表示方法为:

char x = 'a';

在 C 语言中,字符型数据是按照 ASCII 码存储的,一个字符占一字节(8 位二进制码),所以字符型变量可以与其他整型数据混合使用。下面程序中的 x 值完全相同。

int x = 97;   //定义一个整型变量 x,初始值是 97
char x = 'a';   //定义一个字符型变量 x,初始值是字符 a,a 的 ASCII 值也是 97

所以对于 PIC 单片机来说,字符型数据不仅可以作为 8 位整型数据使用,还可用来存储 ASCII 码值。在使用上,字符型数据是最有效的数据,也是最常用的数据类型。

注意:能用 8 位定义的整型变量,最好采用字符型,这样生成的代码最简单,相应运行速度也最快。

4. 字符串型常量

字符串型常量是用一对双引号括起来的一串字符,如"how are you",双引号内只能是西文字符。字符串型的常量初始化时被存储在程序存储器中,只能通过常数指针访问,表示方法为:

const char * zheng = "how are you";   //定义字符串型常量 zheng,值为 how are you,存储在程序存储器中

当把字符串型常量初始化为非常数数组时,将被存储在数据存储器中,如:

char zheng[] = "how are you";   //定义字符串型常量 zheng,值为 how are you,存储在数据存储器中

在这种情况下,将产生一个数据存储器数组。它在启动运行时,将字符串"how are you"从程序存储器中复制出来。当使用由 const 定义的数组表示字符串时,必须直接访问程序存储器。

若将字符常数作为函数参数,如为指针类型,那么指针必须是常数字符指针(const char *),如:

void sendBuff(const char * ptr);

这样,就可以使指针指向程序存储器或数据存储器,以便正确地从适当地方读取数据。中级系列的单片机就是按照这种方式工作的,基本系列的单片机则总是指向程序存储器。通常情况下,PICC 和 PICC18 编译器将字符串、常数以及被定义为 const 的数据存储在程序存储器中。

2.1.2 PICC 中的变量

1. 整型变量

整型变量的数据类型参见表 2-2。从表中可以看出,PICC 和 PICC18 编译器支持 8 位、16 位和 32 位整型数据。有符号整型数都用二进制补码表示,所有 16 位和 32 位数据类型都遵循 Little-endian 标准,即多字节变量的低字节放在存储空间的低地址,高字节放在高地址。

表 2-2 PICC 和 PICC18 中的基本数据类型

类 型	长度/位	数学表达
bit	1	布尔型位变量,有 0 或 1 两种取值
char	8	有符号或无符号字符变量。PICC 默认 char 型变量为无符号数,但可通过编译选项改为有符号字节变量

续表 2-2

类　型	长度/位	数学表达
unsigned char	8	无符号字符变量
short	16	有符号整型数
unsigned short	16	无符号整型数
int	16	有符号整型数
unsigned int	16	无符号整型数
long	32	有符号长整型数
unsigned long	32	无符号长整型数
float	24	浮点数
double	24 或 32	浮点数。PICC 默认 double 型变量为 24 位长,但可通过编译选项改为 32 位长

2. 字符型变量

由表 2-2 可以看出,PICC 和 PICC18 支持有符号字符和无符号字符的 8 位整型数据,也就是把字符当做 8 位整型数据处理,这是与其他高级语言有差别的地方。字符型变量的默认值为无符号字符,无符号字符的取值范围是 0～255。若用 PICC 和 PICC18 编译时采用 -SIGNED_CHAR 选项,则该变量为有符号字符,有符号字符用 8 位二进制补码表示,其取值范围是 -128～+127。C 语言中的字符型数据是为 ASCII 码设置的。在使用上,字符型数据是 4 种整型变量中取值范围最小的一种,除此之外,其他方面都与整型数据完全相同。

3. 浮点型变量

PICC 中描述浮点数是以 IEEE-754 标准格式实现的。在此标准下定义的浮点数为 32 位长,在单片机中使用 4 字节存储。为了节约单片机的数据空间和程序空间,PICC 专门提供了一种长度为 24 位的缩短型浮点数,它损失了浮点数的一点精度,但浮点运算的效率得以提高。在程序中定义的 float 型标准浮点数的长度固定为 24 位,双精度 double 型浮点数一般也是 24 位长,但可以在程序编译选项中选择 double 型浮点数为 32 位长,以提高计算的精度。一般控制系统中关心的是单片机的运行效率,因此在精度能够满足的前提下尽量选择 24 位的浮点数运算。

2.2　位指令

1. 位变量

除上述基本数据类型外,PICC 和 PICC18 还包括位型数据,这种类型变量的取值只能是 1

或0,初始值均为0,若要使某一位初始值为1,则应在程序开始部分将其置1。指针不能指向位变量,位变量也不能作为函数参数,这种位变量只能是全局或者静态的,PICC将把定位在同一bank内的8个位变量合并成一字节存放于一个固定地址。因此,所有针对位变量的操作都将直接使用PIC单片机的位操作汇编指令高效实现。基于此,位变量不能是局部自动型变量,而且也无法将其组合成复合型高级变量。

PICC对整个数据存储空间实行位编址,0x000单元的第0位是位地址0x0000,以此后推,每字节有8个位地址,所以整个数据存储空间都可以按位寻址。编制位地址的意义纯粹是为了编译器最后产生汇编级位操作指令而用,对编程人员来说基本可以不考虑。但若能了解位变量的位地址编址方式,则可在最后程序调试时很方便地查找自己所定义的位变量,如果一个位变量flag1被编址为0x12,那么其实际的存储空间位于:

$$字节地址 = 0x12/8 = 0x02$$
$$位偏移 = 0x12\%8 = 2$$

即flag1位变量位于地址为0x02字节的第2位。在程序调试时如果要观察flag1的变化,就必须观察地址为0x02的字节,而不是地址0x12。

2. 位操作指令

PIC单片机的位操作指令是非常高效的。因此,PICC在编译源代码时只要有可能,即使对普通变量的操作也将以最简单的位操作指令来实现。如假设一字节变量current最后被定位于地址0x20,现要改变这个变量中某一位的数值,那么可进行如下操作:

```
current |= 0x80;              //地址0x20中第7位置1
current &= 0xf7;              //地址0x20中第3位清0
```

即所有只对变量中某一位操作的C语句代码都将被直接编译成汇编的位操作指令。

若要把current变量的第1位和第2位置1,还可按如下编写C语言程序:

```
uchar current;                //定义要进行位操作的变量
bitset(current,1);            //current变量的第1位置1
bitset(current,2);            //current变量的第2位置1
```

在有些应用中需要将一组位变量放在同一字节中,以便需要时一次性地进行读写,这一功能可以通过定义一个位域结构和一个字节变量的联合来实现,例如:

```
union {
    struct {
        unsigned b0:1;
        unsigned b1:1;
        unsigned b2:1;
```

```
        unsigned b3:1;
        unsigned b4:1;
        unsigned :3;           //最高三位保留
    }oneBit;
    unsigned char allBits;
}myDate;
```

当需要存取其中某一位时,可以按如下操作:

```
myDate.oneBit.b1 = 1;      //b1 位置 1
```

当一次性将全部位清零时可以按如下操作:

```
myDate.allBits = 0;        //全部位变量清 0
```

当程序中将非位变量进行强制类型转换而转换成位变量时,要注意编译器只对普通变量的最低位做判别:如果最低位是 0,则转换成位变量 0;如果最低位是 1,则转换成位变量 1。而标准 ANSI C 的做法是判别整个变量值是否为 0。另外,函数可以返回一个位变量,实际上,此返回的位变量将存放于单片机的进位位中带出返回。

2.3 变量的绝对定位

在用 C 语言编写程序时,变量一般由编译器和链接器最后定位,因此在写程序之时无须知道所定义的变量具体被放在哪个地址(除了 bank 必须声明以外)。但有些时候,若采用 @address 的结构,则可把全局或静态变量固定于某一绝对地址中,例如:

```
unsigned char currentData @0x20;       //currentData 定位在 0x20 数据存储器中
```

千万注意,PICC 和 PICC18 编译器对绝对定位的变量不保留地址空间。换句话说,上面变量 currentData 的地址是 0x20;但最后,地址 0x20 完全有可能又被分配给其他变量使用,这样就发生了地址冲突。因此,针对变量的绝对定位要特别小心,需要编程人员自己确保绝对地址的正确性。PICC 和 PICC18 编译器并不检查绝对变量的地址是否与其他变量的地址重复。

其实,只有单片机中的特殊功能寄存器需要绝对定位,而这些寄存器的地址定位又在 PICC 编译环境所提供的头文件中已经实现,无须用户操心。因此,编程员所要了解的也就是 PICC 是如何定义这些特殊功能寄存器,以及其中相关控制位的名称。

如果需要,位变量也可以绝对定位;但必须遵循上面介绍的位变量编址的方式。如果一个普通变量已经被绝对定位,那么此变量中的每个数据位就都可以用下面的计算方式实现位变量指派:

```
unsigned char currentData @0x20;        //currentData 定位在地址 0x20
bit currentBit0 @currentData*8+0;       //currentBit0 对应于 tmpData 第 0 位
bit currentBit1 @currentData*8+1;       //currentBit1 对应于 tmpData 第 1 位
bit currentBit2 @currentData*8+2;       //currentBit2 对应于 tmpData 第 2 位
```

如果 currentData 事先没有被绝对定位,那么就不能使用上面的位变量定位方式了。

2.4 结构和联合

PICC18 支持结构和联合类型,与标准的 C 语言相同,如果要表示个人信息,如:姓名、年龄、身份证号码及家庭住址等,这些数据显然是不同的数据类型,但它们之间相互又有联系,可用来描述一个人的个人属性。如果用独立的若干变量表示各个属性,则难以表示各个数据的联系。所以,可用一种特殊的数据类型将这些属性变量进行统一描述,这种数据类型就是结构类型。在 C 语言中,还有一种叫做联合的特殊数据类型,也是将不同的数据变量组织成一个整体,在内存中占有共同的存储区域。结构和联合既有相同又有不同的地方,在标准 C 语言中都有说明。PICC18 支持的结构和联合与标准 C 语言中支持的没有什么区别,只是结构和联合中的成员在存储器中的偏移位置不同。结构和联合中的成员不可以是位类型的变量;但结构和联合可以作为函数参数和返回值,也可以定义指向结构和联合的指针。

2.4.1 结构和联合的定义

1. 结构的定义

结构类型变量的定义与其他类型变量的定义是一样的,有 3 种方法:
① 先定义类型,再定义变量,其形式如下:

```
struct  结构名
{
    结构成员列表;
};
struct  结构名 变量列表;
```

例:

```
struct stu                  //定义学生结构类型
{
    char name[25];          //姓名
    int age;                //年龄
    long int id;            //身份证号
    char address[50];       //家庭住址
```

```
};
struct stu stu_1,stu_2;        //定义 stu_1 和 stu_2 为结构类型变量
```

② 定义结构类型的同时定义结构变量，其形式如下：

```
struct  结构名
{
    结构成员列表；
}结构变量列表；
```

例：

```
struct stu                     //定义学生结构类型
{
    ……                         //同上
}stu_1,stu_2;                  //定义 stu_1 和 stu_2 为结构类型变量
```

也可以在后面再定义更多的 struct stu 类型结构变量，如：

```
struct stu stu_3;              //stu_3 也是结构变量
```

③ 直接定义结构变量，其形式如下：

```
struct
{
    结构成员列表；
}结构变量列表；
```

例：

```
struct
{
    ……                         //同上
}stu_1,stu_2;                  //定义 stu_1 和 stu_2 为结构类型变量
```

采用这种方式定义的结构可以不定义结构的名称。如果定义的结构没有定义结构名，那么在其他地方就不能定义这种结构类型的结构变量了。

在定义结构变量时，可以根据需要进行选择。如果采用定义方式①和②，那么，由于在定义结构变量的同时已经定义了结构的名称，因此，就可以在程序的其他地方定义具有相同结构的其他变量；如果采用定义方式③，那么，由于在定义结构变量时没有定义结构的名称，因此，就不便在程序的其他地方定义具有这种结构的其他变量了。

2. 联合的定义

联合的定义与结构的定义相似，也分 3 种定义方法。所不同的是，定义联合时并不为其分

配具体的存储空间,而只是说明该类型的联合变量将要使用的存储模式。联合与结构的最大区别在于,结构类型使用的存储空间为所有成员变量之和,而联合类型使用的存储空间为所有成员中变量空间最大的一个成员的空间。例如:

```
struct message
{
    int x;
    long y;
    char z;
}
```

此结构所占有的存储空间是 int 类型、long 类型和 char 类型的空间之和,所占有的存储单元长度共为 7 字节。

```
union test
{
    int x;
    long y;
    char z;
}a;
```

此联合所占有的存储空间为占有字节最多的 long 类型的空间,所占有的存储单元长度为 4 字节。

2.4.2 结构和联合的引用

结构与联合是含有若干成员的整体,所以在引用时,结构和联合变量一般不能进行整体操作,而只能操作他的成员,二者的引用格式如下:

结构/联合变量名.成员名

值得注意的是:一个联合变量不能存放多个元素的值(这是因为其所有的成员共用一个地址单元),而只能存放一个成员的值,即联合变量最后赋予的值。例如:

```
union test key;
key.a = 200;
key.b = 30000;
```

联合变量 key 中只有一个值,即 key.b 的值。

2.4.3 结构和联合的限定词

结构和联合是高级变量,当一个变量被定义为结构类型时,其所有成员都可以通过该变量被访问。例如:

```
struct{
    int num;
    int * ptr;
}record;
```

在上例中,结构体和它的所有成员存储在 RAM 中。

PICC 和 PICC18 支持使用限定词。如果在一个结构前使用了限定词,则其所有成员会受到与限定词相对应的限定。下面的结构就使用了限定词 const,例如:

```
const struct{
    int num;
    int * ptr;
}record;
```

在上例中,结构存储在 ROM 中,每个成员都是只读的。如果在结构前使用限定词 const,则必须对每个成员初始化。

但如果分别对结构的成员使用 const,而结构本身不使用该限定词,则此结构仍将被存储在 RAM 中,但只有其成员是只读的。

在 PICC 中,联合变量也可使用限定词,与结构相同。当联合体被定义为常数时,联合中的变量将被存储在 ROM 中,否则将被存储在 RAM 中。

2.4.4 结构中的 bit 域

PICC18 支持结构中的 bit 域。bit 域总是存储在一个 8 位宽的单元中,其第一个字符表示字节的最低位。在定义一个 bit 域时,如果当前地址中有合适的 8 位宽单元,则分配到该单元中;否则将分配到一个新的 8 位宽单元中。bit 域绝不会跨字节单元存储。例如:

```
struct{                    //定义结构体类型
    unsigned low:1;        //定义 bit 域 low
    unsigned mid:6;        //定义一个整型成员也位于该结构 bit 域中
    unsigned hig:1;        //定义 bit 域 hig
}foo@0x10;
```

上例中将生成一个结构,该结构占有一字节。如果结构 foo 链接到地址 10H,则 low 将为 10H 的第 0 位,hig 将为 10H 的第 7 位。mid 的最低有效位为 10H 的第 1 位,最高有效位为 10H 的第 6 位。

如果在定义的结构中有未命名的 bit 域,则会占据更多的控制寄存器空间,而这些空间并没有使用。例如,不使用结构中的成员 mid,则以上结构可以采用如下定义方式:

```
struct{
    unsigned low:1;
    unsigned :6;
    unsigned hig:1;
}foo@0x10;
```

如果在结构中定义了一个 bit 域,并且要为该 bit 域指定绝对地址值,则不会再为该结构分配存储单元。如果想更方便地访问寄存器中的任一位,则应先将结构映射到寄存器,再为结构指定绝对地址值。

对于含有 bit 域成员变量的结构,也可对其进行初始化,初始值用逗号隔开,例如:

```
struct{
    unsigned low:1;
    unsigned mid:6;
    unsigned hig:1;
}foo{1,8,0};
```

2.5 PICC 对数据寄存器 bank 的管理

为了使编译器产生最高效的机器码,PICC 把单片机中数据寄存器的 bank 问题交由编程员自己管理,因此在定义用户变量时,编程员必须自己决定这些变量具体放在哪一个 bank 中。如果没有特别指明,所定义的变量将被定位在 bank0,例如:

```
unsigned char buffer[32];
bit flag1,flag2;
float val[8];
```

除了 bank0 内的变量声明不需要做特殊处理外,定义在其他 bank 内的变量前面必须加上相应的 bank 序号,例如:

```
bank1 unsigned char buffer[32];    //变量定位在 bank1 中
bank2 bit flag1,flag2;             //变量定位在 bank2 中
bank3 float val[8];                //变量定位在 bank3 中
```

中档系列 PIC 单片机数据寄存器的一个 bank 大小为 128 字节,其中包括前面若干字节的特殊功能寄存器区域。在 C 语言中,某一 bank 内定义的变量字节总数不能超过可用 RAM 的字节数。如果超过 bank 容量,在最后链接时会报错,大致信息如下:

```
Error[000] : Can't find 0x12C words for psect rbss_1 in segment BANK1
```

链接器显示出总共有 0x12C(300)字节准备放到 bank1 中,但 bank1 容量不够。显然,只

有把一部分原本定位在 bank1 中的变量改放到其他 bank 中才能解决此问题。

虽然变量所在的 bank 定位必须由编程员自己决定,但在编写源程序时,在进行变量存取操作之前无须再特意编写设定 bank 的指令。C 编译器会根据所操作的对象自动生成对应 bank 设定的汇编指令。为了避免频繁的 bank 切换以提高代码效率,应尽量把实现同一任务的变量定位在同一个 bank 内;在对不同 bank 内的变量进行读/写操作时,也应尽量把位于相同 bank 内的变量归并在一起进行连续操作。

2.6 局部变量和全局变量

俗话说:"国有国法,家有家规"。国家的法律可以管理到每一个人,可家中的家规只适合于各自的家庭。那么,对于 PICC 和 PICC18 编译器中的变量而言,全局变量与局部变量的关系就如同国法与家规的关系,全局变量可以在不同文件中使用,而局部变量只能在函数内部使用。

局部变量分为自动变量和静态变量两种。自动变量通常分布在函数的自动变量区;静态变量则分配到一个固定的存储单元内。

2.6.1 自动变量

PICC 把所有函数内部定义的 auto 型局部变量放在 bank0。为节约宝贵的存储空间,它采用了一种叫做"静态覆盖"的技术来实现局部变量的地址分配。其大致的原理是:在编译器编译源代码时扫描整个程序中函数调用的嵌套关系和层次,算出每个函数中的局部变量字节数,然后为每个局部变量分配一个固定的地址,且按调用嵌套的层次关系,各变量的地址可以相互重叠。利用这一技术后,所有的动态局部变量都可以按已知的固定地址进行直接寻址,用 PIC 汇编指令实现的效率最高,但这时不能出现函数递归调用。PICC 在编译时会严格检查递归调用的问题,并认为这是一个严重错误而立即终止编译过程。

既然所有局部变量将占用 bank0 的存储空间,因此用户自己定位在 bank0 内的变量字节数将受到一定限制,在实际使用时须注意。

2.6.2 静态变量

未初始化的静态变量分配在 rbss_n 程序块中,占用 1 个固定的存储单元,而且该存储单元不会被其他函数调用。静态变量只在声明它的函数范围内有效,但其他函数可以通过指针访问它。除非通过指针明确修改静态变量的值,否则该值在两次函数调用之间保持不变。此外,静态变量不受 PIC 任何结构的限制。

静态变量在程序执行期间只初始化一次,而程序每次运行到自动变量初始化语句时都会对自动变量进行初始化。

2.6.3 全局变量

全局变量要通过关键词 extern 进行外部变量声明。如果要在一个 C 程序文件中使用一些变量,但其原型写在了其他文件中,那么在本文件中必须用关键词 extern 将这些变量声明成外部类型。

例如程序文件 code1.c 中有如下定义:

```
bank1 unsigned char var1, var2;  //定义了 bank1 中的两个变量
```

在另外一个程序文件 code2.c 中要对上面定义的变量进行操作,则必须在程序的开头有如下定义:

```
extern bank1 unsigned char var1, var2;  //声明位于 bank1 的外部变量
```

2.7 特殊类型限定词

大家都知道,车牌号前面的第一个字母是用来区分车的归属地的,比如说在黑龙江省,开头字母为 A 表示车属于哈尔滨,B 表示车属于齐齐哈尔,诸如此类。那么,在 PICC 和 PICC18 中也有一些特殊变量修饰词,只要在变量前看到这些修饰词就能判断出变量的类型及其存储地址。

1. volatile——易变型变量声明

PICC 中有一个变量修饰词在普通 C 语言介绍中一般是看不到的,这就是关键词 volatile。顾名思义,它说明了一个变量的值是会随机变化的,即使程序并没有刻意对它进行任何赋值操作。在单片机中,作为输入的 I/O 端口,其内容将是随意变化的;在中断内被修改的变量,相对主程序流程来讲也是随意变化的;很多特殊功能寄存器的值也将随着指令的执行而动态改变。所有这种类型的变量必须明确定义成 volatile 类型,例如:

```
volatile unsigned char STATUS @ 0x03;
volatile bit commFlag;
```

volatile 类型定义在单片机的 C 语言编程中之所以如此重要,是因为它可以告诉编译器的优化处理器,这些变量是实实在在存在的,在优化过程中不能无故消除。假定程序中定义了一个变量,并对其进行了一次赋值,但随后就再也没有对其进行任何读写操作,如果是非 volatile 型变量,则优化后的结果是该变量将有可能被彻底删除以便节约存储空间。另外一种情形是在使用某一个变量进行连续的运算操作时,该变量的值将在第一次操作时被复制到中间临时变量中,如果它是非 volatile 型变量,则紧接其后的其他操作将有可能直接从临时变量中取数以提高运行效率,显然这样做之后,对于那些随机变化的参数来说就会出问题。只要将变量定

义成 volatile 类型后,编译后的代码就可以保证每次操作时直接从变量地址处取数。

2. const——常数型变量声明

如果变量定义语句前冠以 const 类型修饰词,那么所有这些变量就将成为常数,且在程序运行过程中不能对其修改。除了位变量之外,其他所有基本类型的变量或高级组合变量都将被存放在程序空间(ROM 区)中以节约数据存储空间。显然,被定义在 ROM 区中的变量是不能再在程序中对其进行赋值修改的,这也是 const 的本来意义。实际上,这些数据最终都将以 retlw 的指令形式存放在程序空间,但 PICC 会自动编译生成相关的附加代码,以便从程序空间读取这些常数,编程员无须太多操心。例如:

```
const unsigned char name[] = "how are you";  //定义一个常量字符串
```

如果定义了 const 类型的位变量,那么这些位变量还是被放置在 RAM 中,但程序不能对其赋值修改。其实,不能修改的位变量没有太多的实际意义,相信大家在实际编程时不会大量用到。

3. persistent——非初始化型变量声明

按照标准 C 语言的做法,程序在开始运行前首先要把所有定义的但没有预置初值的变量全部清零。PICC 会在最后生成的机器码中加入一小段初始化代码来实现这一变量清零操作,且这一操作将在 main 函数被调用之前执行。问题是作为一个单片机的控制系统,有很多变量是不允许在程序复位后被清零的。为了达到这一目的,PICC 提供了 persistent 修饰词以声明此类变量无须在复位时自动清零。编程员应该自己决定程序中的哪些变量必须声明成 persistent 类型,而且必须自己判断何时需要对其进行初始化赋值。例如:

```
persistent unsigned char hour,minute,second;  //定义时分秒变量
```

经常用到的是,如果程序经上电复位后开始运行,那么需要将 persistent 类型的变量初始化;如果是其他形式的复位,例如由看门狗引发的复位,则无须对 persistent 类型变量做任何修改。PIC 单片机内提供了各种复位的判别标志,用户程序可依具体设计灵活处理不同的复位情形。

2.8 指针

PICC 中指针的基本概念与标准 C 语法中的没有太大差别。但是在 PIC 单片机这一特定的架构上,指针的定义方式还是有几点需要特别注意。

1. 指向 RAM 的指针

如果是汇编语言编程,实现指针寻址的方法肯定就是用 FSR 寄存器,PICC 也不例外。为

了生成高效的代码,PICC 在编译 C 源程序时将指向 RAM 的指针操作最终用 FSR 来实现间接寻址。这样就势必产生一个问题:FSR 能够直接连续寻址的范围是 256 字节(bank0/1 或 bank2/3),要想覆盖最大 512 字节的内部数据存储空间,又该如何定义指针呢? PICC 还是将这一问题留给编程员自己解决,即在定义指针时必须明确指定该指针所适用的寻址区域,例如:

```
unsigned char * ptr0;              //①定义覆盖 bank0/1 的指针
bank2 unsigned char * ptr1;        //②定义覆盖 bank2/3 的指针
bank3 unsigned char * ptr2;        //③定义覆盖 bank2/3 的指针
```

上面定义了三个指针变量,其中指针①没有任何 bank 限定,默认就是指向 bank0 和 bank1;指针②和③一个指明了 bank2,另一个指明了 bank3,但实际上两者是一样的,因为一个指针可以同时覆盖两个 bank 的存储区域。另外,上面三个指针变量自身都存放在 bank0 中。稍后将介绍如何在其他 bank 中存放指针变量。

既然定义的指针有明确的 bank 适用区域,那么在对指针变量赋值时就必须实现类型匹配。

下面的指针赋值将产生一个致命错误:

```
unsigned char * ptr0;              //定义指向 bank0/1 的指针
bank2 unsigned char buff[8];       //定义 bank2 中的一个缓冲区
```

程序语句是:

```
ptr0 = buff;                       //错误!试图将 bank2 内的变量地址赋给指向 bank0/1 的指针
```

若出现此类错误的指针操作,PICC 在最后链接时会告知类似于下面的信息:

```
Fixup overflow in expression (...)
```

同样的道理,若函数调用时使用指针作为传递参数,也必须注意 bank 作用域的匹配,而这点往往容易被忽视。假定下面的函数实现发送一个字符串的功能:

```
void SendMessage(unsigned char *);
```

那么被发送的字符串必须位于 bank0 或 bank1 中。如果还要发送位于 bank2 或 bank3 内的字符串,那么必须再另外单独写一个如下函数:

```
void SendMessage_2(bank2 unsigned char *);
```

这两个函数从内部代码的实现来看可以一模一样,但传递的参数类型不同。根据笔者的应用经验和体会,当看到"Fixup overflow"的错误指示时,几乎可以肯定是指针类型不匹配的赋值所至,这时,应重点检查程序中有关指针的操作。

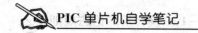

2. 指向 ROM 常数的指针

如果一组变量是已经被定义在 ROM 区的常数，那么指向它的指针可以这样定义：

```
const unsigned char company[] = "Microchip";    //定义 ROM 中的常数
const unsigned char * romPtr;                   //定义指向 ROM 的指针
```

程序中可以对上面的指针变量赋值和实现取数操作：

```
romPtr = company;              //指针赋初值
data  = * romPtr ++ ;          //取指针指向的一个数,然后指针加 1
```

反过来，下面的操作将是一个错误，因为该指针指向的是常数型变量，不能赋值。

```
* romPtr = data;               //往指针指向的地址写一个数
```

3. 指向函数的指针

在对单片机编程时，函数指针的应用相对较少，但作为标准 C 语法的一部分，PICC 同样支持函数指针调用。如果对编译原理有一定的了解，就应该明白在 PIC 单片机这一特定的架构上实现函数指针调用的效率是不高的：PICC 将在 RAM 中建立一个调用返回表，而真正的调用和返回过程是靠直接修改 PC 指针来实现的。因此，除非特殊算法的需要，建议大家尽量不要使用函数指针。

4. 指针的类型修饰

前面介绍的指针定义都是最基本的形式。与普通变量一样，指针定义也可以在前面加上特殊类型的修饰关键词，例如 persistent、volatile 等。考虑指针本身还要限定其作用域，因此 PICC 中的指针定义初看起来显得有点复杂；但只要了解了各部分的具体含义，理解了一个指针的实际用途，指针的定义就变得很直接了。

(1) bank 修饰词的位置含义

前面介绍的一些指针有的作用于 bank0/1，有的作用于 bank2/3，但它们本身的存放位置全部在 bank0。显然，在一个程序设计中指针变量将有可能定位在任何可用的地址空间，这时，bank 修饰词出现的位置就是一个关键，例如：

```
//定义指向 bank0/1 的指针,指针变量位于 bank0 中
unsigned char * ptr0;
//定义指向 bank2/3 的指针,指针变量位于 bank0 中
bank2 unsigned char * ptr0;
//定义指向 bank2/3 的指针,指针变量位于 bank1 中
bank2 unsigned char * bank1 ptr0;
```

从上例可以看出规律：前面的 bank 修饰词指明了此指针的作用域；后面的 bank 修饰词定义了此指针变量自身的存放位置。只要掌握了这一法则，就可以定义任何作用域的指针，且可以将指针变量放于任何 bank 中了。

（2）volatile、persistent 和 const 修饰词的位置含义

实际上，volatile、persistent 和 const 关键词出现在前后不同位置上的含义规律与 bank 修饰词的含义是一致的。例如：

```
//定义指向 bank0/1 易变型字符变量的指针,指针变量位于 bank0 中,且自身为非易变型
volatile unsigned char * ptr0;
//定义指向 bank2/3 非易变型字符变量的指针,指针变量位于 bank1 中,且自身为易变型
bank2 unsigned char * volatile bank1 ptr0;
//定义指向 ROM 区的指针,指针变量本身也是存放于 ROM 区的常数
const unsigned char * const ptr0;
```

亦即出现在前面的修饰词，其作用对象是指针所指处的变量；出现在后面的修饰词，其作用对象是指针变量自己。

2.9 函数

当编写较大程序时，一般分为若干个小模块程序，每个模块实现一个特定的功能。在 C 语言中，模块的功能是用函数来实现的，就是相当于一个小程序模块。一般来说，一个 C 语言程序可由一个主函数和若干子函数构成，主函数调用子函数，子函数之间可以相互调用，同一个函数能被调用多次。

PICC 和 PICC18 函数的语法和调用方法与标准 C 语言的基本一致。

2.9.1 函数的参数传递

与标准 C 语言一致，参数传递过程如下：

① 如果函数只有一个参数，并且是单字节，那么它通过 W 寄存器实现参数传递。

② 如果函数只有一个参数，长度大于 1 字节，那么它会通过被调函数的参数区域传递参数；如果参数是连续的，那么它也是通过被调函数的参数区域传递参数。

③ 如果函数参数多于 1 个，而且函数的第一个参数只有 1 字节，那么它将经被调函数的自动变量区传递参数，余下的连续参数将经由被调函数的参数区域传递。

④ 在使用省略号"…"这一可变参数列表时，调用函数会建立可变参数列表，然后把指向可变参数列表的指针传过去。

2.9.2 函数返回值

与标准 C 语言一致,通常通过调用函数从调用函数中得到一个返回值,该值主要分为 8 位、16 位和 32 位返回值及结构体返回值。

1. 8 位返回值

8 位返回值(字符型、无符号字符型及指针)通过 W 寄存器返回,例如函数:

```
char return_8(void)
{
    return 1;        //返回 0 给 W 寄存器
}
```

将会生成以下代码:

```
movlw 1
return
```

2. 16 位和 32 位返回值

16 位和 32 位返回值(整型、无符号整型、无符号短整型、一些指针、长整型、无符号长整型、浮点型及双精度型)都以最少的有效字保存在最低的存储单元中,例如函数:

```
char return_16(void)
{
    return 0x1234;   //返回 0x1234
}
```

将会生成以下代码:

```
movlw low1234h
movwf btemp          //低字节 0x34 返回 btemp
movlw high1234h
movwf btemp + 1      //高字节 0x12 返回 btemp + 1
return
```

3. 结构体返回值

4 字节及更小的合成返回值(结构体和联合体)与 16 位和 32 位返回值的返回方式一致。但大于 4 字节长度的结构体或联合体的返回值会被复制到结构块(struct psect)中。例如函数:

```
struct fred
{
    int ace[4];
}
struct fred return_struct(void)
{
    struct fred wow;
    return wow;
}
```

将会生成以下代码:

```
movlw ? a_return_struct + 0
movwf 4
movlw structret
movwf btemp
movwf 8
GLOBAL structcopy
lcall structcopy
return
```

2.9.3 调用层次的控制

基本级系列 PIC 单片机的硬件堆栈深度只有 2 级,中档系列 PIC 单片机的硬件堆栈深度为 8 级,考虑中断响应需占用一级堆栈,所以函数调用嵌套的最大深度不要超过 7 级,编程员必须自己控制子程序调用时的嵌套深度以符合这一限制要求。

PICC 在最后编译链接成功后生成一个链接定位映射文件(*.map),在此文件中有详细的函数调用嵌套指示图"call graph",例如:

```
Call graph:
* _main size 0,0 offset 0
_RightShift_C
*  _Task size 0,1 offset 0
lwtoft
ftmul size 0,0 offset 0
ftunpack1
ftunpack2
ftadd size 0,0 offset 0
ftunpack1
ftunpack2
ftdenorm
```

上面所举的信息表明,整个程序在正常调用子程序时嵌套最多为 2 级(没有考虑中断)。因为 main 函数不可能返回,故其不用计算在嵌套级数中。其中有些函数调用是编译代码时自动加入的库函数,这些函数调用从 C 源程序中无法直接看出,但在此嵌套指示图上则一目了然。

基本级的 PIC 单片机通过汇编跳转指令、查表及转移表等方式实现函数的调用。PICC 和 PICC18 通常通过 CALL 指令实现 C 函数的调用。由于中级和高级 PIC 单片机有多级硬件堆栈,所以允许更深的函数嵌套调用。在调用函数时,都不使用查表方式。

任何函数调用时,编译器都将自动选择存储区 bank0。为了达到这一目的,它会在必要时嵌入适当的指令。所以,任何可以被 C 调用的汇编函数,在返回时都必须确保选择了存储区 bank0。

PICC 在编译时将严格进行函数调用时的类型检查。一个良好的编程习惯是在编写程序代码前先声明所有用到的函数类型。例如:

```
void Task(void);
unsigned char Temperature(void);
void BIN2BCD(unsigned char);
void TimeDisplay(unsigned char, unsigned char);
```

这些类型声明确定了函数的入口参数和返回值类型,这样编译器在编译代码时就能保证生成正确的机器码。建议大家在编写一个函数的源代码时,立即将此函数的类型声明复制到源文件的起始处或者专门的包含头文件中,然后再在每个源程序模块中引用。

2.9.4 中断函数的实现

PICC 可以实现 C 语言的中断服务程序。中断服务程序有一个特殊的定义方法,即:

```
void interrupt ISR(void);
```

其中的函数名 ISR 可以改成任意合法的字母或数字组合,但其入口参数和返回参数类型必须是 void 型,亦即没有入口参数和返回参数,且中间必须有一个关键词 interrupt。中断函数可以放置在源程序的任意位置。因为已有关键词 interrupt 声明,所以 PICC 在最后进行代码链接时会自动将其定位到 0x0004 中断入口处,实现中断服务响应。编译器也会实现中断函数的返回指令 retfie。一个简单的中断服务示范函数如下:

```
void interrupt ISR(void)            //中断服务程序
{
    if (T0IE && T0IF)               //判 TMR0 中断
    {
        T0IF = 0;                   //清除 TMR0 中断标志
                                    //在此加入 TMR0 中断服务
```

```
    }
    if (TMR1IE && TMR1IF)                    //判 TMR1 中断
    {
        TMR1IF = 0;                          //清除 TMR1 中断标志
                                             //在此加入 TMR1 中断服务

    }
}                                            //中断结束并返回
```

PICC 会自动加入代码以实现中断现场的保护，并在中断结束时自动恢复现场，所以编程员无须像编写汇编程序那样加入中断现场保护和恢复现场的额外指令语句。但当在中断服务程序中需要修改某些全局变量时，是否要保护这些变量的初值将由编程员自己决定和实施。

用 C 语言编写中断服务程序必须遵循高效的原则：

① 代码尽量简短，中断服务强调的是一个"快"字。

② 避免在中断服务程序内使用函数调用。虽然 PICC 允许在中断里调用其他函数，但为了解决递归调用的问题，此函数必须为中断服务独家专用。既如此，不妨把原本要写在其他函数内的代码直接写在中断服务程序中。

③ 避免在中断服务程序内进行数学运算。数学运算将很有可能用到库函数和许多中间变量，就算不出现递归调用的问题，仅在中断入口和出口处为了保护和恢复这些中间临时变量就需要大量开销，这样会严重影响中断服务的效率。

中档系列 PIC 单片机的中断入口只有一个，因此整个程序中只能有一个中断服务程序。

2.9.5 标准库函数

PICC 提供了较完整的 C 标准库函数支持，其中包括数学运算函数和字符串操作函数。在程序中使用这些现成的库函数时需要注意的是入口参数必须在 bank0 中。

如果需要用到数学函数，则应在程序前添加"#include <math.h>"文字以包含数学运算函数的头文件；如果要使用字符串操作函数，就需要添加"#include <string.h>"文字以包含字符串操作函数的头文件。在这些头文件中提供了函数类型的声明。通过直接查看这些头文件就可以知道 PICC 提供了哪些标准库函数。

C 语言中常用的格式化打印函数"printf/sprintf"用在单片机的程序中时需要特别谨慎。printf/sprintf 是一个非常大的函数，一旦使用，程序代码长度就会增加很多。除非是在编写试验性质的代码时，才可以考虑使用格式化打印函数以简化测试程序；而在最终产品设计中都是自己编写最精简的代码来实现特定格式的数据显示和输出。其实，在单片机应用中输出的数据格式都相对简单而且固定，实现起来应该很容易。

对于标准 C 语言的控制台输入（scanf）/输出（printf）函数，PICC 需要用户自己编写其底层函数 getch() 和 putch()。在单片机系统中实现 scanf/printf 本来就没有太多意义，如果一定要实现,只要编写好特定的 getch() 和 putch() 函数,就可以通过任何接口来输入或输出格式化的数据了。

2.10 #pragma 伪指令

在阅读一些 PIC 单片机的源程序开始段时,会发现有一些特殊指令助记符,这些助记符与指令系统的助记符不同,没有相对应的操作码,通常将这些特殊指令助记符称为伪指令。其中,可以用一些特定编译时间指令修改编译器的运行特性,PICC 和 PICC18 中可以使用 ANSI 标准指令中的 #pragma 语句。#pragma 语句的格式如下:

```
# pragma keyword options
```

其中,keyword 是关键字,options 是选项式中的关键词,参见表 2-3,其中,有些关键词后带有选项。

表 2-3 #pragma 伪指令

关键字	含 义	例 子
interrupt_level	允许主程序调用中断函数	# pragma interrupt_level 1
jis	允许对 JIS 字符进行操作	# pragma jis
nojis	禁止对 JIS 字符进行操作(默认状态)	# pragma nojis
printf_check	允许打印格式符校验	# pragma printf_check const
psect	重命名编译器定义的程序块	# pragma psect text=mytext
regsused	指定在中断中使用的寄存器	# pragma regsused w
switch	指定根据开关状态生成代码	# pragma switch direct

1. #pragma interrupt_level 伪指令

当中断程序和主程序或另一个中断程序都在调用同一个函数时,链接器就会报错。但是,在编译时,使用 #pragma interrupt_level 伪指令就可以将中断函数分级。PICC 提供了 2 级中断,而且编译器会认为同一级的任何中断函数都是独立的。但由于中级 PIC 只支持一个中断级,所以,这种独立性必须由用户保证,因此编译器并不能控制它们的优先级别。每一个中断程序可以指定一个中断级别,即 0 或 1。

当任何非中断函数分别被中断函数和主函数调用时,可以使用 #pragma interrupt_level 伪指令来规定它们绝不会被多级中断函数调用。同时,也可避免函数被多个调用所包含而引起的链接器报错。通常,可以通过在调用函数前屏蔽总中断来达到上述目的,在被调用函数内屏蔽中断是不可行的。例如:

PIC 编译器的语法规则

```
/*非中断函数分别被中断函数和主函数调用*/
#pragma interrupt_level 1
void bill(){
    int i;
    i = 12;
}
/*2个中断函数调用同一个非中断函数*/
#pragma interrupt_level 1
void interrupt fred(void)
{
    bill();
}
#pragma interrupt_level 1
void interrupt joh()
{
    bill();
}
main()
{
    bill();
}
```

2. #pragma jis 和 #pragma nojis 伪指令

当程序中包含用 JIS 编码的一些日语字符串或者其他语种的双字节字符串时,可以使用 #pragma jis 伪指令来处理这些字符串;如果字符串的前半字节和后半字节间不使用续行符"\",则使用 #pragma jis 伪指令的效果会更好。#pragma nojis 伪指令则禁止使用这种操作,即不处理 JIS 字符,默认方式下 JIS 字符是禁止操作的。

3. #pragma printf_check 伪指令

某些库函数可以接受在一个字符串后跟几个参数变量,这一点与 printf() 函数相同。虽然这种格式的字符串在运行时才说明,但在编译时编译器将检查它是否冲突。这个伪指令可实现对已命名的函数进行检查。例如,系统头文件<stdio.h>中包括 #pragma printf_check (printf)const 伪指令,就实现了对 printf() 函数的检查。可以使用该伪指令对任何用户定义的可以接受打印格式的字符串的函数进行检查。在函数名后放置限定词可以自动转换指针类型指向变量参数列表中的变量。

4. #pragma psect 伪指令

通常,编译器生成的目标代码被分解成标准程序块,并生成相应的文档。这对大多数应用来说是最好的；但是，当要求配置一些特定的存储器时，就必须在不同的程序块中重新定位变量和代码。使用#pragma psect 伪指令可以使编译器重新分配任何标准 C 程序块的代码和数据。例如，如果希望让一 C 源文件的所有未初始化全局变量放置于名为 otherram 的程序块中，则可以使用以下伪指令来实现：

```
#pragma psect bass = otherram
```

这个语句告诉编译器，在通常情况下放置在 bass 程序块里的任何内容，此时都应该放置在 otherram 程序块中。

若将 text 程序块放置在另一个代码块中，则可以使用以下预处理伪指令重新指定放置代码的程序块：

```
#pragma psect text = othercode
```

其中，othercode 是新建并填充的程序块名字。

如果希望将某模块中的多个函数放置在各自程序块中，则可以在每个函数前使用这个伪指令，即：

```
#pragma psect text = othercode0
void function(void)
{
//函数定义等
}
#pragma psect text = othercode1
void another(void)
{
//函数定义等
}
```

例中为函数 function() 定义了一个程序块 othercode0，同时也为函数 another() 定义了另一个程序块 othercode1。

任何特定的程序块在特定的源文件中都应该仅重新定位一次，而且所有程序块的重定位都应该放置在源文件的顶部，位于所有 #include 指令的下面和其他一些定义的上面。例如，为说明未初始化的变量组放置在 otherram 程序块中，应该按以下方法定义：

```
//file OTHERRAM.C
#pragma psect bss = otherram
char buffer[5];
int var1,var2,var3;
```

凡需要存取定义在 otherram.c 中的任何变量，程序文件都应该包含以下头文件：

```
//file OTHERRAM.H
extern char buffer[5];
extern int var1,var2,var3;
```

使用#pragma psect 伪指令可以将代码和数据分离后存入存储器的任何区域。非标准数据块和定义的代码应该保存在各自的源程序文件中。如果需要链接非标准程序块中命名的代码,则在使用 PICC18 -L 选项的同时再加-P 选项。

5. #pragma regsused 伪指令

当中断出现时,PICC18 会自动保存现场。针对不同中断函数引起的中断,需要保存的现场寄存器也不同。编译器根据不同的中断函数自动决定要保存的寄存器和目标对象。#pragma regsused 伪指令允许编程者限制需要保存的与中断有关的寄存器和目标对象。

使用此伪指令可以指定的寄存器见表 2-4。这些寄存器的名称对字母的大小写不敏感,如果不能识别出寄存器的名称,则将发出一个错误警告。

表 2-4 #pragma regsused 伪指令可有效使用的寄存器

寄存器名称	描 述
W	W 寄存器
prodl,prodh	product 结果寄存器
btemp,btemp+1,…,btemp+14	btemp 临时区域
fsr0l,fsr0h,fsr1l,…,fsr2h	非直接数据指针
tblptrl,tblptrh,tblptru	寄存器表指针的低、高、更高(upper)字节和表自锁

#pragma regsused 伪指令只对紧跟其后的第一个中断函数有效。如果一段程序中包含多个中断函数,且需要使用#pragma regsused 伪指令的话,则每一个中断函数都应该有一个与之对应的伪指令。

下面的例子是,当某个中断函数起作用时,要求编译器中只保存 W 寄存器和 FSR 寄存器的情形。

```
#pragma regsused w fsr
```

如果在中断发生前使用了某个寄存器(不是 W 和 FSR 寄存器),则在通常的中断情况下会保存该寄存器;但如果使用了"#pragma regsused w fsr"伪指令,则不会保存该寄存器。在需要的时候,编译器将自动保存 W 和 FSR 寄存器。

2.11 C 语言和汇编语言的互利合作

C 语言和汇编语言就好像是能让我们取暖的空调和暖水袋一样,两者都能使人取暖,但使用场合不同。如果只是手比较冷,那么是选择回房间把空调打开取暖还是随手拿个暖水袋暖手来得更方便呢?答案不言而喻。用 C 语言进行单片机应用程序开发时,有两个原因决定了使用汇编语句的必要性:单片机的一些特殊指令操作在标准的 C 语言语法中没有直接对应的描述,例如 PIC 单片机的清看门狗指令 clrwdt 和休眠指令 sleep;单片机系统强调的是控制的实时性,为了实现这一要求,有时必须用汇编指令实现部分代码以提高程序运行的效率。这样,一个项目中就会出现 C 和汇编混合编程的情形。下面讨论一些混合编程的基本方法。

2.11.1 嵌入行内汇编的方法

在 C 源程序中直接嵌入汇编指令是最直接且最容易的方法。如果只是嵌入少量几条汇编指令,PICC 提供了一个类似于函数的语句:asm("clrwdt");双引号中可以编写任何一条 PIC 的标准汇编指令。如果需要嵌入一段连续的汇编指令,PICC 支持另外一种语法描述:用"♯asm"开始汇编指令段,用"♯endasm"结束该段,具体方式如下:

```
#asm
movlw 0x20
movwf _FSR
clrf _INDF
incf _FSR,f
btfss _FSR,7
goto $-3
#endasm
```

2.11.2 汇编指令寻址 C 语言定义的全局变量

对在 C 语言中定义的全局或静态变量寻址是最容易的,因为这些变量的地址已知且固定。按照 C 语言的语法标准,所有 C 程序中定义的符号在编译之后都将自动在其前面添加一下画线符"_",因此,若要在汇编指令中寻址用 C 语言定义的各类变量,一定要在变量前加上符号"_",对于 C 程序中用户自定义的全局变量,用行内汇编指令寻址时也同样必须在变量前加上符号"_",下面的例子说明了具体的引用方法:

```
volatile unsigned char tmp;     //定义位于 bank0 的字符型全局变量
void Test(void)                 //测试程序
{
    #asm                        //开始行内汇编
    clrf _STATUS                //选择 bank0
    movlw 0x10                  //设定初值
    movwf _tmp                  //tmp = 0x10
```

```
    #endasm                              //结束行内汇编
    if(tmp == 0x10){                     //开始C语言程序
    }
}
```

PICC 在编译处理嵌入的行内汇编指令时将会原封不动地把这些指令复制成最后的机器码。所有对 C 编译器所做的优化设定,对这些行内汇编指令而言将不起任何作用。编程员必须自己负责编写最高效的汇编代码,同时处理变量所在的 bank 设定。对于定义在其他 bank 中的变量,还必须在汇编指令中加以明确指示,例如:

```
volatile bank1 unsigned char tmpBank1;   //定义位于 bank1 的字符型全局变量
volatile bank2 unsigned char tmpBank2;   //定义位于 bank2 的字符型全局变量
volatile bank3 unsigned char tmpBank3;   //定义位于 bank3 的字符型全局变量
void Test(void)                          //测试程序
{
    #asm                                 //开始行内汇编
    bcf _STATUS,6
    bsf _STATUS,5                        //选择 bank1
    movlw 0x10                           //设定初值
    movwf _tmpBank1^0x80                 //tmpBank1 = 0x10
    bsf _STATUS,6
    bcf _STATUS,5                        //选择 bank2
    movlw 0x20                           //设定初值
    movwf _tmpBank1^0x100                //tmpBank2 = 0x20
    bsf _STATUS,6
    bsf _STATUS,5                        //选择 bank3
    movlw 0x30                           //设定初值
    movwf _tmpBank1^0x180                //tmpBank1 = 0x30
    #endasm                              //结束行内汇编
}
```

在行内汇编指令中寻址用 C 语言定义的全局变量时,除了在寻址前设定正确的 bank 外,在指令描述时还必须在变量上"异或"其所在 bank 的起始地址,实际上位于 bank0 的变量在汇编指令中寻址时也可以这样理解,只是"异或"的是 0x00,可以省略。如果比较了解 PIC 单片机的汇编指令编码格式的话,就会知道上面"异或"的 bank 起始地址是无法在真正的汇编指令中体现的,其目的纯粹是为了告诉 PICC 链接器变量所在的 bank,以便链接器进行 bank 类别检查。

2.11.3 汇编指令寻址 C 函数的局部变量

前面已经提到,PICC 对自动型局部变量(包括函数调用时的入口参数)采用一种"静态覆盖"技术对每一个变量确定一个固定地址(位于 bank0),因此当嵌入的汇编指令对其寻址时只须采用数据寄存器的直接寻址方式即可,而唯一要考虑的是如何才能在编写程序时知道这些局部变量的寻址符号。

在 C 语言程序中使用嵌入的汇编指令实现对变量存取的操作实例如下:

```
//C源程序代码
void Test(unsigned char inVar1, inVar2)
{
    unsigned char tmp1, tmp2;
    #asm                              //开始嵌入汇编
    incf ?a_Test + 0,f                //tmp1 ++
    decf ?a_Test + 1,f                //tmp2 --
    movlw 0x10
    addwf ?a_Test + 2,f               //inVar1 += 0x10
    rrf ?_Test,w                      //inVar2 循环右移一位
    rrf ?_Test,f
    #endasm                           //结束嵌入汇编
}
```

如果局部变量由多字节组成,例如整型数、长整型数等,那么就必须按照 PICC 约定的存储格式进行存取。前面已经说明了 PICC 采用"Little endian"格式存储多字节数据,即低字节放在低地址,高字节放在高地址。下面的例子实现了一个整型数的循环移位。在 C 语言中没有直接针对循环移位的语法操作,因此用标准 C 指令实现的效率较低。

```
//16 位整型数循环右移若干位
unsigned int RR_Shift16(unsigned int var, unsigned char count)
{
    while(count--)                        //移位次数控制
    {
        #asm                              //开始嵌入汇编
        rrf ?_RR_Shift16 + 0,w            //最低位送入C
        rrf ?_RR_Shift16 + 1,f            //var 高字节右移1位,C移入最高位
        rrf ?_RR_Shift16 + 0,f            //var 低字节右移1位
        #endasm                           //结束嵌入汇编
    }
    return(var);                          //返回结果
}
```

> **锦囊：**
> C和汇编语言混合编程可以使单片机应用程序的开发效率和程序本身的运行效率达到最佳的配合，所以要注意以下两点：
> 1. 要尽量使用嵌入汇编
> 如果确实需要用汇编指令实现部分代码以提高运行效率，则应尽量使用行内汇编，避免编写纯汇编文件（*.as文件）。
> 2. 要尽量使用全局变量进行参数传递
> 使用全局变量最大的好处是寻址直观，这时只须在C语言定义的变量名前增加一个下画线符即可在汇编语句中寻址；使用全局变量进行参数传递的效率也比使用形式参数高。

2.12 特殊区域值

与汇编语言编程类似，PICC提供了相关的预处理指令以实现在源程序中定义单片机的配置字和标记单元。若在源程序中已定义了单片机的配置字，那么，配置字已与源程序一同编译成HEX文件，烧写芯片时就不用再设置芯片的配置字了。

2.12.1 定义工作配置字

在用PICC编写程序时，同样可以在C源程序中定义工作配置字，具体方式如下：

__CONFIG(HS & UNPROTECT & PWRTEN & BORDIS & WDTEN);

上面的关键词"__CONFIG"（注意前面有两个下画线符）专门用于芯片配置字的设定，后面括号中的各项配置位符号在特定型号单片机的头文件中已经定义（注意不是pic.h头文件），相互之间用逻辑"与"操作符组合在一起。这样定义的配置字信息最后将和程序代码一起放入同一个HEX文件。

在这里列出了适用于16F87x系列单片机的配置位符号预定义，其他型号或系列的单片机配置字的定义方式类似，使用前查阅一下对应的头文件即可。

```
/*振荡器地址*/
#define CONFIG_ADDR 0x2007
/*振荡器配置*/
```

```
#define RC 0x3FFF            //RC 振荡
#define HS 0x3FFE            //HS 模式
#define XT 0x3FFD            //XT 模式
#define LP 0x3FFC            //LP 模式
/*看门狗配置*/
#define WDTEN 0x3FFF         //看门狗打开
#define WDTDIS 0x3FFB        //看门狗关闭
/*上电延时定时器配置*/
#define PWRTEN 0x3FF7        //上电延时定时器打开
#define PWRTDIS 0x3FFF       //上电延时定时器关闭
/*低电压复位配置*/
#define BOREN 0x3FFF         //低电压复位允许
#define BORDIS 0x3FBF        //低电压复位禁止
/*低电压编程配置*/
#define LVPEN 0x3FFF         //低电压编程允许
#define LVPDIS 0x3F7F        //低电压编程禁止
/*EEPROM 数据代码保护*/
#define DP 0x3EFF            //保护数据代码
#define DPROT 0x3EFF         //使用保护
#define DUNPROT 0x3FFF       //不使用保护
/*Flash 程序存储器写允许/保护*/
#define WRTEN 0x3EFF         //Flash 程序存储器写允许
#define WRTDIS 0x3DFF        //Flash 程序存储器写保护/不保护
/*调试配置*/
#define DEBUGEN 0x37FF       //保护数据代码
#define DEBUGDIS 0x3FFF      //使用保护
/*代码保护配置*/
#define UNPROTECT 0x3FFF     //没有代码保护
#define PROTECT 0x3FEF       //程序代码保护
```

2.12.2 定义芯片标记单元

PIC 单片机中的标记单元定义可用下面的"__IDLOC"(注意前面有两个下画线符)预处理指令实现：

```
__IDLOC (1324);
```

其特殊之处是括号内的值虽然全部为 16 进制数，但不需要用"0x"引导。这样，使用上面的定义就设定了标记单元内容为 01030204。

PIC 编译器的语法规则 2

锦　囊：
　　学习了 PICC18 编译器的语法，相当于学习了英语中的单词一样，如果不通过编程实践，就等于只知道单词，而不能把单词应用到文章中一样，成为哑巴语言。所以一定要将所学的编程知识应用到实际的程序中。

第 3 章

熟悉 PIC 开发环境

经过第 1 章的学习,相信对 PIC 单片机的开发软件已经有所了解,但可能还不知道如何使用这些软件工具,下面就来学习如何使用它们吧。

3.1 MPLAB 编程软件的应用

MPLAB IDE V8.33 软件安装完成后,在桌面上出现图标_{MPLAB IDE v8.33},双击该图标即可打开编程环境。打开 MPLAB 软件后,里面是空的,首先必须创建项目,这类软件都是以项目为目标进行统一管理的。选择 Project→Project Wizard 菜单项,利用项目向导创建项目,此时出现图 3-1 所示的项目创建向导窗口。接着单击"下一步"按钮,出现器件选择窗口,要求选择开

图 3-1 项目创建向导

发板上用到的器件型号,这里选择 PIC16F877,如图 3-2 所示。器件型号选择完成后单击"下一步"按钮,出现如图 3-3 所示窗口,选择采用的编译器,这里使用 HI-TECH Universal ToolSuite 套件下的 HI-TECH ANSI C Compiler 编译器。选择完后接着单击"下一步"按钮,出现创建项目文件窗口,如图 3-4 所示,这里单击 Browse 按钮,选择项目文件创建的路径,首先在 F 盘创建文件夹 led,然后将项目文件保存到该文件夹下并命名为 led。接着单击"下一步"按钮,出现图 3-5 所示"添加文件到项目中"窗口,如果已经有现成的 C 程序文件,那么只要将其添加到窗口中即可。

图 3-2 器件选择

如果事先没有现成的文件,这里则不进行添加,而只单击"下一步"按钮即可。接着出现项目创建完成窗口,如图 3-6 所示,提示项目创建已经完成,此时单击"完成"按钮。至此即成功创建了项目窗口,但项目中没有包含任何文件,而需要创建源程序文件。首先选择 File→New 菜单项,创建一个空白文件,然后保存,出现创建源文件窗口,如图 3-7 所示,将源文件命名为 main.c,并选中 Add File To Project 复选框,这样会自动将其添加到项目窗口中。最后单击"保存"按钮,将其保存到刚才创建项目的文件夹 led 中。源文件创建完成后,会发现在项目窗口的源文件文件夹下面出现了刚才创建的源文件 main.c。项目源文件创建完成后的窗口如图 3-8 所示,从中可以看出窗口中蓝色字体是 C 语言中的关键字,其他字是黑色字体。当然字体颜色和大小等是可以修改的,这里就不介绍了,感兴趣的读者可以查找相关资料。然后选择 Project→Build 菜单项对程序进行项目编译,编译成功后出现如图 3-9 所示窗口,显示项目编译成功。

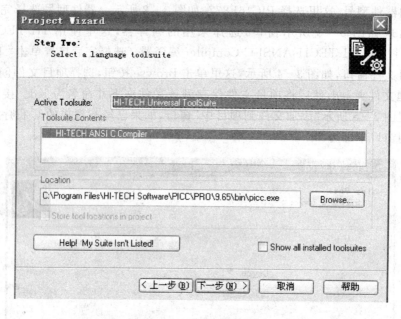

图 3-3 编译器选择

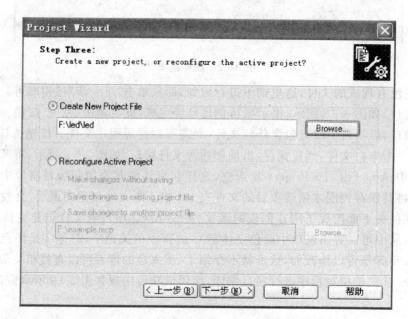

图 3-4 创建项目文件

熟悉 PIC 开发环境 3

图 3-5 添加文件到项目中

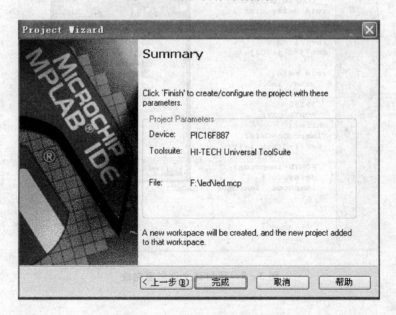

图 3-6 项目创建完成

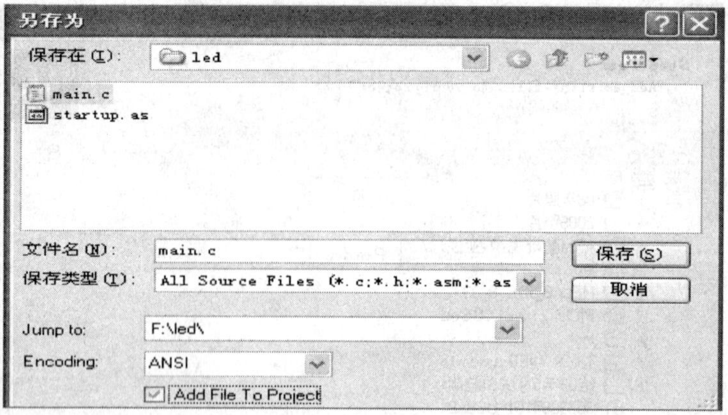

图3-7 创建源文件

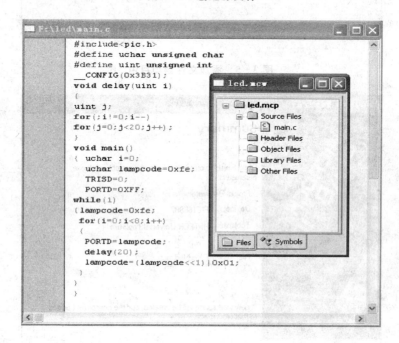

图3-8 项目源文件创建完成

熟悉 PIC 开发环境

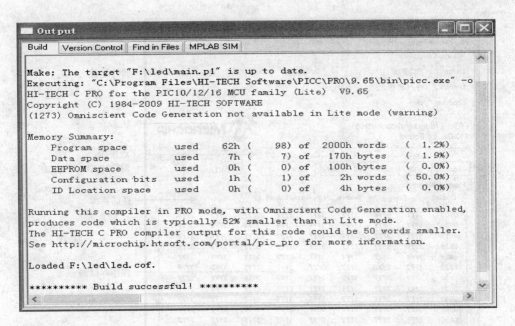

图 3-9 项目编译成功

3.2 PICkit2 下载软件的应用

PICkit2 编程下载软件的使用方法与其他下载软件的使用方法类似,就是将程序目标代码下载到单片机的 Flash 程序存储器中,实现在线下载功能。当然它不具有仿真功能,如果想进行在线仿真,则可以制作其他下载线,网络上关于下载线的资料很多,由于篇幅所限不能一一做出解释。将 PICkit2 下载线连接到开发板上后,打开开发板电源,然后单击 PICkit2 下载软件图标,出现如图 3-10 所示 PICkit2 下载界面窗口。下面具体介绍该软件的有关内容。

3.2.1 PICkit2 窗口简介

1. 菜单栏

菜单栏中有 File(文件)、Device Family(器件系列)、Programmer(编程)、Tools(工具)和 Help(帮助)菜单。详细的菜单命令这里不进行介绍,感兴趣的读者可以查阅 PICkit2 下载器相关资料。

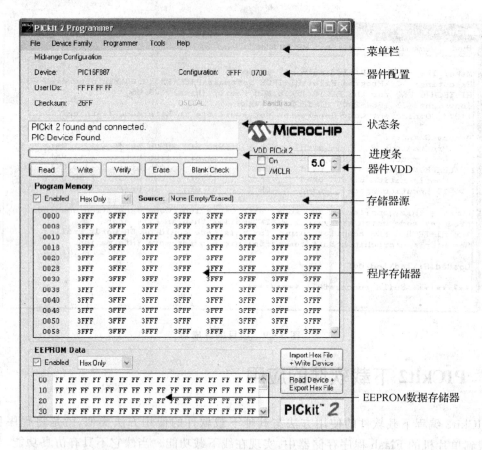

图 3-10 PICkit2 下载界面

2. 器件配置

在器件配置区域中除了可以看到 Device（器件）、User IDs（用户 ID）、Configuration（配置字）和 Checksum（校验和）等几项内容外，还可以看到 OSCCAL 和 Band Gap（带隙），这两项是仅针对具有这些特性的器件才显示的内容。对于低档（12 位内核）器件，用户必须从 Device Family 菜单中选择器件。所有其他系列的器件都通过它们的器件 ID 进行检测，器件名会显示在 Device 行中。

3. 状态条

状态条以文本形式显示当前操作的状态。如果操作成功，则状态条会显示绿色背景。如果操作失败，则状态条会显示粉色背景。如果操作引起警告提示，则状态条会显示黄色背景。

4. 进度条

进度条显示操作的进度。

5. 器件 VDD

可通过单击复选框 On(使能)打开或关闭 PICkit 2 编程器的 VDD。通过在右边框中直接输入数字或者调节上下箭头(每次 1/10 V)来设置 VDD 的电压,允许的最高和最低电压随目标器件的不同而有所变化。

6. 程序存储器

选择 File→Import HEX 菜单项,可将程序代码加载到 PICkit 2 编程软件中;或者单击 Read(读)按钮从器件中读取程序代码。代码的来源显示在存储器源 Source 文本框中。Program Memory 区域显示十六进制的程序代码,在此区域中不能编辑代码。Program Memory 区域左上角的 Enabled 复选框仅在具有 EEPROM 数据存储器的器件上提供。如果选中该复选框,则程序存储器、用户 ID 和配置字将写入器件或从器件读取,并在器件上进行校验。如果未选中该复选框,则程序存储器、用户 ID 和配置字在写器件操作中不会被擦除或更改,也不会被读取或校验。该复选框不影响擦除器件或空白检查操作。不能同时清除 Program Memory 和 EEPROM Data 两个存储器区域中的 Enabled 复选框。

7. EEPROM 数据存储器

选择 File→Import HEX 菜单项可将程序代码加载到 PICkit 2 编程软件中;或者单击 Read 按钮从器件中读取程序代码。代码的来源显示在存储器源 Source 文本框中。EEPROM Data 区域显示十六进制的程序代码,在此区域中不能编辑代码。EEPROM Data 区域左上角的 Enabled 复选框控制读、写或校验 EEPROM 数据存储器。如果选中该复选框,则该器件的 EEPROM 中的内容将用该区域中的数据覆盖。如果未选中该复选框,则该器件的 EEPROM 中的内容在写器件操作中不会被擦除或更改。该复选框不影响擦除器件或空白检查操作。不能同时清除 Program Memory 和 EEPROM Data 两个存储器区域中的 Enabled 复选框。

3.2.2 下载目标文件

一切工作就绪,接下来就是下载目标文件。首先打开目标文件,如图 3-11 所示,选择 File→Import Hex(导入十六进制文件)菜单项,找到文件 F:\LED\LED.HEX,将文件内容装载到 PICkit2 软件中,在程序存储器区域中显示出所装载的目标文件内容,然后单击 Erase 按钮擦除程序存储器,再单击 Write 按钮,将程序下载到单片机的内部程序存储器中。器件配置区域下面的状态条会显示"编程"操作的状态。如果编程成功,状态条会变绿并显示"Programming Successful"(编程成功),如图 3-12 所示。如果编程失败,状态条中显示编程失败的提示,并以粉色状态条进行显示,如图 3-13 所示。至此,已经将程序下载到了单片机中,单片机已经开始运行程序了,且从开发板上可以看到小灯闪烁。可是为什么能实现小灯闪烁呢?程序是如何做到的呢?关于这些问题,还须仔细研究程序代码,通过 MPLAB IDE 软件打开程序源文件 main.c,从中可以看出程序的实现方法。程序代码清单如下。程序中关于 C 语言的知识,可以参考第 2 章的学习内容。

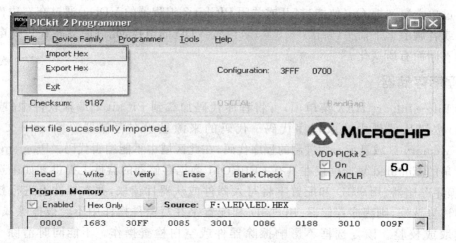

图 3-11 目标文件导入窗口

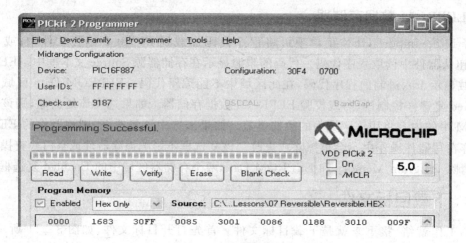

图 3-12 编程成功窗口

熟悉 PIC 开发环境

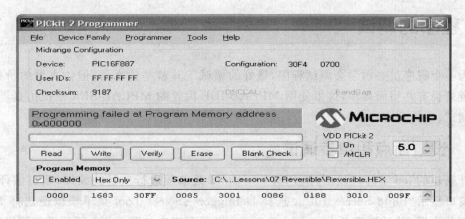

图 3-13 编程失败窗口

实现一个小灯闪烁的程序清单如下。

```
#include(pic.h)                //将 pic.h 头文件包含进来,里面是关于寄存器的定义
#define uchar unsigned char    //用伪指令 define 给 unsigned char 起别名 uchar
#define uint unsigned int      //用伪指令 define 给 unsigned int 起别名 uint
__CONFIG(0x3B31);              //这是关于 PIC16F877 的配置字
//*********************延时函数********************************//
void delay(uint i)
{
    uint j;
    for(;i!=0;i--)             //两层嵌套循环构成延时
        for(j=0;j<20;j++);     //末尾的";"不要省略
}
//*********************主函数*********************************//
void main()                    //主函数
{
    uchar i = 0;               //定义一个局部变量 i,用来控制循环次数
    TRISD = 0;                 //设置端口 D 的方向寄存器:0 表示输出;1 表示输入
    while(1)                   //主程序是由 while(1)构成的死循环
    {
        PORTD = 0xFF;          //D 口的小灯全部熄灭
        Delay(20);             //调用延时函数
        PORTD = 0xFE;          //D 口的第 0 位小灯点亮
        Delay(20);             //调用延时函数
    }
}
```

3.3 程序的调试

作为一个程序员必须学会调试程序,最好的调试工具就是仿真器,但仿真器的价格较贵,对初学者来说有些望而却步,这里使用 MPLAB IDE 内置的 MPLAB SIM 模拟仿真器进行模拟仿真调试。

3.3.1 设置断点和单步调试

打开新建的 led 工程,然后选择 Project→Build 菜单项进行项目的编译,项目编译成功后在信息窗口显示"Build Successful"。选择 Debugger→Select Tool 菜单项以便选择 MPLAB SIM 模拟仿真器;然后选择 Debugger→Settings 菜单项出现如图 3-14 所示模拟器设置窗口,这里需要修改处理器的频率,此处采用默认的 20 MHz,最后关闭窗口。到此为止完成了对模拟仿真器的设置,接下来介绍关于断点的设置和单步调试方面的知识。

其实,断点的设置非常简单,只须在需要设置断点的代码行双击左键即可,此时在代码行首出现红色的圆点,圆点内有个"B"字,表示设置了一个断点。以此类推即可根据调试的需求在合适的位置设置断点。这里在程序调用的延时函数之前设置了一个断点,然后单击"全速运行"工具按钮如图 3-15 所示,此时程序运行到断点处停止,并以绿色箭头标示,如图 3-16 所示。

图 3-14 模拟器设置

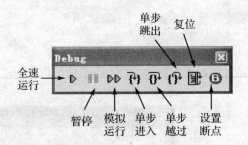

图 3-15 程序调试工具栏

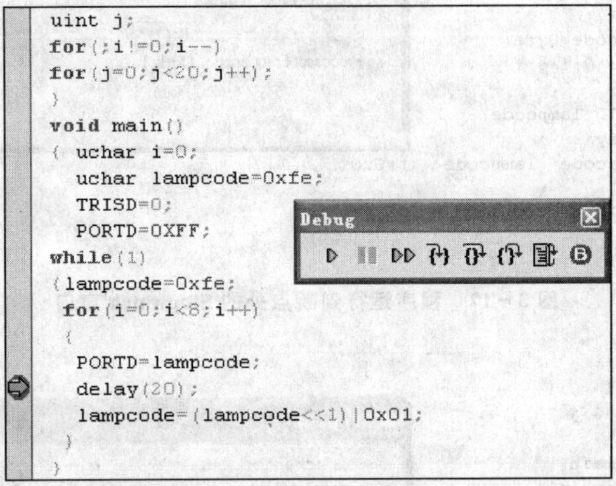

图 3-16 程序断点运行状况

3.3.2 测试延时函数的延时时间

有些时候需要知道延时函数延时的确切时间,那么怎样使用模拟仿真器测试出具体的延时时间呢?其实非常简单。在测试之前需要设置模拟仿真器,使处理器频率与目标板上的单片机频率一致,然后在延时函数处设置断点后全速运行,运行到断点处的程序状态如图 3-17 所示。选择 View→Watch 菜单项可以打开 Stopwatch 停止观察窗口,窗口中的 Instruction Cycles(指令周期)显示当前执行的指令周期数,Time(时间)显示当前运行了多长时间。从窗口中可以看到当前执行了 35 个指令周期,运行时间为 7 μs。Processor Frequency 显示当前的时钟频率为 20 MHz。接着单击 Zero 按钮将指令周期和时间的值清为零,目的是能够直接在 Stopwatch 窗口中观察出延时函数的延时时间。清零后单击"单步越过"工具按钮,程序运行了延时函数,如图 3-18 所示,此时可从 Stopwatch 中观察出延时时间为 1.355 600 ms,到此即测出了延时时间。

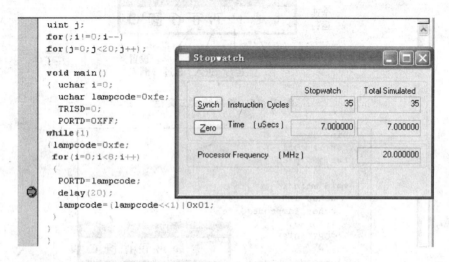

图 3-17　程序运行到断点处的 Stopwatch 窗口

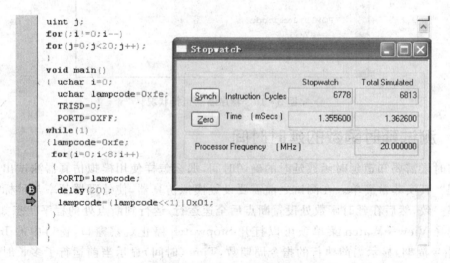

图 3-18　程序运行到断点后的 Stopwatch 窗口

第 4 章

I/O 端口实验

在学习任何一款单片机时,首先需要了解的就是它的 I/O 口。它有哪些 I/O 口?这些 I/O 有什么特性?如何使用它们?掌握端口应用的最好方法就是实验,可将这些 I/O 口连接到最简单的输入/输出设备上,通过实验了解端口的特性,从而为今后开发产品打下坚实的基础。下面就通过实验来学习 I/O 端口的应用。

4.1 I/O 端口介绍

PIC16F877 端口 D 有 8 个引脚,内部有 2 个 8 位寄存器与端口有关,如表 4-1 所列,一个是端口 D 方向寄存器 TRISD,用来设置端口 D 的工作方向;另一个是端口数据寄存器 PORTD,用来保存端口数据。如果端口设置为输出口,那么 PORTD 中就是所要输出的数据;如果端口设置为输入口,那么 PORTD 中保存的就是所要读入的数据。这里开发板用 D 口连接了 8 个发光二极管,很显然它是一种显示设备,因此应该将端口 D 设置成输出口。在 PIC 单片机中,TRISD 中的 0 代表该口是输出口,1 代表该口是输入口。

表 4-1 与端口 D 相关的寄存器

名 称	Bit7	Bit6	Bit5	Bit4	Bit3	Bit2	Bit1	Bit0
TRISD	0	0	0	0	0	0	0	0
PORTD								

4.2 古老流水灯实验

流水灯是学习单片机时经常要做的一个实验。这里的小灯就是发光二极管,用 PIC16F877A 的 D 口连接 8 个发光二极管,采用共阳极接法(也就是二极管的阳极接 5 V 电源),只要对应的 D 口出现低电平,相应的发光二极管就被点亮,流水灯就是依据这样的原理做出来的。由于小灯是显示设备,因此要将端口 D 设置为输出口,也就是给 D 口的方向寄存器 TRISD 赋值成 0。

图 4-1 所示是流水灯的电路原理图,它包括 PIC16F877A 的复位电路、下载电路和时钟电路。时钟电路有两种:一种是以电阻电容构成的振荡电路,另一种是外接的 4 MHz 晶振电路。这里可以选择任何一种时钟电路。复位电路是由电阻和按键构成的,低电平时进行系统复位;正常工作时由于上拉电阻的作用使复位端口拉高,使得复位电路不起作用。

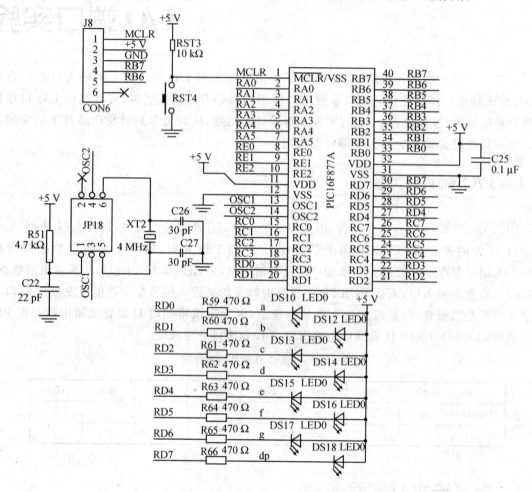

图 4-1 流水灯电路原理图

流水灯实验的程序清单如下。

```
//******************************古老的流水灯******************************//
#include <pic.h>                    //包含头文件 pic.h
#define uchar unsigned char         //用伪指令 define 给 unsigned char 起别名 uchar
```

```
#define uint unsigned int                        //用伪指令define给unsigned int 起别名uint
__CONFIG(0x3B31);                                //芯片配置字
//**********************延时函数**********************************//
void delay(uint i)                               //两层嵌套循环构成延时程序
{
    uint j;
    for(;i! = 0;i--)
        for(j = 0;j<20;j++);                     //千万不要省略";"号
}
//**********************主函数***********************************//
void main()
{
    uchar i = 0;
    uchar lampcode = 0xFE;                       //定义一个局部变量lampcode,并初始化为0xFE
    TRISD = 0;                                   //设置端口方向为输出端口
    PORTD = 0xFF;                                //端口状态为高电平,小灯熄灭
    while(1)                                     //用while(1)语句构成死循环,小括号里的条件为真,始终成立
    {   lampcode = 0xFE;                         //将0xFE赋值给变量lampcode
        for(i = 0;i<8;i++)                       //用for语句构成循环语句,循环次数为8次
        {
            PORTD = lampcode;                    //将变量lampcode的值付给端口PORTD
            delay(20);                           //调用延时函数
            lampcode = (lampcode<<1)|0x01;       //变量值进行左移并将最低位编程为逻辑1
        }
    }
}
```

4.3 共阳极数码管显示当前日期

数码管是常用的显示器件,可以显示数字0～9,其每段都是一个条形的发光二极管。根据LED的接法,数码管有共阳极和共阴极两种接法。共阳极接法是内部发光二极管的阳极接在一起。共阴极接法是内部发光二极管的阴极接在一起。此处的开发板采用四位一体的共阳极数码管,驱动电路如图4-2所示,单片机RD0～RD7口输出段码,低电平表示该段点亮,也就是使数码管显示某数;RA5～RA2和C1～C4口的各位是位选口,也就是控制8个数码管哪个亮。驱动电路采用8550PNP型三极管驱动,三极管的发射极接5 V电源,集电极接在四位一体数码管的COM口上,基极接在4.7 kΩ电阻上,然后由RA5～RA2和C1～C4口驱动,低电平三极管处于饱和导通状态,导通后集电极电位为5 V。

以上是关于数码管的原理,那么如何让数码管亮起来呢?下面用数码管做了一个显示日期的实验,希望数码管能够显示"2010"。首先必须建立一个无符号数组 date[4],将日期的数字存放到数组中;然后,建立一个 Table[10]数组,里面存放共阳极的 10 个显示段码,在显示日期时需要将日期数字取出来,最后到 Table 数组中找到对应的显示段码送到 RD0~RD7口,控制 RA5~RA0 口显示相应的日期数字。也许细心的读者注意到,连接到 C1~C4 口的四个数码管,又分别连接到了 RA0、RA1、RE0、RE1 引脚上,如图 4-3 所示。

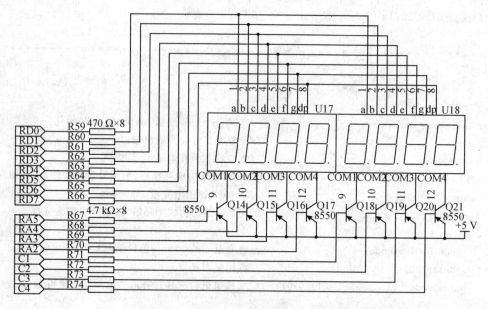

图 4-2 共阳极数码管电路图

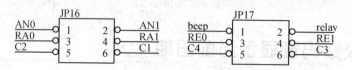

图 4-3 C1~C4 跳线设置图

显示日期的程序清单如下。

```c
#include <pic.h>
#define uchar unsigned char
#define uint unsigned int
uchar date[4] = {2,0,1,0};                          //将日期数字保存到数组中
uchar Table[10] = {0xC0,0xF9,0xA4,0xB0,0x99,0x92,0x82,0xF8,0x80,0x90};  //显示段码
```

```c
//************************延时函数*****************************//
void delay(uint i)                    //两层嵌套循环构成延时程序
{
    uint j;
    for(;i!=0;i--)
        for(j=0;j<20;j++);            //千万不要省略";"号
}
//*************************主函数******************************//
void main(void)
{
    TRISD = 0;                        //设置端口方向为输出端口
    PORTD = 0xFF;                     //端口状态为高电平,数码管熄灭
    while (1)
    {
        uchar i,dis = 0xDF;           //首先点亮的是最高位的数码管
        for(i = 0;i<4;i++)
        {
            PORTD = Table[date[i]];   //根据日期数组中的数找到相应的显示段码送给 PORTD 口
            PORTA = dis;              //打开相应的位选口,也就是使某个数码管亮
            dis = (dis>>1)|0x80;      //数码管位选口移位,同时高位置1,处于熄灭状态
            delay(1);                 //调用延时函数,延时 1 ms,实现动态显示效果
        }
    }
}
```

4.4 液晶显示屏的应用

液晶显示屏在现代电子产品中应用及其广泛,因为它不仅可以显示 0～9 的数字,而且可以显示任何字符、汉字和图像等。

从选型角度出发,液晶分为段式液晶、字符型液晶和图形点阵式液晶 3 类。

1. 段式液晶

常见的段式液晶由 8 段组成,即"8"字加一点,只能显示数字和部分字母。如果要显示其他少量字符、汉字或符号,则必须从厂家定做。

2. 字符型液晶

字符液晶用来显示字符和数字。图形和汉字的显示方式与段式液晶相同。字符型液晶的分辨率有 8×1、16×1、16×2、16×4、20×2、20×4、40×2 和 40×4 等。前面的数字表示一行

有多少个字符,后面的数字表示一共有多少行,例如 8×1 表示一行有 8 个字符,一共有 1 行。

3. 图形点阵式液晶

根据液晶材料和液晶效应区分,图形点阵式液晶分为 TN、STN(DSTN)和 TFT 等几类。TN 类液晶由于其局限性,只用于生产字符型液晶模块。STN 类液晶模块一般为中小型,有单色的,也有伪彩色的;TFT 类液晶从小到大都有,而且清一色的为真彩色显示模块。除了 TFT 类液晶以外,一般小液晶都内置控制器,直接提供 MPU 接口;而大中液晶屏,都要加外部控制器。

根据色彩区分,液晶屏可分为单色、灰度和彩色 3 种,价格由低到高。单色 LCD 的点阵只能显示亮和暗,通常只用于低端的不需显示图形的场合。带灰度级的 LCD 常用的有 2 位 4 级灰度和 4 位 16 级灰度,可以显示简单的带有层次的图形和图像。彩色 LCD 的色彩以颜色数为标准。彩色 LCD 分有源(active)和无源(passive)两种。有源型就是常见的薄膜晶体管 TFT(Thin Film Transistor)LCD,特点是显示清晰、分明,视角大,单价高。之所以如此,是因为有源液晶更新屏幕的频率较快,而且屏幕上的每个像素分别由一个独立的晶体管控制。这样也导致了有源矩阵 LCD 的一个缺点,即这种显示器要使用相当多的晶体管,从而造价较高。无源型就是常见的超扭曲向列型 STN(Super-Twisted Nematic)LCD,最显著的特点是造价低。

按背光将液晶显示屏分为透射式、反射式、半反半透式液晶 3 类。因为液晶为被动发光型器件,所以必须有外界光源液晶才会显示。透射式液晶必须加上背景光,反射式液晶需要较强的环境光线,半反半透式液晶要求环境光线较强或加背光。

字符型液晶,带背光的一般为 LED 背光,以黄颜色(红、绿色调)为主;一般用+5 V 驱动。单色 STN 中小点阵液晶多用 LED 或 EL 背光,EL 背光以黄绿色常见;一般用 400~800 Hz、70~100 V 的交流驱动,常用驱动需要约 1 W 的功率。中大点阵 STN 液晶和 TFT 液晶多为冷阴极背光灯管(CCFL/CCFT),背光颜色为白色;一般用 25~100 kHz、300 V 以上的交流驱动。

4.4.1 液晶显示屏 1602 的应用

当人机接口只需要显示字符或者非常简单的汉字时,没有必要选择图形点阵式液晶,而应选择价格相对低廉的字符型液晶,通用 1602 字符型液晶就是其中的一款。

1. 显示特性

◆ 单 5 V 电源电压,低功耗,长寿命,高可靠性。

◆ 内置 192 个字符(160 个 5×7 点阵字符和 32 个 5×10 点阵字符)。

◆ 具有 64 B 的自定义字符 RAM,可自定义 8 个 5×8 点阵字符或 4 个 5×11 点阵字符。

◆ 显示方式为 STN、半透、正显。

- 驱动方式为1/16DUTY,1/5BIAS。
- 视角方向为6点。
- 背光方式为底部LED。
- 通信方式为4位或8位并口可选。
- 采用标准的接口特性,即适配51MCU和M6800系列MPU的操作时序。

2. 物理特性

1602液晶显示屏的物理尺寸如表4-2所列,注意显示容量一共是16个字符两行,也就是每行能显示16个字符,共有两行,一共能显示32个字符。

表4-2　1602液晶显示屏的物理特性

外形尺寸/mm×mm×mm	可视范围/mm×mm	显示容量	点尺寸/mm×mm	点间距/mm
80×36×14	64.6(宽)×16.0(高)	两行16个字符	0.55×0.75	0.08

3. 接口定义

1602液晶显示屏共有16个引脚,分为电源引脚、控制引脚和数据引脚。各引脚功能如表4-3所列。单片机与1602的典型接口电路如图4-4所示,其中E为使能引脚,当E由高电平跳变为低电平时,液晶模块执行指令;RS是指令和数据寄存器选择引脚,高电平时选择数据寄存器,低电平时选择指令寄存器;R/W是读/写引脚,高电平时是读操作,低电平时是写操作。操作时序归纳如下:

- 当RS和R/W同时为低电平且E为下降沿时,写入指令或显示地址。
- 当RS为低电平和R/W为高电平且E为下降沿时,读取忙信号。
- 当RS为高电平和R/W为低电平且E为下降沿时,写入数据。

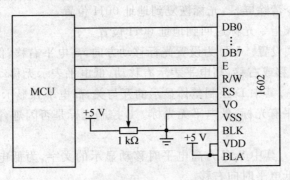

图4-4　单片机与1602的典型接口电路

表 4-3 1602 液晶屏各个引脚功能

引脚号	符号	功能	使用方法
1	VSS	电源地(GND)	—
2	VDD	电源电压(+5 V)	—
3	VO	对比度调整端	外界分压电阻,调节屏幕亮度
4	RS	数据、命令选择端	高电平选择数据寄存器,低电平选择指令寄存器
5	R/W	读/写选择端	当 R/W 为高电平时,执行读操作;当 R/W 为低电平时,执行写操作
6	E	使能信号	高电平使能
7~14	DB0~DB7	数据 I/O	双向数据输入/输出
15	BLA	背光源阳极	直接接到 VDD 或通过 10 kΩ 左右的电阻接到 VDD
16	BLK	背光源阴极	接到 VSS

4. 操作指令

字符显示的位置可以通过访问内部 RAM 的地址来得到,1602 内部控制器具有 80 B 的 RAM,RAM 地址与字符位置之间的对应关系如图 4-5 所示。

图 4-5 1602 的 RAM 地址与字符位置的对应关系

1602 提供了 11 条指令如表 4-4 所列,各条指令的作用如下:

① 清屏 写入指令清除屏幕,光标恢复到地址 00H 位置。

② 光标返回 写入指令光标返回到地址 00H 位置。

③ 光标和显示模式设置 I/D 为设置光标移动方向,高电平右移,低电平左移。S 为设置屏幕上所有文字是否左移或右移,高电平表示有移动,低电平表示无移动。

④ 显字开/关控制 其中 D 控制整体显示的开与关,高电平开显示,低电平关显示。C 控制光标的开与关,高电平有光标,低电平无光标。B 控制光标是否闪烁,高电平闪烁,低电平不闪烁。

⑤ 光标/字符移位 其中 S/C 为高电平时移动显示的文字,为低电平时移动光标。R/L 为高电平时向左移,为低电平时向右移。

⑥ 功能设置命令 其中 DL 为高电平时为 4 位总线,为低电平时为 8 位总线。(有些模块是 DL 为高电平时为 8 位总线,为低电平时为 4 位总线。)N 为低电平时为单行显示,为高电平时为双行显示。F 为低电平时显示 5×7 的点阵字符,为高电平时显示 5×10 的点阵字符。

⑦ 字符发生器 RAM 地址设置　其中地址＝字符地址×8＋字符行数。(将一个字符分成 5×8 点阵,一次写入一行,8 行就组成一个字符。)

⑧ 数据存储器 RAM 地址设置　其中地址的第一行为 00H～0FH,第二行为 40H～4FH。

⑨ 读忙标志和光标地址　其中 BF 为忙标志位,高电平表示忙,此时模块不能接收命令或数据,低电平表示不忙。

⑩ 写数据。

⑪ 读数据。

表 4-4　1602 指令表格

序号	指　令	RS	R/W	DB7	DB6	DB5	DB4	DB3	DB2	DB1	DB0
1	清屏	0	0	0	0	0	0	0	0	0	1
2	光标返回	0	0	0	0	0	0	0	0	1	*
3	光标和显示模式设置	0	0	0	0	0	0	0	1	I/D	S
4	显示开/关控制	0	0	0	0	0	0	1	D	C	B
5	光标/字符移位	0	0	0	0	0	1	S/C	R/L	*	*
6	功能设置命令	0	0	0	0	1	DL	N	F	*	*
7	置字符发生器 RAM 地址	0	0	0	1	字符发生存储器地址					
8	数据存储器 RAM 地址设置	0	0	1	显示数据存储器地址						
9	读忙标志或光标地址	0	1	BF	计数器地址						
10	写数据到指令 7、8 所设地址	1	0	要写的数据								
11	从指令 7、8 所设的地址读数据	1	1	读出的数据								

4.4.2　1602 的应用程序

设计一个液晶屏显示程序,第一行显示"PIC teacher",第二行显示电话号码"13206596646"。为了显示这些内容,建立两个无符号字符型数组,将需要显示的内容作为字符串保存到各自的数组中。程序中首先调用了初始化函数,设置液晶屏的显示模式、清屏、设置光标和显示的位置。在显示内容之前应先向液晶屏中写入显示的地址,然后再写入内容,这样才能实现液晶屏字符的显示。1602 液晶屏与单片机的接口如图 4-6 所示,用单片机的 RA2 脚控制是指令还是数据,RA3 脚控制读/写操作,RA4 脚控制使能,数据口接到单片机的 D 口上。在做该实验时注意 RA4 引脚,该引脚是漏极开路的,作为输出口时一定要接上拉电阻。另外在使用 A 口时一定要将其设置为数字 I/O 口,这可通过设置寄存器 ADCON1 来完成。

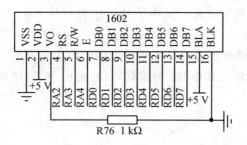

图 4-6 1602 液晶屏与单片机接口

1602 液晶屏显示程序清单如下。

```c
//*********************1602液晶屏程序代码**************************//
#include <pic.h>
#define uchar unsigned char
#define uint unsigned int
const uchar table[] = "PIC teacher";              //建立一个数组,保存"PIC teacher"
const uchar dial[] = "13206596646";               //建立一个数组,保存"13206596646"
void write_com(uchar com);                        //函数原型声明
__CONFIG(0x3B31);                                 //控制字设置
/*********************延时程序************************************/
void delay(uint x)
{
    uint a,b;
    for(a=x;a>0;a--)
        for(b=110;b>0;b--);
}
/*********************初始化程序**********************************/
void Init(void)
{
    ADCON1 = 0x07;                                //将 RA2~RA4 设置为输出口
    TRISA2 = 0;TRISA3 = 0;TRISA4 = 0;             //设置端口为输出口
    RA2 = 0;RA3 = 0;RA4 = 0;                      //初始状态为低电平
    TRISD = 0;PORTD = 0;                          //设置 D 口为输出口,输出数据为 0
    write_com(0x38);                              //设置 8 位总线、双行显示、5×7 点阵
    write_com(0x01);                              //清屏
    write_com(0x0F);                              //开显示,显示光标,光标闪烁
    write_com(0x06);                              //光标右移
    write_com(0x80);                              //第 1 行显示位置
}
```

```c
void write_data(uchar data)                    //写数据
{
    RA2 = 1;                                   //高电平写数据
    PORTD = data;                              //将数据写入 D 口中
    delay(5);                                  //调用延时函数
    RA4 = 1;                                   //使能
    delay(5);                                  //调用延时函数
    RA4 = 0;                                   //关闭
}
void write_com(uchar com)                      //写命令
{
    RA2 = 0;                                   //低电平代表命令
    PORTD = com;                               //将命令放入 D 口中
    delay(5);                                  //调用延时函数
    RA4 = 1;                                   //使能
    delay(5);                                  //调用延时函数
    RA4 = 0;                                   //关闭
}
void main()
{
    uchar num;
    Init();                                    //初始化函数
    for(num = 0;num<11;num++)                  //循环语句
    {
        write_data(table[num]);                //在第 1 行写入数据"PIC teacher"
        delay(20);                             //调用延时函数
    }
    write_com(0x80 + 0x40);                    //写入第 2 行显示位置
    for(num = 0;num<11;num++)
    {
        write_data(dial[num]);                 //在第 2 行写入数据"13206596646"
        delay(20);                             //调用延时函数
    }
    while(1);
}
```

程序中在确定字符显示位置时调用了函数 write_com(0x80),其中参数 0x80 代表第 1 行中第 1 个字符的位置,然后将字符写到这个位置,这样,液晶屏上就显示出该字符。字符在屏幕上的对应位置如图 4-7 所示。

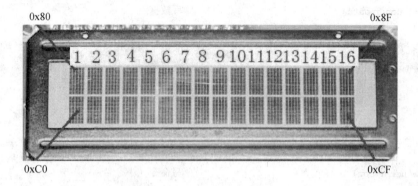

图4-7 字符在屏幕上的位置

第1行的显示地址是0x80~0x8F,第2行的显示地址是0xC0~0xCF。例如要想在第2行第3个位置显示一个字符,那么地址码就是0xC2。在编程过程中,通常编写一个函数来具体确定在某行某个位置显示数据,例如LCD_set_xy(unsigned char x, unsigned char y)。函数需要行参数(y)和列参数(x)来确定显示位置。程序参考如下。

```c
/******************************设置显示位置******************************************/
void LCD_set_xy(unsigned char x, unsigned char y)
{
    unsigned char address;
    if (0 == y) x |= 0x80;              //当要显示第1行时地址码 + 0x80
    else x |= 0xC0;                      //在第2行显示时地址码 + 0xC0
    write_com(x);                        //发送地址码 0x80~0x8F 或者 0xC0~0xCF
}
```

接下来显示字符,显示字符其实就是将字符对应的ASCII码写入液晶屏显示。程序清单如下。

```c
//功能:按指定位置显示一个字符
//输入:列显示地址 x(取值范围 0~15),行显示地址 y(取值范围 0~1),指定字符
void DisplayOneChar(unsigned char x, unsigned char y, unsigned char Data)
{
    if (0 == y) x |= 0x80;              //当要显示第1行时地址码 + 0x80
    else x |= 0xC0;                      //在第2行显示时地址码 + 0xC0
    write_com(x);                        //发送地址码
    write_data(Data);                    //发送要显示的字符编码
}
```

显示字符"A"时调用过程的代码如下。

```
DisplayOneChar(0,0,0x41);//功能:在第1行第1个字符处显示一个大写字母"A"
```

那么如何显示一个字符串呢?首先需要确定字符串的显示位置,然后将字符串写入即可。程序清单如下。

```
//功能:按指定位置显示一串字符
/*输入:列显示地址x(取值范围0~15),行显示地址y(取值范围0~1),字符串指针*p,要显示的字符个数count(取值范围1~16)*/
void Disp_1602(unsigned char x,unsigned char y,unsigned char *p,unsigned char count)
{
    unsigned char i;
    for(i=0;i<count;i++)
    {
        if (0 == y) x |= 0x80;              //当要显示第1行时地址码+0x80
        else x |= 0xC0;                     //在第2行显示时地址码+0xC0
        write_com(x);                       //发送地址码
        write_data(*p);                     //发送要显示的字符编码
        x++;
        p++;
    }
}
```

调用方法如下:

```
DisplayListChar(0,0,"hello world",11);      //液晶1602第1行显示
```

1602液晶屏主要用来显示字符,但有时显示简单的汉字更能突出产品的特色,那么应该如何设计使液晶屏显示出需要的简单汉字呢?

1. 第一步

首先取得要显示的中文或图形的字模数组。通过字模软件不能直接提取5×8点阵的字模数据。但可通过手工提取,提取的方法如图4-8所示。对应一个字符显示区域,每8B组成一个点阵数组,这样,"日"字的点阵数组即为{0x1F,0x11,0x11,0x1F,0x11,0x11,0x1F,0x00}。

2. 第二步

将生成的点阵数组保存到CGRAM存储器中,生成自定义字符。1602的内部CGRAM用于自定义的

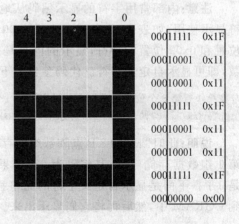

图4-8 "日"字对应的点阵字模

字符点阵的存储,总共 64 B。由第一步点阵提取可知,每个字符由 8 B 数据组成,所以 64 B 的 CGRAM 存储器能够存储 8 组自定义字符的点阵数组。按照 CGRAM 的地址划分为 0～7 为第一组,8～15 为第二组,依次类推,56～63 为第 8 组数据。把自定义字符的数组按 8 B 一组存储到 CGRAM 中,程序代码参考如下。

```
//功能:将自定义字符的编码数组写入 CGRAM 中
//输入:自定义字符的编码数组
void Write_CGRAM(unsigned char * p)
{
    unsigned char i,j,kk;
    unsigned char tmp = 0x40;       //操作 CGRAM 的命令码
    kk = 0;
    for(j = 0;j<8;j++)              //64 B 存储空间可以生成 8 个自定义字符点阵
    {
        for(i = 0;i<8;i++)          //8 B 生成 1 个字符点阵
        {
            write_com(tmp + i);     //操作 CGRAM 的命令码 + 写入 CGRAM 地址
            write_data(p[kk]);      //写入数据
            kk ++;
        }
        tmp += 8;
    }
}
```

自定义字符存储到 CGRAM 的任意一组之后,每组(8 B)也有一个显示编码,按顺序依次为 00H～07H。显示时,只要调用每组的编码,即可显示相应的字符。

注意:内部常用字符的显示编码从地址 0x20 开始。地址 0x00～0x0F 专门留给自定义字符显示使用,如表 4-5 所列。地址 0x00～0x07 与 0x08～0x0F 的内容相同。例如:调用 0x01 位置和 0x09 位置的字符,显示的内容是一样的。直接按照单个字符的显示方式调用显示函数,即可显示自定义字符。代码参考如下:

```
//在第 1 行第 8 个位置显示自定义汉字"日"
DisplayOneChar(7,0,0);         //显示"日",CGRAM 编码为 0
```

说明:此时"日"的 8 B 点阵数组的存储空间为 CGRAM 的 0～7 地址,也就是 CGRAM 的第 1 组数据存储区域,其编码为 0。如果存储在 CGRAM 的 8～15 地址,那么其编码就应该是 1 了。下面是显示自定义字符的完整程序。在程序中建立了 8 个汉字的字模数据,并保存到 CGRAM 中,然后再将它们显示出来。

表 4-5 1602 指令表格

十进制	十六进制	ASCII 字符	十进制	十六进制	ASCII 字符
0	0	自定义字符 1	8	8	自定义字符 1
1	1	自定义字符 2	9	9	自定义字符 2
2	2	自定义字符 3	10	A	自定义字符 3
3	3	自定义字符 4	11	B	自定义字符 4
4	4	自定义字符 5	12	C	自定义字符 5
5	5	自定义字符 6	13	D	自定义字符 6
6	6	自定义字符 7	14	E	自定义字符 7
7	7	自定义字符 8	15	F	自定义字符 8

```
//自定义8个汉字字模,然后显示出来
#include <pic.h>
#define uchar unsigned char
#define uint unsigned int
__CONFIG(0x3B31);                          //控制字设置
/**********************延时程序***************************************/
void delay(uint x)
{
    uint a,b;
    for(a = x;a>0;a--)
        for(b = 110;b>0;b--);
}
unsigned char const Bmp[] =
{
    /*--------------------------------------------------------------
    ; 宽×高(像素):5×8
    ; 字模格式/大小:单色点阵液晶字模,横向取模,字节正序/8字节
    ----------------------------------------------------------------*/
    0x00,0x0F,0x08,0x0F,0x01,0x09,0x0F,0x00,            //5
    0x00,0x04,0x04,0x04,0x04,0x04,0x04,0x00,            //1
    0x0A,0x1F,0x15,0x1F,0x04,0x1F,0x04,0x04,            //单
    0x14,0x14,0x1E,0x10,0x1E,0x12,0x12,0x12,            //片
    0x04,0x1F,0x15,0x1F,0x15,0x1F,0x04,0x07,            //电
    0x00,0x1F,0x14,0x1F,0x14,0x15,0x14,0x1F,            //压
    0x00,0x0C,0x0C,0x00,0x00,0x0C,0x0C,0x00,            //:
```

```c
    0x00,0x12,0x12,0x12,0x12,0x12,0x0C,0x00                    //u
};
void write_data(uchar data)                                    //写数据
{
    RA2 = 1;                                                   //高电平写数据
    PORTD = data;                                              //将数据写入 PORTD 中
    delay(5);                                                  //调用延时函数
    RA4 = 1;                                                   //使能
    delay(5);                                                  //调用延时函数
    RA4 = 0;                                                   //关闭
}
void write_com(uchar com)                                      //写命令
{
    RA2 = 0;                                                   //低电平代表命令
    PORTD = com;                                               //将命令放入 PORTD 中
    delay(5);                                                  //调用延时函数
    RA4 = 1;                                                   //使能
    delay(5);                                                  //调用延时函数
    RA4 = 0;                                                   //关闭
}

/*************************设定显示位置********************************/
void lcd_pos(uchar pos)
{
    write_com(pos|0x80);                                       //数据指针=80+地址变量
}
/*************************初始化程序**********************************/
void Init(void)
{
    ADCON1 = 0x07;                                             //将 RA2~RA4 设置为输出口
    TRISA2 = 0;TRISA3 = 0;TRISA4 = 0;                          //设置端口为输出口
    RA2 = 0;RA3 = 0;RA4 = 0;                                   //初始状态为低电平
    TRISD = 0;PORTD = 0;                                       //设置 D 口为输出口,输出数据为 0
    write_com(0x38);                                           //设置8位总线、双行显示、5×7点阵
    write_com(0x01);                                           //清屏
    write_com(0x0F);                                           //开显示,显示光标,光标闪烁
    write_com(0x06);                                           //光标右移
    write_com(0x80);                                           //第1行显示位置
}
```

```c
/*************************清屏子程序*******************************************/
void lcd_clr()
{
    write_com(0x01);                        //清除LCD的显示内容
    delay(5);
}

//功能:将自定义字符的编码数组写入CGRAM中
//输入:自定义字符的编码数组
void Write_CGRAM(unsigned char * p)
{
    unsigned char i,j,kk;
    unsigned char tmp = 0x40;               //操作CGRAM的命令码
    kk = 0;
    for(j = 0;j<8;j++)                      //64字节存储空间可以生成8个自定义字符点阵
    {
        for(i = 0;i<8;i++)                  //8字节生成1个字符点阵
        {
            write_com(tmp + i);             //操作CGRAM的命令码+写入CGRAM地址
            delay(5);
            write_data(p[kk]);              //写入数据
            kk++;
            delay(5);
        }
        tmp += 8;
    }
}

//***************************主函数*********************************************//
void main(void)
{
    uchar i;
    Init();                                 //初始化LCD
    while(1)
    {
        lcd_clr();
        Write_CGRAM(Bmp);
        lcd_pos(0x0);                       //设置显示位置为第1行第1列
```

```
        for(i = 0;i<8;i++)
            write_data(i);                    //写入显示编码 0~7
        while(1);
    }
}
```

4.5 巧用按键

一般的键盘分为独立键盘和矩阵键盘。独立键盘相对简单,但占用的 I/O 口较多;矩阵键盘相对复杂,但是节省 I/O 资源。这两种键盘一般都是机械式按键,使用寿命较短。除此以外还有电容触摸式键盘,它是利用电容的触摸效应做成的,使用寿命长,当前比较流行,感兴趣的读者可以自己研究,这里不做详细介绍。

4.5.1 独立按键与流水灯的配合

开发板上设置了四个独立按键,如图 4-9 所示,分别接到 RB0~RB3 上,每个按键都通过上拉电阻接到电源上。当有键按下时,端口出现低电平;当按键释放时,由于上拉电阻的作用,端口又回到高电平状态。为了熟练掌握按键的应用,现将按键与流水灯配合使用,设置了两个按键 RB2 和 RB3,当 RB2 按下时控制流水灯左移;当 RB3 按下时控制流水灯右移。首先在初始化时将端口设置为输入端口,然后再扫描按键。电路中还使用了蜂鸣器,如图 4-10 所示,当按键按下时蜂鸣器响,并处理按键按下标志 flag。由于采用的是机械按键,因此不须考虑去抖问题,这里对去抖的原理不做介绍。

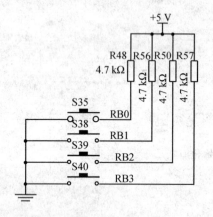

图 4-9 独立键盘电路

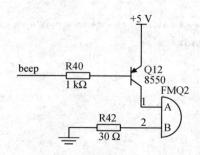

图 4-10 蜂鸣器电路图

下面是两个按键控制流水灯左、右移位,实现流水现象的程序清单。

```c
#include <pic.h>
#define uchar unsigned char
#define uint unsigned int
#define BP RE0                      //用伪指令给RE0端口取个名字。RE0接到了蜂鸣器上
uchar flag = 1;                     //定义一个标志位flag,flag=1左移,flag=0右移
uchar lampcode = 0xFE;              //定义一个全局变量lampcode保存流水灯代码
__CONFIG(0x3B31);                   //配置字设置
//*************************延时函数**********************************//
void delay(uint i)
{
    uint j;
    for(;i!=0;i--)
    for(j=0;j<100;j++);
}
//*************************蜂鸣器************************************//
void beep(uchar i)
{
    for(;i!=0;i--)
    {
        BP = 0;                     //低电平,开启蜂鸣器
        delay(10);                  //延时函数
        BP = 1;                     //高电平,关闭蜂鸣器
        delay(10);                  //延时函数
    }
    BP = 1;                         //关闭蜂鸣器
}
//*************************按键扫描**********************************//
void keyscan()
{
    if(RB2 == 0)                    //当RB2为低电平时,表示可能有键按下
    {
        delay(20);                  //延时10ms,等待按键状态稳定
        if(RB2 == 0)                //再次判断是否为低电平,若是,则表示确实有键按下
        {
            beep(2);                //蜂鸣器响
            while(!RB2);            //等待按键释放
            flag = 1;               //将标志位置1
        }
    }
```

```c
    if(RB3 == 0)                              //当 RB3 为低电平时,表示可能有键按下
    {
        delay(20);                            //延时 10 ms,等待按键状态稳定
        if(RB3 == 0)                          //再次判断是否为低电平,若是,则表示确实有键按下
        {
            beep(4);                          //蜂鸣器响
            while(!RB3);                      //等待按键释放
            flag = 0;                         //将标志位清 0
        }
    }
}
void display()
{
    if(flag == 1)                             //根据标志位为 1,执行左移流水灯程序
    {
        PORTD = lampcode;                     //将变量值付给 PORTD 端口
        lampcode = (lampcode<<1)|0x01;        //变量代码左移 1 位,并"或"上 1,为下次流水做准备
        if(lampcode == 0xFF) lampcode = 0xFE; //若 8 次流水完成,则重新初始化变量
        delay(200);                           //调用延时以便能观察到现象
    }
    else
    {                                         //根据标志位为 0,执行右移流水灯程序
        PORTD = lampcode;                     //将变量值付给 PORTD 端口
        lampcode = (lampcode>>1)|0x80;        //变量代码右移 1 位,并"或"上 0x80,为下次流水做准备
        if(lampcode == 0xFF) lampcode = 0x7F; //若 8 次流水完成,则重新初始化变量
        delay(200);                           //调用延时以便能观察到现象
    }
}
void main()
{
    uchar i = 0;
    TRISD = 0;PORTD = 0xFF;                   //设置流水灯端口为输出端口
    TRISB|= 0x0F;                             //RB0~RB4 为输入端口
    TRISE0 = 0;RE0 = 1;                       //将蜂鸣器端口初始化为输出端口
    while(1)
    {
        keyscan();                            //调用按键扫描
        display();                            //调用显示函数
    }
}
```

4.5.2 矩阵键盘与数码管的配合

矩阵键盘应用比较复杂，下面以四行四列键盘为例讲解如何应用矩阵键盘。用 RB4～RB7 构成行线，RB0～RB3 构成列线，如图 4-11 所示。需要注意的是，RB0～RB3 上连接了 4.7 kΩ 的上拉电阻（图 4-9）。RB4～RB7 设置为输出口，RB0～RB3 设置为输入口。程序中首先判断是否有键按下，当没有键按下时，RB0～RB3 由于上拉电阻的作用自动变成高电平；当有键按下时，RB0～RB3 肯定不全为高电平，通过判断 RB0～RB3 的状态可知是否有键按下。如果知道有键按下，则延时去抖，再次判断是否有键按下，如果确实有键按下，则再逐行扫描以确定具体的按键，然后查找到键值将其显示在数码管上。实现矩阵键盘与数码管配合的程序详细清单如下。

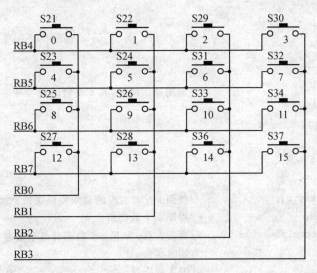

图 4-11 矩阵键盘电路图

```
#include <pic.h>
#define uchar unsigned char
#define uint unsigned int
#define BP RE0                                  //用伪指令给 RE0 取个名字 BP
uchar KEY,key_v;                                //键码和顺序码
uchar Data[6]={0,0,0,0,0,0};                    //定义数组对应6个数码管
uchar Table[17]={0xC0,0xF9,0xA4,0xB0,0x99,0x92,0x82,   //0,1,2,3,4,5,6
  0xF8,0x80,0x90,0x88,0x83,0xC6,0xA1,0x86,0x8E,0xBF}; //7,8,9,A,B,C,D,E,F
__CONFIG(0x3B31);                               //配置字设置
```

```c
void delay(uchar i)                      //调用延时函数
{
    for(;i>0;i--);
}
void beep(uchar i)                       //调用蜂鸣器程序
{
    for(;i!=0;i--)
    {
        BP = 0;
        delay(150);
        BP = 1;
        delay(150);
    }
    BP = 1;
}

void Display()                           //调用显示函数,共6个数码管
{
    uchar discode = 0xDF;
    uchar i;
    for(i=0;i<6;i++)
    {
        PORTD = Table[key_v];            //找到 key_v 对应的显示段码送给 PORTD 口
        PORTA = discode;                 //控制哪个数码管点亮
        discode = (discode>>1)|0x80;     //变量右移,为下一个数码管显示做准备
        delay(10);                       //延时函数
        PORTA = 0xFF;                    //熄灭数码管
    }
    PORTA = 0xFF;                        //熄灭数码管
}
void keyscan()
{
    PORTB = 0x0F;                        //将 RB4~RB7 设置为低电平
    if((PORTB & 0x0F)!=0x0F)             //判断是否有键按下,如果不等于 0x0F,则表示有键按下
    {
        delay(100);                      //延时函数
        if((PORTB & 0x0F)!=0x0F)         //再次判断是否有键按下,如果不等于 0x0F,则表示有键按下
```

```c
            PORTB = 0x7F;                       //有键按下,扫描第 0 行
            if((PORTB & 0x0F)! = 0x0F)          //如果不等于 0x0F,则表示第 0 行有键按下
            {
                KEY = (PORTB & 0x0F)|0x70;      //保存按键码
                beep(4);                        //调用蜂鸣器响
            }
            else                                //如果第 0 行没有键按下,扫描第 1 行按键
            {
                PORTB = 0xBF;
                if((PORTB & 0x0F)! = 0x0F)
                {
                    KEY = (PORTB & 0x0F)|0xB0;
                    beep(4);
                }
                else                            //如果第 1 行没有键按下,扫描第 2 行按键
                {
                    PORTB = 0xDF;
                    if((PORTB & 0x0F)! = 0x0F)
                    {
                        KEY = (PORTB & 0x0F)|0xD0;
                        beep(4);
                    }
                    else                        //如果第 2 行没有键按下,扫描第 3 行按键
                    {
                        PORTB = 0xEF;
                        if((PORTB & 0x0F)! = 0x0F)
                        {
                            KEY = (PORTB & 0x0F)|0xE0;
                            beep(4);
                        }
                    }
                }
            }
        }
    }
}
void keyv(uchar i)                              //根据键码处理变量 key_v
{
```

```c
    switch(i)
    {
        case 0x7E:key_v = 12;break;
        case 0x7D:key_v = 13;break;
        case 0x7B:key_v = 14;break;
        case 0x77:key_v = 15;break;
        case 0xBE:key_v = 8 ;break;
        case 0xBD:key_v = 9 ;break;
        case 0xBB:key_v = 10;break;
        case 0xB7:key_v = 11;break;
        case 0xDE:key_v = 4 ;break;
        case 0xDD:key_v = 5 ;break;
        case 0xDB:key_v = 6 ;break;
        case 0xD7:key_v = 7 ;break;
        case 0xEE:key_v = 0 ;break;
        case 0xED:key_v = 1 ;break;
        case 0xEB:key_v = 2 ;break;
        case 0xE7:key_v = 3 ;break;
        default:break;
    }
}
void main()
{
    TRISB = 0x0F;              //高4位设置为输出口,低4位设置为输入口
    TRISD = 0;                 //段码口为输出口
    TRISA = 0;                 //位选口为输出口
    TRISE0 = 0;                //蜂鸣器端口为输出口
    RE0 = 1;                   //蜂鸣器不鸣叫
    while(1)
    {
        keyscan();             //调用按键扫描函数
        keyv(KEY);             //调用键值处理得到按键对应的顺序码
        Display();             //根据顺序码进行显示
    }
}
```

4.5.3 利用定时器实现长短按键

有时候需要一个按键具有多种功能,比如需要设计一个按键,当长按2s时执行一个功能,当短按时执行另外一个功能,那么如何实现这些功能呢?其实采用定时器配合来实现是一

种非常实用的方法,请看下面的程序清单。

```c
#include <pic.h>
#define uchar unsigned char
#define uint unsigned int
#define KEY RE0              //RE0 上接了一个独立按键
__CONFIG(0x3B31);            //配置字设置
uchar key_value = 0;
#define key_sos_long 1       //定义键码
#define key_sos_short 2      //定义键码
const uchar table[] = {0xC0,0xF9,0xA4,0xB0,0x99,0x92,0x82,0xF8,0x80,0x90};
const uchar table1[] = {0x40,0x79,0x24,0x30,0x19,0x12,0x02,0x78,0x00,0x10};
uchar Data[4] = {0,0,0,0};
uchar MinSec[2] = {0,0};
uchar cnt;
uchar key_sos_count;
void timer1_20ms_ISR(void)
{
    if(TMR1IF == 1)
    {
        if (KEY == 0)
        {
            if (key_sos_count<100)
                key_sos_count++;
            if (key_sos_count == 100)
            {
                key_value = key_sos_long;
                key_sos_count++;
            }
        }
        else
        {
            if (key_sos_count > 3 && key_sos_count < 100)
            {
                key_value = key_sos_short;
            }
            key_sos_count = 0;
        }
    }
}
```

```c
void delay(uint x)
{
    uint a,b;
    for(a = x;a>0;a--)
        for(b = 110;b>0;b--);
}
void Init()
{
    ADCON1 = 0x07;
    TRISD = 0;PORTD = 0;                //数码管数据口设置为输出口
    TRISA = 0;PORTA = 0;
    T1CON = 0x01;                       //定时器设置
    TMR1IF = 0;
    TMR1IE = 1;
    TMR1H = 0x3C;
    TMR1L = 0xB0;
    INTCON = 0xC0;
}
void interrupt timer1()
{
    cnt++;
    if(cnt == 20)
    {
        cnt = 0;
        MinSec[1]++;
        if(MinSec[1] == 60)
        {
            MinSec[1] = 0;
            MinSec[0]++;
            if(MinSec[0] == 60)
            {
                MinSec[0] = 0;
            }
        }
    }
    TMR1IF = 0;
    TMR1H = 0x3C;
    TMR1L = 0xB0;
}
```

```
void disp(uchar * p)
{
    uchar i,sel = 0xDF;
    for(i = 0;i<4;i++)
    {
        PORTD = table[Data[i]];
        PORTA = sel;
        sel = sel>>1|0x80;
        delay(1);
    }
}
void Process(uchar * p)
{

    Data[0] = * p/10;
    Data[1] = * p++ % 10;
    Data[2] = * p/10;
    Data[3] = * p % 10;
}
void main()
{
    Init();
    while(1)
    {
        Process(MinSec);
        disp(Data);
    }
}
```

4.6 用 I/O 口模拟 93C46 时序

  有时需要用单片机控制外围芯片,而这些外围芯片通常都是基于一定总线技术的,如 SPI 总线或 I^2C 总线等,如果单片机自身内部没有相对应的总线控制器,那么就必须用单片机的 I/O 口来模拟总线时序。为了了解用总线模拟时序的方法,下面以基于 SPI 总线技术为基础的 93C46 为例讲解编程的方法。

  首先了解一下芯片资料。93C46 是一种其存储器可以定义为 16 位(ORG 引脚接 VCC)或 8 位(ORG 引脚接 GND)的 1 Kb 的串行 E^2PROM。每一个存储器单元都可通过 DI 引脚或

DO 引脚进行写入或读出。每片 93C46 都是采用 CSIalyst 公司先进的 CMOS E^2PROM 浮动门工艺加工。器件可以经受 1 000 000 次的写入/擦除操作,片内数据保存寿命达 100 年。器件可提供的封装有 DIP—8、SOIC—8 和 TSSOP—8。

1. 器件特性

- 操作速度高,达 1 MHz;
- 低功耗工艺;
- 电源电压宽,达 1.8~6.0 V;
- 存储器可选择 8 位或 16 位结构;
- 写入时自动清除存储器内容;
- 硬件和软件写保护;
- 慢上电写保护;
- 1 000 000 次写入/擦除周期;
- 100 年数据保存寿命;
- 商业级、工业级和汽车级温度范围。

2. 引脚配置

93C46 有 8 个引脚,如表 4-6 所列,其中第 6 脚 ORG 用来选择存储器的结构,当 ORG 接电源时,存储器为 16 位结构;当 ORG 接地时,存储器为 8 位结构;当 ORG 悬空时,内部上拉电阻把存储器选择为 16 位结构。

表 4-6 93C46 引脚功能表

引脚号	引脚名称	功能描述
1	CS	片选信号
2	SK	时钟输入
3	DI	串行数据输入
4	DO	串行数据输出
5	GND	接地
6	ORG	存储器结构选择
7	NC	空引脚
8	VCC	接电源

3. 指令说明

当选择 16 位时,93C46 有 7 条 9 位的指令;当选择 8 位时,有 7 条 10 位的指令(表 4-7)。指令地址和写入的数据在时钟信号 SK 的上升沿时由 DI 引脚输入。DO 引脚除了从器件读取数据或在进行了写操作后查询器件工作状态外,平常是高阻态的。

所有送往器件的指令格式均为一个高电平 1 的开始位、一个 2 位或 4 位的操作码(当选择 8 位结构时加 1 位)及写入的 16 位数据(选择 8 位结构时为 8 位)。

表 4-7 93C46 指令表

指令	开始位	操作码	地址 8 位	地址 16 位	数据 8 位	数据 16 位	注释
READ	1	10	$A_6 \sim A_0$	$A_5 \sim A_0$			读地址 $A_n \sim A_0$ 的数据
WRITE	1	01	$A_6 \sim A_0$	$A_5 \sim A_0$			把数据写到地址 $A_n \sim A_0$ 中
ERASE	1	11	$A_6 \sim A_0$	$A_5 \sim A_0$			擦除地址 $A_n \sim A_0$ 的数据
EWEN	1	00	11XXXXX	11XXXX			写允许
EWDS	1	00	00XXXXX	00XXXX			写禁止
ERAL	1	00	10XXXXX	10XXXX			擦除全部存储器的数据
WRAL	1	00	01XXXXX	01XXXX			把数据写到全部的存储器中

(1) 读操作指令 READ

在接收到一个读指令和地址(在时钟驱动下从 DI 引脚输入)之前,93C46 的 DO 引脚是高阻态的。在接收到读指令和地址之后,DO 引脚先输出一个虚拟的低电平,然后根据时钟信号将数据移位输出(高位在前)。数据在时钟信号 SK 的上升沿时输出,并经过一定时间(t_{PD0} 或 t_{PD1})后稳定下来。读操作时序图如图 4-12 所示。

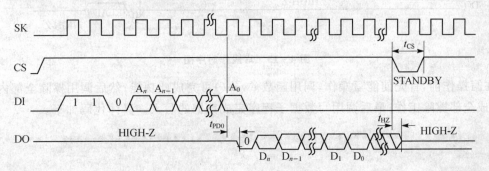

图 4-12 读操作时序图

在程序设计中,要想从 93C46 中的某个单元读出数据,首先要写入指令码和读数据的具体地址,然后再从地址中读出想要的数据。下面的程序中设计了一个读函数,该函数的一个参数就是地址,在该函数中调用了一个写指令和地址的函数,然后由 return 语句返回读取的数据。具体代码如下。

```
unsigned char read(unsigned char addr)      //读取 addr 处的数据
{
    unsigned char out_data;                 //定义一个局部变量 out_data,保存读出的数据
    inop(OP_READ_H, addr);                  //写入指令和地址(0x80,addr)
    out_data = shout();                     //读出地址处的数据,送给变量 out_data
    CS = 0;                                 //片选无效
    return out_data;                        //由 return 语句返回读出的数据
}
```

(2) 写操作指令 WRITE

在接收到写指令、地址和数据以后,片选引脚不选中芯片的时间必须大于 t_{CSMIN}。片选引脚(CS)在下降沿时,器件打开自动时钟来擦除指定存储器并把数据存入。在器件进入自动时钟模式后,时钟信号引脚(SK)的信号不是必须的。93C46 的准备/繁忙(ready/busy)状态可以通过选择器件并测试数据输出引脚(DO)得到。因为器件有在写入前自动清除存储器的特性,所以没有必要在写入之前将存储器地址的内容擦除。写操作时序图如图 4-13 所示。

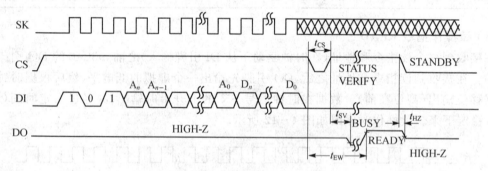

图 4-13 写操作时序图

在写操作前,首先使能写操作,调用函数 ewen()可完成此功能;然后调用擦除全部内容函数,完成全部擦除工作;最后调用写数据子程序完成数据的写入。具体代码如下。

```
//****************************写使能***********************************//
void ewen()
{
    inop(OP_EWEN_H, OP_EWEN_L);             //使能写操作(0x00,0x60)
    CS = 0;                                 //片选无效
}
//****************************写数据子程序*****************************//
void write(unsigned char addr, unsigned char indata)
//写入数据 indata 到 addr
{
```

```
inop(OP_WRITE_H, addr);          //写入指令和地址(0x40,addr)
shin(indata);                    //写入数据
CS = 0;                          //片选无效
delayms(10);                     //调用延时
}
```

(3) 擦除操作指令 ERASE

在接收到擦除指令和地址以后,片选引脚(CS)不选中芯片的时间必须大于 t_{CSMIN}。片选引脚(CS)在下降沿时,器件打开自动时钟并擦除指定存储器。在器件进入自动时钟模式后,时钟信号引脚(SK)的信号不是必须的。93C46 的准备/繁忙(ready/busy)状态可以通过选择器件并测试数据输出引脚(DO)得到。一旦指定地址单元擦除成功,则设置相应所有位为逻辑 1 状态。擦除操作时序图如图 4-14 所示。

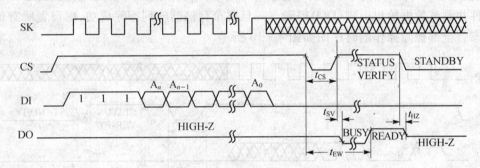

图 4-14 擦除操作时序图

(4) 擦除/写入允许 EWEN 和禁止 EWDS 操作指令

93C46 在上电时是默认写禁止的。任何在上电和写禁止(EWDS)指令后的写入操作都必须先发送写允许(EWEN)指令。一旦设置了写允许,就会持续有效直到断电或发送一条写禁止指令。写禁止指令用来禁止对 93C46 的写入和擦除操作,同时也可防止意外地对器件进行写入和擦除。无论是写允许还是写禁止状态,数据都可以照常从器件中读取。擦除/写入允许和禁止操作时序图如图 4-15 所示。

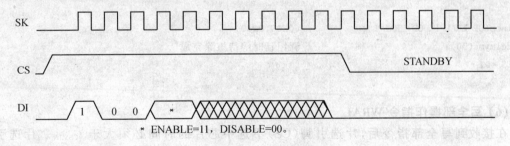

图 4-15 擦除/写入允许和禁止操作时序

禁止写入的具体代码如下。

```
//**************************禁止写入**************************//
void ewds()
{
    inop(OP_EWDS_H, OP_EWDS_L);        //(0x00,0x00)
    CS = 0;
}
```

(5) 全部擦除操作指令 ERAL

在接收到全部擦除指令后,片选引脚(CS)不选中芯片的时间必须大于 t_{CSMIN}。片选引脚(CS)在下降沿时,器件打开自动时钟并擦除存储器的所有内容。在器件进入自动时钟模式后,时钟信号引脚(SK)的信号不是必须的。93C46 的准备/繁忙(ready/busy) 状态可以通过选择器件并测试数据输出引脚(DO)得到。一旦整个存储器阵列擦除成功,则设置所有位为逻辑 1 状态。全部擦除操作的时序图如图 4-16 所示。

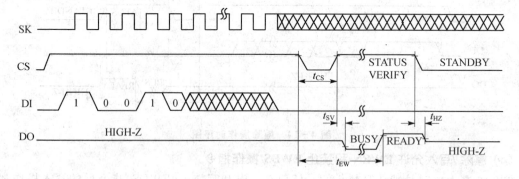

图 4-16　全部擦除操作时序

全部擦除的具体代码如下。

```
//**************************全部擦除**************************//
void erase()
{
    inop(OP_ERAL_H, OP_ERAL_L);        //(0x00,0x40)
    delayms(30);                       //调用延时等待擦除完成
    CS = 0;
}
```

(6) 写全部操作指令 WRAL

在接收到写全部指令后,片选引脚(CS)不选中芯片的时间必须大于 t_{CSMIN}。片选引脚(CS)在下降沿时,器件打开自动时钟把数据内容写满器件的所有存储器。在器件进入自动时钟模式后,时钟信号引脚(SK)的信号不是必须的。93C46 的准备/繁忙(ready/busy)状态可以通过选择器件并测试数据输出引脚(DO)得到。没有必要在写全部之前擦除存储器内容。写全部操作时序图如图 4-17 所示。

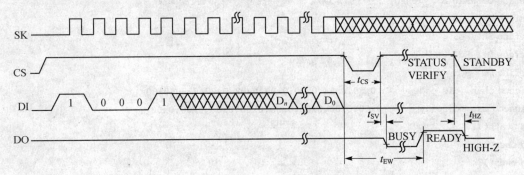

图 4-17 写全部操作时序

4. 程序设计

设计一个程序,将数组中的数据全部写入 93C46,然后再从中读出来送给数码管显示。电路如图 4-18 所示,将 ORG 脚通过跳线接地,也就是选择 8 位数据方式。

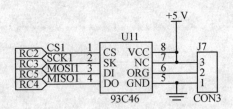

图 4-18 93C46 与单片机的接口

程序清单如下。

```c
#include <pic.h>
#define uchar unsigned char
#define uint unsigned int
__CONFIG(0x3B31);
#define OP_EWEN_H    0x00    //00          写使能
#define OP_EWEN_L    0x60    //11X XXXX    写使能
#define OP_EWDS_H    0x00    //00          禁止
#define OP_EWDS_L    0x00    //00X XXXX    禁止
#define OP_WRITE_H   0x40    //01 A6~A0    写数据
#define OP_READ_H    0x80    //10 A6~A0    读数据
#define OP_ERASE_H   0xC0    //11 A6~A0    擦除一个字
```

```c
#define OP_ERAL_H    0x00        //00          擦除全部
#define OP_ERAL_L    0x40        //10X XXXX    擦除全部
#define OP_WRAL_H    0x00        //00          写全部
#define OP_WRAL_L    0x20        //01X XXXX    写全部
#define CS    RC2
#define SK    RC3
#define DI    RC4
#define DO    RC5
unsigned char  dis_code[] = {0xF9,0xA4,0xB0,0x99,0x92,0x82,0xF8,0x80};
unsigned char  display[] = {0x00,0x00,0x00,0x00,0x00,0x00,0x00,0x00};
void start();
void ewen();
void ewds();
void erase();
void write(unsigned char addr, unsigned char indata);
unsigned char read(unsigned char addr);
void inop(unsigned char op_h, unsigned char op_l);
void shin(unsigned char indata);
unsigned char shout();
void delayms(unsigned int ms);
//*****************************************************************//
void main(void)
{
    unsigned char i, shift;
    TRISC = 0xD3;
    CS = 0;                        //初始化端口
    SK = 0;
    DI = 1;
    DO = 1;
    ewen();                        //使能写入操作
    erase();                       //擦除全部内容
    for(i = 0;i<8;i++)             //写入显示代码到 AT93C46
    {
        write(i, dis_code[i]);
    }

    ewds();                        //禁止写入操作
    for(i = 0;i<8;i++)
    {
```

```c
            display[i] = read(i);              //读取 AT93C46 内容
        }
        while(1)
        {
            shift = 0x7F;                      //控制数码管哪个亮
            TRISD = 0;                         //将 D 口设置为输出口
            TRISA = 0;                         //将 A 口设置为输入口
            PORTA = 0xFF;                      //关闭数码管
            for(i = 0;i<8;i++)
            {
                PORTD = display[i];            //将读到数组中的数据送到数码管数据口
                PORTA = shift;                 //控制数码管点亮
                shift = (shift<<1)|0x01;       //为下一个数码管点亮做准备
                delayms(1);                    //延时 1 毫秒
            }
        }
}

//***************************写数据子程序******************************//
void write(unsigned char addr, unsigned char indata)
//写入数据 indata 到 addr
{
        inop(OP_WRITE_H, addr);                //写入指令和地址
        shin(indata);                          //调用移入数据子程序
        CS = 0;                                //片选无效
        delayms(10);
}
//***************************读数据子程序******************************//
unsigned char read(unsigned char addr)         //读取 addr 处的数据
{
        unsigned char out_data;                //定义一个局部变量 out_data,保存读出的数据
        inop(OP_READ_H, addr);                 //写入指令和地址
        out_data = shout();                    //读出地址处的数据,送给变量 out_data
        CS = 0;                                //片选无效
        return out_data;                       //由 return 语句返回读出的数据
}
//*****************************************************************//
void ewen()
{
```

```c
    inop(OP_EWEN_H, OP_EWEN_L);                //0x00,0x60
    CS = 0;                                     //片选无效
}
//***************************禁止写入******************************//
void ewds()
{
    inop(OP_EWDS_H, OP_EWDS_L);                //(0x00,0x00)
    CS = 0;                                     //片选无效
}
//***************************全部擦除******************************//
void erase()
{
    inop(OP_ERAL_H, OP_ERAL_L);
    delayms(30);
    CS = 0;
}
//*****************************************************************//
void inop(unsigned char op_h, unsigned char op_l)
//移入op_h的高2位和op_l的低7位
//op_h为指令码的高2位
//op_l为指令码的低7位或7位地址
{
    unsigned char i;
    SK = 0;
    DI = 1;                                     //写入开始位1
    CS = 1;                                     //片选使能
    asm("nop");                                 //延时
    asm("nop");                                 //延时
    SK = 1;
    asm("nop");                                 //调用汇编指令
    asm("nop");                                 //调用汇编指令
    SK = 0;                                     //开始位结束
    if(op_h & 0x80)
        DI = 1;
    else
        DI = 0;                                 //先移入指令码高位
    SK = 1;
    op_h <<= 1;
    SK = 0;
```

```c
        if(op_h & 0x80)
            DI = 1;
        else
            DI = 0;                         //移入指令码次高位
    SK = 1;
    asm("nop");
    asm("nop");
    SK = 0;
    op_l <<= 1;                             //移入余下的指令码或地址数据
    for(i = 0;i<7;i++)
    {
        if(op_l & 0x80)
            DI = 1;
        else
            DI = 0;
        SK = 1;
        op_l <<= 1;
        SK = 0;
    }
    DI = 1;
}
//*******************************移入数据子程序************************//
void shin(unsigned char indata)
{
    unsigned char i;
    for(i = 0;i<8;i++)
    {
        if(indata & 0x80)
            DI = 1;
        else
            DI = 0;
        SK = 1;
        indata <<= 1;
        SK = 0;
    }
    DI = 1;
}
```

```c
//*****************************移出数据子程序*****************************//
unsigned char shout(void)
{
    unsigned char i, out_data;
    for(i = 0;i<8;i++)
    {
        SK = 1;
        out_data <<= 1;
        SK = 0;
        out_data |= (unsigned char)DO;
    }
    return(out_data);
}
//*******************************延时子程序*******************************//
void delayms(unsigned int ms)
{
    unsigned char i;
    while(ms--)
    {
        for(i = 0;i<120;i++);
    }
}
//***********************************************************************//
```

第 5 章

按键及 B 口电平中断

前面已经学过按键的设计方法,今天介绍一种新的按键扫描方法,该方法是利用微芯公司专门设计的电平变化中断实现的。

5.1 电平变化中断构成的键盘电路

电平变化中断键盘电路如图 5-1 所示,用 RC4～RC7 和 RB4 构成有四个按键的键盘电路。BST 接 RB4,通过 PIC16F877A 知道,RB4～RB7 具有电平变化中断的功能,因此,可利用它实现键盘电路。程序设计中要将 RC4～RC7 设置为输出口,将 RB4 设置为输入口,以实现电平变化中断。

单片机对键盘的扫描既可以采用中断方式,也可以采用查询方式实现。中断方式的原理是:RC4～RC7 端口输出 0,BST 作为输入。当无键按下时,BST 是高电平 1;一旦有键按下,BST 变为低电平 0,这时电平变化将产生中断,

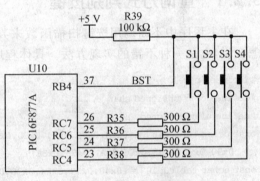

图 5-1 键盘输入电路图

相应的中断标志位被置 1,CPU 进入中段服务程序。在中断程序中通过二分法修改 RC4～RC7 的输出,只需组合 2 次即可确定具体是哪个键被按下。在中断服务程序返回之前,将 RB4 上的输入信号与前次读入的旧键值进行比较,判断是否有新的键被按下,若有,则置相应标志位,然后返回主程序。

查询方式的原理是:反复扫描 RB4 的状态,若为 1,则无键按下;若为 0,则有键按下。按键扫描的时间很短,而按键一次至少需要几十毫秒的时间,比扫描键盘的循环时间长很多,所以只要有键被按下,就能扫描到。由于键被按下时具有抖动现象,因此必须考虑延时去抖,以避免按键多次输入情况的发生。

5.2 按键的两种设计方法

按键设计方法有两种：一种是查询方式；另一种是中断方式。查询方式采用二分法扫描。初始化时 RC4～RC7 都输出低电平,当无键按下时,RB4 读入高电平；当有键按下时,RB4 读入低电平,如果确实有键被按下,则还需确定具体的按键,采用二分法可以比较快速地确定具体的按键。

中断方式利用了 RB4 具有电平变化中断的特性。初始化时 RC4～RC7 输出低电平,当有键被按下时,将 RB4 电平拉低,从而进入中断执行按键扫描程序。具体键值的确定仍然采用二分法实现。在中断程序中,通过逐行逐列扫描来确定具体的按键,并给全局变量赋值：若是 S1 键被按下,则变量的值等于 1；若是 S2 键被按下,则变量的值等于 2；若是 S3 键被按下,则变量的值等于 3；若是 S4 键被按下,则变量的值等于 4；若按键为干扰,则变量的值等于 0。这样,通过变量的值即可知道是哪个键被按下了,然后再调用相应的处理程序即可。

5.2.1 查询方式判别按键

在主程序中不断调用按键扫描函数来判断具体的按键,这样做比较浪费 CPU,但是不管怎么说,也是一种不错的实现方法。具体程序清单如下。

```c
#include <pic.h>
#define uchar unsigned char
#define uint unsigned int
const uchar table[16] = {0xC0,0xF9,0xA4,0xB0,0x99,0x92,0x82,0xD8,0x80,
    0x90,0x88,0x83,0xC6,0xA1,0x86,0x8E};
const uchar table0[10] = {0x40,0x79,0x24,0x30,0x19,0x12,0x02,0x78,0x00,0x10};
__CONFIG(0x3B31);
//******************************延时函数******************************//
void delay(uint x)
{
    uint a,b;
    for(a=x;a>0;a--)
        for(b=110;b>0;b--);
}
//******************************初始化******************************//
void Init()
{
```

```
    ADCON1 = 0x07;              //将 RE2~RE0 和 RA5~RA0 设置为数据口
    INTCON = 0x00;              //关总中断
    PIE1 = 0x00;                //PIE1 的中断禁止
    PIE2 = 0x00;                //PIE2 的中断禁止
}
//*****************************键盘初始化*************************//
void key_init()
{
    TRISB4 = 1;                 //将键盘中断口设置为输入口
    TRISC7 = 0;RC7 = 0;         //将键盘口设置为输出口
    TRISC6 = 0;RC6 = 0;         //将键盘口设置为输出口
    TRISC5 = 0;RC5 = 0;         //将键盘口设置为输出口
    TRISC4 = 0;RC4 = 0;         //将键盘口设置为输出口
    TRISD = 0;                  //将数码管段码设置为输出口
    TRISA = 0;                  //将数码管位选设置为输入口
}
//****************************键盘扫描二分法***********************//
uchar keyv()
{
    uchar key;
    RC7 = 0;RC6 = 0;RC5 = 1;RC4 = 1;  //采用二分法扫描
    if(RB4 = = 0)               //如果 RB4 = 0 表示有键被按下,再进一步二分法
    {
        RC7 = 0;RC6 = 1;        //扫描一行
        if(RB4 = = 0) key = 1;  //如果是 S1 键被按下,key = 1
        else
            key = 2;            //如果是 S2 键被按下,key = 2
    }
    else
    {
        RC5 = 0;RC4 = 1;
        if(RB4 = = 0) key = 3;  //如果是 S3 键被按下,key = 3
        else
            key = 4;            //如果是 S4 键被按下,key = 4
    }
    while(1)
    {
```

```c
        if(RB4 == 1) break;                    //等待按键被释放
    }
    return(key);
}
uchar keyscan()
{
    uchar key;
    RC7 = 0;RC6 = 0;RC5 = 0;RC4 = 0;           //四行输出都设置为低电平
    if(RB4 == 0)                               //如果等于0表示有可能有键被按下
    {
        delay(10);                             //调用延时函数去抖
        if(RB4 == 0)                           //如果仍然等于0表示确实有键被按下
            key = keyv();                      //查询具体是哪个键被按下
        else                                   //如果没有键被按下,key = 0
            key = 0;
    }
    else                                       //如果没有键被按下,key = 0
        key = 0;
    return(key);                               //返回键值
}
void display(uchar data)
{
   PORTD = table[data];                        //显示按键的键值
   PORTA = 0;
}
void main()
{
    uchar keyval;
    Init();                                    //系统初始化
    key_init();                                //按键初始化
    PORTD = 0;                                 //数码管点亮
    PORTA = 0;                                 //数码管点亮
    while(1)
    {
        keyval = keyscan();                    //调用按键扫描函数
        if(keyval! = 0)                        //不是0表示有键被按下,调用显示函数显示键值
        display(keyval);
    }
}
```

5.2.2 电平变化中断方式判别按键

采用电平变化中断方式判别按键不需要主程序查询,而是当有键被按下时进入中断服务程序,在中断服务程序中扫描具体的按键。这种方法节省了 CPU 时间,提高了效率。具体程序清单如下。

```c
#include <pic.h>
#define uchar unsigned char
#define uint unsigned int
const uchar table[16] = {0xC0,0xF9,0xA4,0xB0,0x99,0x92,0x82,0xD8,
    0x80,0x90,0x88,0x83,0xC6,0xA1,0x86,0x8E};
const uchar table0[10] = {0x40,0x79,0x24,0x30,0x19,0x12,0x02,0x78,0x00,0x10};
uchar key;
__CONFIG(0x3B31);
/****************按键***********************/
void delay(uint x)
{
    uint a,b;
    for(a = x;a>0;a--)
        for(b = 110;b>0;b--);
}
//***************************初始化*********************************//
void Init()
{
    ADCON1 = 0x07;              //将 RE2~RE0 和 RA5~RA0 设置为数据口
    INTCON = 0x00;              //关总中断
    PIE1 = 0x00;                //PIE1 的中断禁止
    PIE2 = 0x00;                //PIE2 的中断禁止
}
void key_init()
{
    TRISB4 = 1;                 //将 RB4 设置为输入口
    INTCON = INTCON|0x08;       //置 RBIE = 1,使能电平变化中断
    INTCON = INTCON&0xFE;       //置 RBIF = 0,清电平变化中断标志
    OPTION = OPTION&0x7F;       //启用 B 端口内部的弱上拉功能
    TRISC7 = 0;RC7 = 0;         //将 C 口设置为输出口,输出为低电平
    TRISC6 = 0;RC6 = 0;
    TRISC5 = 0;RC5 = 0;
```

```c
    TRISC4 = 0;RC4 = 0;
    TRISD = 0;                              //设置 D 口为数码管的数据口
    TRISA = 0;                              //设置 A 口为数码管的位选口
}
void KEY_FIND()
{
    if(RB4 == 0)                            //可能有键被按下
    {
        delay(20);                          //延时去抖
        if(RB4 == 1) return;                //无键被按下,判定为抖动,不做按键处理,返回
        RC7 = 0;RC6 = 0;RC5 = 1;RC4 = 1;
        //确实有键被按下进行键值处理。K1、K2 为低电平;K3、K4 为高电平
        if(RB4 == 0)                        //如果 RB4 为低电平,表示 RC7 和 RC6 两者中有键被按下
        {
            RC7 = 0;RC6 = 1;                //只有 K1 为低电平时
            if(RB4 == 0) key = 1;           //如果 RB4 = 0,则 key = 1
            else
                key = 2;                    //否则 key = 2
            RC7 = 0;RC6 = 0;RC5 = 0;RC4 = 0; //恢复端口的初始值
            PORTB = PORTB;                  //重新读端口 B 的状态
            return;                         //返回
        }
        RC7 = 1;RC6 = 1;RC5 = 0;RC4 = 0;    //如果不是 K1、K2 键被按下,则扫描 K3、K4
        if(RB4 == 0)
        {
            RC5 = 0;RC4 = 1;
            if(RB4 == 0) key = 3;
            else
                key = 4;
        }
        RC7 = 0;RC6 = 0;RC5 = 0;RC4 = 0;    //恢复电平变化中断的初始化值
        PORTB = PORTB;                      //读 B 口状态
    }
}
void interrupt RB4_7()                      //中断函数
{
    if(RBIF == 1)                           //查询标志位,如果为 1 表示有中断产生
    {
        KEY_FIND();                         //调用键值扫描函数
```

```
        RBIF = 0;                    //清标志位
    }
}
void display(uchar data)
{
    PORTD = table[data];
    PORTA = 0;
}
void main()
{
    Init();                          //调用系统初始化
    key_init();                      //调用按键初始化
    INTCON = INTCON|0xC0;            //开总中断
    display(0);                      //数码管显示"0"
    while(1)
    {
        display(key);                //调用按键显示函数
    }
}
```

5.2.3 电平变化中断的设计技巧

电平变化中断按键识别程序是 PIC 单片机的一个特色,通过前面的学习,虽然已经理解了电平变化识别按键的方法,但不一定能够想出更加节省单片机 CPU 开销,使效率更高的程序,这里采用定时器中断与电平变化中断相结合的方法实现按键识别,提高了效率。

已知 PIC16F877 单片机只有一个中断入口地址,产生中断后需要根据标志位的不同来判断具体是哪个中断。因此,当引脚状态变化引起中断时,在中断子程序里首先判断引起中断的原因是不是所需要的变化引起的中断。如果是,则此时不用延时去抖,而是设置一个标志位,然后清除中断标志,退出中断。电平变化中断程序清单如下。

```
void interrupt RB4_7()               //中断函数
{
    if(RBIF == 1)                    //查询引脚变化中断标志
    {
        if(RB4 == 0)                 //查询 RB4 引脚是否是低电平,若是则表示有键被按下
            key_flag = 1;            //有键被按下后,将标志位置 1
        RBIF = 0;
```

应该注意的是，程序中 if(RB4==0)语句相当于读取了 PORTB 端口的数据寄存器，取消了状态变化的硬件信号。另外，这里还没有涉及按键去抖，按键去抖要延时一段时间等待按键稳定后再进行判断，如果采用软件延时，会浪费 CPU 时间，效率不高，因此，采用定时器实现延时去抖是个不错的想法。首先在定时器里设置一个 1 ms 的时间基准标志位，只要 1 ms 时间到，该标志位就置 1。定时器中断程序清单如下。

```
void interrupt RB4_7()                  //中断函数
{
    if(T0IF == 1)
    {
        TMR0 = 0x09;                    //恢复初始值 250 μs
        if(CNT == 4)                    //计中断次数 4×250 μs = 1 ms
            CNT = 0;                    //清变量
        FLAG_1ms = 1;                   //置位 1 ms 标志位
        T0IF = 0;                       //清定时器中断标志
    }
}
```

程序中建立了一个全局变量 CNT，用来计定时器中断次数，一次定时器中断时间为 250 μs，4 次中断定时时间共为 1 ms。由于只有一个中断向量，所以必须将定时器中断和端口电平变化中断合并在一起，这样，合并后的程序清单如下。

```
void interrupt RB4_7()                  //中断函数
{
    if(RBIF == 1)                       //查询引脚变化中断标志
    {
        if(RB4 == 0)                    //查询 RB4 引脚是否是低电平，若是则表示有键被按下
            key_flag = 1;               //有键被按下后，将标志位置 1
        RBIF = 0;
    }
    //************************************************************
    if(T0IF == 1)
    {
        TMR0 = 0x09;                    //恢复初始值 250 μs
        if(CNT == 4)                    //计中断次数 4×250 μs = 1 ms
            CNT = 0;                    //清变量
        FLAG_1ms = 1;                   //置位 1 ms 标志位
        T0IF = 0;                       //清定时器中断标志
    }
}
```

那么,应该如何具体应用定时器延时呢?有了这个时间基准,便可以在主程序里进行按键去抖处理了。为了更好地利用这个时间基准,现定义一个消息标志位 SYSTime,并把它称为时间消息。为了使该消息有自我发布和自我消失的功能,定义了一个时间检测函数如下。

```c
unsigned char SYSTime;
void TIME_CHECK()
{
    SYSTime = 0;                    //自我消失
    if(FLAG_1ms)
    {
        SYSTime = 1;                //置系统时间标志位,自我发布
        FLAG_1ms = 0;               //清 1 ms 时间标志位
    }
}
```

可以把 TIME_CHECK()函数放到主程序死循环的任何地方,每当程序执行该函数时,SYSTime 标志就会被清零,这就是标志位的自我消失。如果定时器时间基准标志位 FLAG_1ms 已经置位,那么 SYSTime 就会置 1,这样,其他程序就可以利用该时间消息了,这就是消息的自我发布。下面就利用这个时间消息来实现按键延时去抖。首先看下面的按键扫描子程序清单。

```c
unsigned char keyTime = 0, keyTask = 0;
void key_scan()
{
    switch(keyTask)
    {
        case 0:
            if(key_flag)            //如果有键被按下
            {
                keyTime = 20;       //给延时变量赋值 20
                keyTask ++;         //任务变量加 1,准备执行 case 1
            }
            break;
        case 1:
            keyTime --;             //将任务变量自减
            if(keyTime == 0)
                keyTask ++;         //如果延时时间到,则将任务变量加 1,执行 case 2
            break;
        case 2:
```

```
            if(RB4 == 0)
            {
                keyTask = 0;
                //key_process();              //调用按键处理函数
            }
            else
                keyTask = 0;
            break;
    }
}
```

上面程序中使用了两个全局变量 keyTime 和 keyTask，keyTime 用来设置按键去抖的时间，这里设置了 20，也就是去抖延时时间为 20 ms。keyTask 变量用来控制程序执行的过程，该过程分为三步：第一步给延时变量 keyTime 赋值 20；第二步将延时变量每 1 ms 减 1，一直减到 0；第三步延时 20 ms 后再次判断 RB4 端口是否是低电平，如果仍是则表示有键被按下，接着调用按键处理函数。也许有人会问很多程序都使用按键释放等待，为什么这里没用呢？其实这里也可以等待按键释放，只要 RB4 口是低电平就一直等待即可，可以使用语句"while(RB4==0);"实现，然后在按键等待释放函数后添加按键处理函数。在主程序的死循环中可以使用如下程序。

```
while(1)
{
    TIME_CHECK();
    if(SYSTime == 1)
        key_scan();
}
```

只有当有时间消息时才执行按键扫描程序。可以看到，在进入扫描程序并第一次执行时，程序首先判断按键标志位是否置位，若置位，则任务时间参数（keyTime）赋值为 20，这时延时 20 ms，去抖，当然也可以设置其他时间值；同时，任务参数（keyTask）加 1。1 ms 后，再进入扫描程序，此时扫描程序执行 case 1 中的语句，这样执行 20 次后（延时了 20 ms），任务参数（keyTask）加 1，值为 2。1 ms 后，再进入扫描程序，将执行 case 2 中的语句，首先再次判断按键是否仍在按下，如果是就调用按键处理程序；如果不是则退出按键扫描程序。这里还可以加入按键是否抬起的判断程序。

采用这种方法设计的引脚变化程序，CPU 开销小，效率高，不会出现堆浅溢出问题，提高了系统的实时性，具有更大的实际应用价值。

5.2.4 电平变化中断唤醒单片机

在便携设备中降低能量损耗、提高待机时间是开发人员非常关心的问题,那么,如何提高待机时间呢?其实一个比较有效的方法是在单片机不需要工作时,令其睡眠;在需要工作时,用中断将其唤醒。这里用单片机电平变化中断实现唤醒功能,即在电平变化中断口连接一个按键,唤醒后单片机工作 1 min 后又进入睡眠状态。这样,单片机间歇工作可以节省能量损耗,提高待机时间。

这里设计了一个时钟程序。用四个共阳数码管显示时间,两个显示分钟,另两个显示秒。单片机 RB4 上连接一个按键,将 RB4 设置为输入口,并使用内部上拉电阻,当无键按下时,RB4 是高电平;当有键按下时,RB4 是低电平,这样,电平变化就会产生电平变化中断将单片机唤醒,唤醒后工作 1 min 之后又进入睡眠状态。

那么,是否是只能以高电平到低电平变化才产生中断呢?其实不然,电平变化也包括原来是低电平,之后变化为高电平的情况,这样也可以引起中断,只要注意灵活应用就可以了。电平变化中断唤醒时钟电路如图 5-2 所示。

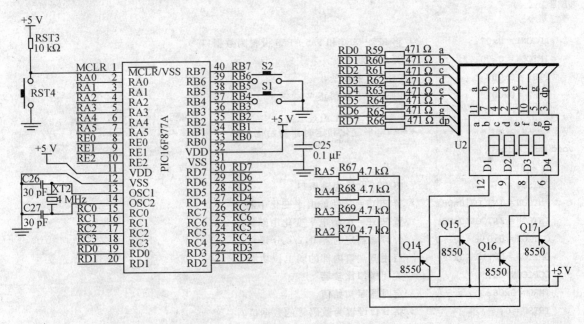

图 5-2 电平变化中断唤醒时钟电路图

电平变化中断唤醒单片机的程序清单如下。

```c
#include <pic.h>
#define uchar unsigned char
#define uint unsigned int
const uchar table[16] = {0xC0,0xF9,0xA4,0xB0,0x99,0x92,0x82,0xD8,0x80,0x90,0x88,0x83,0xC6,0xA1,
    0x86,0x8E};
__CONFIG(0x3B31);
uchar min = 0, sec = 0, Flag_1min = 0;
uchar DATA[4];
/*******************************按键*******************************************/
void delay(uint x)
{
    uint a,b;
    for(a = x;a>0;a--)
        for(b = 110;b>0;b--);
}
//***************************初始化*********************************//
void Init()
{
    ADCON1 = 0x07;          //将 RE2～RE0 和 RA5～RA0 设置为数据口
    INTCON = 0x00;          //关总中断
    PIE1 = 0x00;            //PIE1 的中断禁止
    PIE2 = 0x00;            //PIE2 的中断禁止
}
//*****************电平变化和定时器初始化************************//
void RB4_7_Init()
{
    TRISB4 = 1;                     //将 RB4 设置为输入口
    INTCON = INTCON|0x08;           //置 RBIE = 1,使能电平变化中断
    INTCON = INTCON&0xFE;           //置 RBIF = 0,清电平变化中断标志
    OPTION = 0x01;                  //分频器给定时器 0,1/4 分频
    OPTION = OPTION&0x7F;           //启用 B 端口内部的弱上拉功能
    CCP1CON = 0;                    //关闭模拟比较器
    TMR0 = 0x06;                    //定时器赋初始值
    TRISD = 0;                      //将 D 口设置为数码管的数据口
    TRISA = 0;                      //将 A 口设置为数码管的位选口
}
```

//*****************************数据处理*********************************//
```c
void Process(void)
{
    DATA[0] = min/10;
    DATA[1] = min % 10;
    DATA[2] = sec/10;
    DATA[3] = sec % 10;
}
```
//*****************************数据显示*********************************//
```c
void display()
{
    uchar i, sel = 0xDF;
    for(i = 0; i<4; i++)
    {
        PORTD = table[DATA[i]];
        PORTA = sel;
        sel = (sel>>1)|0x80;
        delay(2);
    }
}
```
//*********************电平变化中断唤醒单片机*************************//
```c
void interrupt RB4_7(void)              //中断函数
{
    if(RBIF == 1)                       //查询引脚变化中断标志
    RBIF = 0;
}
```
//*********************定时器0查询实现定时*****************************//
```c
void Process1(void)
{
    if(T0IF == 1)
    {
        T0IF = 0;
        TMR0 = 0x06;
        sec++;
        if(sec == 60)
        {
            sec = 0; min++;
            Flag_1min = 1;
            if(min == 60)
```

```c
            min = 0;
        }
    }
}
void main(void)
{
    Init();                              //初始化
    RB4_7_Init();                        //端口电平变化和定时器初始化
    INTCON = INTCON|0xC0;                //开总中断
    while(1)
    {
        if(Flag_1min == 1)               //判断是否到达1min,如果到达,则执行睡眠指令
        {
            Flag_1min = 0;               //清1 min标志位
            SLEEP();                     //睡眠指令
        }
        Process();                       //数据处理
        Process1();                      //定时器不能用中断,否则溢出中断会唤醒单片机
        display();                       //数码管显示时钟数据
    }
}
```

5.2.5 用电平变化和定时器测量 TMP03/TMP04 的温度

在大多数测控系统中,温度都是必不可少的检测量,温度传感器也是测控系统中十分重要的传感器件。随着数字化传感器技术的不断发展,出现了各种类型的数字温度传感器。数字温度传感器可以直接将被检测的温度信息以数字化形式输出,这与传统的模拟式温度传感器相比,具有测量精度高、功耗低、稳定性好、外围接口电路简单等特点。而单片机微处理器越来越丰富的外围功能模块,更加方便了数字式温度传感器输出信号的处理。数字式温度传感器主要的输出模式有 PWM、SPI、I^2C 和 SMBus 等,当今主流的单片机几乎都支持这些接口方式,文中以 PWM 输出模式为例,讨论了 PIC 单片机对于该输出模式的测温方案。以 PWM 模式输出的数字温度传感器 TMP03/TMP04,将传感器件测得的温度信息数字化后,经过一定的输出编码,调制成占空比与温度成正比的数字脉冲信号单线输出。输出信号接入微处理器后,只须测得数字脉冲信号的占空比,就可由软件运算得到相应的温度信息。而对于微处理器来说,输入信号占空比的计算方式多种多样,以 PIC 系列单片机为例,在 PIC16、PIC17 和 PIC18 中均可由 CCP 模块的捕捉功能、RB 端口电平变化中断功能和外部中断功能等多种方法实现,这里采用 RB 端口电平变化中断功能测量占空比来实现温度的测量。首先了解一下

TMP03/TMP04 的工作原理。

1. TMP03/TMP04 温度传感器原理

数字温度传感器 TMP03/TMP04 主要具有如下特点：
- 低价格的 3 脚封装；
- 已调制的串行数据输出，输出与温度成比例；
- 从 $-25 \sim +100\ ℃$ 的灵敏度是 $±1.5\ ℃$；
- 工作温度范围是 $-40 \sim +100\ ℃$，可以扩展到 $150\ ℃$；
- 5 V 时的最大消耗功率是 6.5 mW；
- CMOS/TTL 兼容输出；
- 低压运行于 $4.5 \sim 7$ V。

数字温度传感器 TMP03/TMP04 的主要应用场合是：
- 隔离传感器；
- 环境控制系统；
- 计算机终端监控；
- 温度保护；
- 工业处理控制；
- 电源系统监控。

TMP03/TMP04 是一款调制的串行数字输出信号的单片温度检测器，其输出信号与温度成比例。TMP03/TMP04 内置传感器产生的电压与绝对温度具有精密的比例关系，绝对温度与内部电压基准比较后输入到精密数字调节器中，如图 5-3 所示。串行数字输出的比例（ratiometric）编码格式与电压-频率转换器等大多数串行调制技术中常见的时钟漂移误差无关。在 $-25 \sim +100\ ℃$ 温度范围内，其整体精度是 $±1.5\ ℃$（典型值），具有卓越的传输线性。TMP04 的数字输出是 CMOS/TTL 兼容的，容易实现与大多数普通微处理器串行输入的接口。TMP03 的开集输出

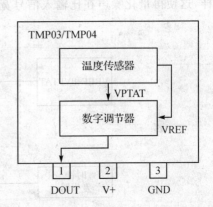

图 5-3 TMP03/TMP04 的功能框图

具有 5 mA 灌电流能力，它也是利用光电耦合器或隔离变压器进行隔离的系统的最佳选择。

TMP03/TMP04 的工作电源电压范围是 $4.5 \sim 7$ V。当电源电压为 +5 V 时，其消耗电流（未加负载）低于 1.3 mA。TMP03/TMP04 的工作温度范围是 $-40 \sim +100\ ℃$，采用低功耗 TO—92、SO—8 与 TSSOP—8 SMT 封装，如图 5-4 和图 5-5 所示。当工作温度扩展至 $+150\ ℃$ 时，精度有所下降。

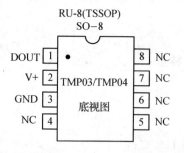
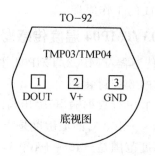

图 5-4　TMP03/TMP04 的贴片封装形式　　图 5-5　TMP03/TMP04 的 TO—92 封装形式

TMP03/TMP04 是功能强大的完全温度测量系统,它配备片上数字输出电路。TMP04 的内置温度传感器后面是低功耗可编程温度控制器,在整个额定温度范围内具有卓越的精度和线性度,不需要用户进行校正或校准。利用一阶 Σ-Δ 调制器,也就是熟知的"电荷平衡"型模/数转换器,可以实现传感器输出数字化。这类转换器利用时域过采样技术以及高精度比较器,在小型电路中提供 12 位的有效精度。Σ-Δ 调制器主要包括输入采样器、加法网络、积分器、比较器和 1 位数/模转换器(DAC),如图 5-6 所示。与电压-频率转换器类似,这种架构实际上生成了一个负反馈环路,其目的是根据输入电压变化来改变比较器输出的占空比,从而使积分器输出最小。比较器对积分器输出进行采样,其采样速率比输入采样频率高得多,称为过采样,这使得量化噪声在比输入信号宽得多的频段内扩展,改进了整个噪声性能,提高了精度。

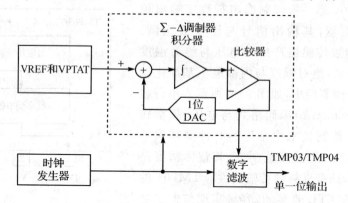

图 5-6　一阶 Σ-Δ 调制器方框图

利用电路技术对经过调制的比较器输出进行编码,该技术利用脉冲间隔比例格式生成串行数字信号,任何微处理器都可以将这种格式解码为摄氏温度或华氏温度值,并通过单线进行传输或调制。最重要的是,这个编码方法从根本上避免了其他调制技术中常见的主要误差源,因为它独立于时钟。

TMP03/TMP04 的输出是一个方波(图 5-7),频率在 25 ℃时是 35 Hz,误差是±20%。输出格式用户解码为

$$温度\ Temp(℃) = 235 - \left(\frac{400 \times T_1}{T_2}\right) \tag{1}$$

$$温度\ Temp(℉) = 455 - \left(\frac{720 \times T_1}{T_2}\right) \tag{2}$$

高电平时间 T_1 和低电平时间 T_2 可通过定时器/计数器获得,式(1)和式(2)很容易通过软件计算出温度值。

图 5-7 TMP03/TMP04 的输出方波

2. 优化单片机定时器/计数器特性

定时器/计数器的分辨率、时钟速率和产生的温度解码误差取决于以下计算:

① 计算 T_2。T_1 通常是 10 ms,并且 T_1 与 T_2 比较起来对温度变化相当不敏感。一种最实用最坏情况下的假设是 T_1 在具体温度范围内不会超过 12 ms。将 T_{1max} = 12 ms 代入公式(1),可计算出在 125 ℃时 T_2 的值是 44 ms。

② 计算最大时钟频率。应用到计数器中,使它在 T_2 时间测量中不溢出,则最大时钟频率为

$$F_{max} = 计数器容量/(在最大温度时的\ T_2) \tag{3}$$

如果选用 12 位计数器,那么 F_{max} = 4 096/44 ms = 94 kHz。

③ 在选定的时钟频率和温度下计算温度分辨率和量化误差。再使用 12 位的计数器,时钟频率是 90 kHz(允许 5% 的温度超限),则在 25 ℃时的温度分辨率为

$$温度分辨率(℃) = 400 \times ([Count1/Count2] - [Count1-1]/[Count2+1])$$

$$温度分辨率(℉) = 720 \times ([Count1/Count2] - [Count1-1]/[Count2+1])$$

这里 Count1 = $T_{1max} \times F$,Count2 = $T_2(Temp) \times F$,F 是单片机计数器时钟频率,Count1 是单片机在 T_{1max} 时间内的计数值,Count2 是单片机在 T_2 时间内的计数值。这样,在 25 ℃下得出的分辨率要优于在 0.3 ℃下的分辨率。注意公式中得出的分辨率随着温度的增加而增大。

3. 温度测量程序设计

从以上的学习中可知,要想求出占空比,需要测量 T_1 和 T_2,而 T_1 和 T_2 都是毫秒级,因

此可以利用定时器 0 的 1 ms 定时时间,1 ms 时间到后用变量计数,测出时间 T_1 和 T_2。那么从什么时候开始启动定时器呢？这需要将 TMP03/TMP04 的输出信号送给单片机的电平变化引脚,当电平变化时产生中断,在中断中将定时器开启或保存定时器值,从而实现对 T_1 和 T_2 的测量。

```c
#include <pic.h>
#define uchar unsigned char
#define uint unsigned int
const uchar table[16] = {0xC0,0xF9,0xA4,0xB0,0x99,0x92,0x82,0xD8,
    0x80,0x90,0x88,0x83,0xC6,0xA1,0x86,0x8E};
const uchar table0[10] = {0x40,0x79,0x24,0x30,0x19,0x12,0x02,0x78,0x00,0x10};
uchar Rising_edge,Falling_edge,CNTMS,T_CNT,T1,T2 = 1;
float result;
uint temperature;
uchar Data[4];
char complete_flag = 0;
__CONFIG(0x3B31);
/******************************按键******************************/
void delay(uint x)
{
    uint a,b;
    for(a = x;a>0;a--)
        for(b = 110;b>0;b--);
}
//*****************************初始化*****************************//
void Init()
{
    ADCON1 = 0x07;              //将 RE2~RE0 和 RA5~RA0 设置为数据口
    INTCON = 0x00;              //关总中断
    PIE1 = 0x00;                //PIE1 的中断禁止
    PIE2 = 0x00;                //PIE2 的中断禁止
}
void RB4_TIMER0_init()
{
    TRISB4 = 1;                 //将 RB4 设置为输入口
    INTCON = INTCON|0x08;       //置 RBIE = 1,使能电平变化中断
    INTCON = INTCON&0xFE;       //置 RBIF = 0,清电平变化中断标志
    OPTION = 0x01;              //分频器给定时器 0,1/4 分频
    OPTION = OPTION&0x7F;       //启用 B 端口内部的弱上拉功能
```

```c
    TRISD = 0;                        //将 D 口设置为数码管的数据口
    TRISA = 0;                        //将 A 口设置为数码管的位选口
    TMR0 = 0x06;
}
//******************************中断函数******************************//
void RB4_TIMER0_ISR(void)
{
    if(RBIF == 1)                     //如果是电平变化中断
    {
        if(RB4 == 1)                  //判断是上升沿还是下降沿
            Rising_edge++;            //如果是上升沿则变量加 1
        else
            Falling_edge++;           //如果是下升沿则变量加 1
        switch(Rising_edge)
        {
            case 0:
                Falling_edge = 0;     //清 0
                CNTMS = 0;
                T_CNT = 0;
                return;
                break;
            case 1:                   //上升沿开始计数
                TMR0 = 0x06;
                T_CNT = 0;
                CNTMS = 0;
                break;
            case 2:
                T2 = T_CNT;
                CNTMS = 0;
                T_CNT = 0;
                TMR0 = 0x06;
                Rising_edge = 0;
                Falling_edge = 0;
                complete_flag = 1;
                return;
                break;
            default: break;
        }
        switch(Falling_edge)
```

```
            {
                case 0:break;
                case 1:
                    T1 = T_CNT;
                    TMR0 = 0x06;
                    CNTMS = 0;
                    T_CNT = 0;
                    break;
                default:
                    break;
            }
            if(T0IF == 1)                   //如果是定时器0溢出中断
            {
                TMR0 = 0x06;                //恢复定时器0初始值
                CNTMS ++;                   //计中断次数
                if(CNTMS == 4)              //250 μs × 4 = 1 ms
                {
                    CNTMS = 0;              //变量清0
                    T_CNT ++;               //计数毫秒
                }
            }
        }
}
//*****************************数据处理函数*****************************//
void process()
{
    complete_flag = 0;
    result = 235 - T1 * 400/T2;
    result = result * 10;
    temperature = (uint)result;
    DATA[0] = temperature/1000;
    DATA[1] = temperature % 1000/100;
    DATA[2] = temperature % 100/10;
    DATA[3] = temperature % 100 % 10;
}
//*****************************数据显示*********************************//
void display()
{
    uchar i,sel = 0xDF;
```

```
    for(i = 0;i<4;i++)
    {
        PORTD = table0[DATA[i]];
        PORTA = sel;
        sel = sel>>1|0x80;
        delay(2);
    }
}
//***************************主函数********************************//
void main()
{
    if(complete_flag == 1)                //如果测量完成,调用数据处理函数
        process();                        //进行数据处理
    display();                            //调用显示函数
}
```

第 6 章

定时器/计数器的应用

PIC16F877A 共有三个定时器/计数器:定时器 0 和定时器 2 是 8 位的定时器/计数器;定时器 1 是 16 位的定时器/计数器。利用定时器可以实现很多功能,如果没有掌握定时器/计数器的应用,那么就可以说还没有掌握单片机。

6.1 定时器/计数器 0 模块

定时器 0 模块具有如下特性:
◆ 8 位定时器/计数器;
◆ 可读/写;
◆ 内部或外部时钟选择;
◆ 对外部时钟边沿选择;
◆ 8 位软件可编程预分频器;
◆ 计数溢出中断的计数范围为 0xFF～0x00。

TMR0 可以作为定时器和计数器使用。在图 6-1 中,将 T0CS(OPTION_REG⟨5⟩)设置为 0,选择定时器模式。在定时器模式下,定时器 0 模块的计时在每个指令周期递增(没有预分频器)。当 TMR0 寄存器被写入后,接下来的两个指令周期不计时,不过,这可以通过将一个调整值写入 TMR0 寄存器来解决。

通过将 T0CS(OPTION_REG⟨5⟩)设置为 1 来选择计数器模式。在计数器模式下,TMR0 的值将在引脚 RA4/T0CKI 的每个上升沿或下降沿处增加。边沿选择由 T0SE(OPTION_REG⟨5⟩)决定。清除 T0SE 选择上升沿,置位 T0SE 选择下降沿。

外部时钟输入必须满足一定条件才可供 TMR0 使用。这些条件确保外部时钟可以与内部时钟(T0SC)同步,同步以后 TMR0 的实际增量也会有些延迟。

6.1.1 定时器 0 中断

定时器 0 中断是当定时器 TMR0 寄存器的值从 0xFF～0x00 范围溢出时产生的。溢出时设置标志位 T0IF(INTCON⟨2⟩)。通过清除位 T0IE(INTCON⟨5⟩)可以屏蔽中断。但是,标志位必须在中断重新使能之前,在中断服务程序中用软件清除。定时器 0 中断在睡眠模式下不能将 CPU 唤醒,因为在睡眠模式下,定时器 0 是关闭的。

6.1.2 定时器 0 预分频器

定时器 0 有一个预分频器可以被定时器和看门狗独立共享使用。当预分频器分配给定时器时,意味着看门狗得不到预分频器。预分频器不是可读/写的。PSA 与 PS2～PS0 位(OPTION_REG〈3:0〉)决定了预分频器的分配和分频系数。当预分频器分配给定时器 0 时,所有写 TMR0 寄存器的指令都将清除预分频器。当预分频器分配给看门狗时,清看门狗指令将清除预分频器和看门狗定时器。预分频器电路如图 6-1 所示。

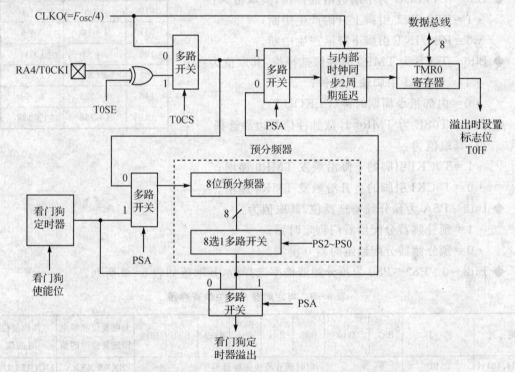

图 6-1 定时器 0 预分频器方框图

6.1.3 寄存器

OPTION_REG 寄存器是控制 TMR0 的可读/写寄存器(表 6-1),包括预分频器的倍率选择等,如表 6-2 所列。除了 OPTION_REG 寄存器外,与定时器 0 有关的寄存器就是 INTCON,其中包括了定时器 0 的标志位(T0IF)、中断允许小开关(T0IE)和 CPU 中断的总开关 GIE,详细内容如表 6-3 所列。

表 6-1 OPTION_REG 寄存器

名称	Bit7	Bit6	Bit5	Bit4	Bit3	Bit2	Bit1	Bit0
OPTION_REG	$\overline{RBPU}$	INTEDG	T0CS	T0SE	PSA	PS2	PS1	PS0

OPTION_REG 寄存器各位的含义如下：

◆ Bit7 $\overline{RBPU}$ 为 PORTB 上拉使能位，其取值为：
  - 1＝不使能；
  - 0＝使能。

◆ Bit6 INTEDG 为中断边沿选择位，其取值为：
  - 1＝RB0/INT 引脚上升沿产生中断；
  - 0＝RB0/INT 引脚下降沿产生中断。

◆ Bit5 T0CS 为 TMR0 时钟源选择位，其取值为：
  - 1＝T0CKI 引脚输入时钟；
  - 0＝内部指令周期时钟(CLKOUT)。

◆ Bit4 T0SE 为 TMR0 计数脉冲信号边沿选择位，其取值为：
  - 1＝T0CKI 引脚的下降沿触发 TMR0 递增；
  - 0＝T0CKI 引脚的上升沿触发 TMR0 递增。

◆ Bit3 PSA 为预分频器选择位，其取值为：
  - 1＝预分频器分配给看门狗定时器；
  - 0＝预分频器分配给定时器 0 模块。

◆ Bit2～0 PS2～PS0 为预分频器倍率选择位，其取值如表 6-2 所列。

表 6-2 频分频器倍率选择

位值	TMR0 倍率	看门狗倍率
000	1∶2	1∶1
001	1∶4	1∶2
010	1∶8	1∶4
011	1∶16	1∶8
100	1∶32	1∶16
101	1∶64	1∶32
110	1∶128	1∶64
111	1∶256	1∶128

表 6-3 与定时器 0 有关的寄存器

地址	名称	Bit7	Bit6	Bit5	Bit4	Bit3	Bit2	Bit1	Bit0	上电复位和节电锁定复位时的值	其他复位时的值
01H,101H	TMR0	定时器 0 模块寄存器								XXXX XXXX	UUUU UUUU
0BH,8BH,10BH,18BH	INTCON	GIE	PEIE	T0IE	INTE	RBIE	T0IF	INTF	RBIF	0000 000X	0000 000U
81H,181H	OPTION_REG	$\overline{RBPU}$	INTEDG	T0CS	T0SE	PSA	PS2	PS1	PS0	1111 1111	1111 1111
85H	TRISA	—	—	PORTA 方向寄存器						-11 1111	-11 1111

注：1 X＝未知；U＝未变；-＝未占用位，读做"0"。
　　2 阴影单元不使用。

6.1.4 用定时器 0 实现小灯闪烁

程序中采用查询方式实现小灯闪烁,定时器初始值为 0,从 0 开始计数,当其值从 0xFF～0x00 范围跳变时产生溢出,将标志位 T0IF 置 1。因此,只要查询标志位就可以判断出定时器的当前状态。如果溢出,则必须用软件将标志位清除,并用变量计溢出次数,当定时器溢出 10 次时,说明定时时间到,则将 D 口状态取反,实现小灯的闪烁。那么定时时间该如何计算呢?系统板采用的是外接 4 MHz 晶振,在程序中初始化预分频器为 32 分频,也就是给定时器 0 的时钟信号频率是 1/32,周期是 32 μs。定时器 TMR0 从 0 到溢出一共计了 256 个数,共需时间 256×32 μs=8 192 μs,程序中用变量一共计了 2 次溢出,然后乘以 2 得出共需大约 16 ms 将小灯取反。实现小灯闪烁的程序清单如下。

```
#include <pic.h>
#define uchar unsigned char
#define uint unsigned int
__CONFIG(0x3B31);
void main()
{
    TRISD = 0;              //D 口接小灯,方向寄存器设置为输出口
    PORTD = 0xFF;           //输出高电平,小灯全部熄灭
    OPTION = 0x04;          //分配给定时器 0 的分频为 32 分频
    INTCON = 0;             //关中断,采用查询方式实现
    TMR0 = 0;               //TMR0 初始化为 0
    while(1)
    {
        uchar i;
        if(T0IF == 1)       //查询是否溢出,32/4×256 = 2 048 μs
        {
            T0IF = 0;
            i++;
        }
        if(i == 2)          //用变量 i 计定时器溢出次数,当溢出 10 次时,将小灯取反,实现闪烁
        {                   //10×2 = 20 ms
            i = 0;
            PORTD = ~PORTD;
        }
    }
}
```

除了查询方式外,中断方式也是经常采用的方法。那么如何利用中断来实现小灯的闪烁

呢？其实非常简单，只须在初始化时将中断打开，然后编写一个中断服务函数即可。中断服务函数的关键字"interrupt"千万不要忘记写。此处使用的单片机只有一个中断向量，每次产生中断时都会执行中断函数，一般是在中断函数中查询各自的标志位来判断到底是哪个信号产生的中断，然后进行相应的处理。下面是有关中断处理的程序清单。

```c
#include <pic.h>
#define uchar unsigned char
#define uint unsigned int
__CONFIG(0x3B31);
void main()
{
    TRISD = 0;
    PORTD = 0xFF;
    OPTION = 0x04;
    INTCON = 0xA0;          //打开中断小开关和CPU的总开关
    TMR0 = 0;
    while(1)
    {
    }
}
void interrupt timer0()     //中断服务函数，只有一个
{
    T0IF = 0;               //因为没有别的中断，所以没有查询，直接将标志位清0
    PORTD = ~PORTD;
}
```

通过以上的学习，对定时器0已经有了初步的了解。下面请看一个稍微复杂的时钟程序。

```c
#include <pic.h>
#define uchar unsigned char
#define uint unsigned int
uchar count;
uchar hour,min,sec;
uchar Data[6] = {0,0,0,0,0,0};
uchar Table[10] = {0xC0,0xF9,0xA4,0xB0,0x99,0x92,0x82,0xF8,0x80,0x90};
__CONFIG(0x3B31);
void delay(uchar i)                        //延时函数
{
    uchar j;
    for(;i>0;i--);
```

```c
}
void Process(uchar h,uchar m,uchar s)                //处理函数
{
    Data[0] = h/10;
    Data[1] = h%10;
    Data[2] = m/10;
    Data[3] = m%10;
    Data[4] = s/10;
    Data[5] = s%10;
}
void Display()                                       //显示函数
{
    uchar discode = 0xDF;
    uchar i;
    for(i = 0;i<6;i++)
    {
        PORTD = Table[Data[i]];
        PORTA = discode;
        discode = (discode>>1)|0x80;
        delay(10);
        PORTA = 0xFF;
    }
    PORTA = 0xFF;
}
void main()
{
    TRISA = 0;                                       //将A口设置为输出口,数码管位选
    PORTA = 0xFF;
    TRISD = 0;                                       //将D口设置为输出口,数码管段码
    PORTD = 0xFF;
    OPTION = 0x07;                                   //256 分频,1/256 MHz
    INTCON = 0xA0;                                   //开中断
    TMR0 = 61;                                       //设置初始值,(256 - 61)×256 = 49.92 ms
    hour = 0;min = 0;sec = 0;
    while(1)
    {
        Process(hour,min,sec);
        Display();
```

```c
}
void interrupt timer0()
{
    T0IF = 0;                    //清除标志位
    TMR0 = 61;                   //恢复定时器初始值
    count++;                     //变量加1
    if(count == 20)              //如果变量等于20,表示20次中断已到,也就是定时1s时间到
    {
        count = 0;               //将变量清0
        sec++;                   //将秒单元加1
        if(sec == 60)            //如果60s时间到
        {
            sec = 0;             //将秒单元清0
            min++;               //分单元加1
            if(min == 60)        //如果等于60 min
            {
                min = 0;         //将分单元清0
                hour++;          //将小时单元加1
                if(hour == 24)   //如果等于24 h
                    hour = 0;    //将小时单元清0
            }
        }
    }
}
```

掌握了定时器的原理之后,计数器也就不难理解了,两者原理是一样的,可以自己做个关于计数器的小实验,以便了解它的使用方法,此处不再介绍。

6.2 定时器/计数器1模块

定时器1模块具有如下特性:
- ◆ 16位的定时器/计数器(两个8位寄存器 TMR1H 和 TMR1L);
- ◆ 两个寄存器 TMR1H 和 TMR1L 均可读/写;
- ◆ 内部和外部时钟选择;
- ◆ 从 0xFFFF~0x0000 范围溢出时产生中断;
- ◆ 从 CCP 模块触发复位。

定时器1可以作为定时器/计数器使用,可通过 TMR1CS(T1CON⟨1⟩)位来选择。在定时器模式下,定时器1的计时在每个时钟周期递增;在计数器模式下,计数值在每个外部时钟

输入的上升沿递增。通过设置/清除 TMR1ON(T1CON⟨0⟩)位,定时器 1 可以被使能/禁止。定时器 1 有一个内部复位输入,复位信号可由两个 CCP 模块中的任何一个产生。当定时器 1 振荡器使能时(T1OSCEN 置 1),RC0/T1OSO/T1CKI 和 RC1/T1OSI/CCP2 变为输入引脚,方向寄存器 TRISC⟨1:0⟩被忽略。定时器 1 的内部结构简图如图 6-2 所示。

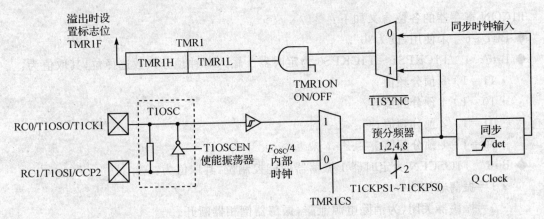

图 6-2 定时器 1 内部简图

6.2.1 定时器 1 中断

定时器 1 是一个 16 位的定时器/计数器,它由两个 8 位可读/写的寄存器 TMR1H 和 TMR1L 组成。TMR1(TMR1H:TMR1L)寄存器可以从 0x0000 开始递增,一直到 0xFFFF 后,再加 1 就又循环回到 0x0000,并置标志位 TMR1F(PIR1⟨0⟩)为 1。如果允许中断,则可产生中断。该中断的小开关就是 TMR1IE(PIE1⟨0⟩),通过它可以使能和禁止中断产生。

6.2.2 定时器 1 寄存器

定时器 1 可以工作在以下模式之一:
◆ 作为定时器;
◆ 作为同步计数器;
◆ 作为异步计数器。

工作模式可通过时钟选择位 TMR1CS(T1CON⟨1⟩)和 $\overline{T1SYNC}$(T1CON⟨2⟩)决定。当 TMR1CS 为 0 时选择内部时钟,作为定时器使用;当 TMR1CS 为 1 时选择外部时钟,作为计数器使用。当作为计数器时,又有同步和异步两种模式,如果 $\overline{T1SYNC}$ 为 0,则选择同步计数器模式;如果为 1,则选择异步计数器模式。T1CON 寄存器的定义如表 6-4 所列。

表 6-4 T1CON 寄存器

名称	Bit7	Bit6	Bit5	Bit4	Bit3	Bit2	Bit1	Bit0
T1CON	—	—	T1CKPS1	T1CKPS0	T1OSCEN	$\overline{\text{T1SYNC}}$	TMR1CS	TMR1ON

T1CON 寄存器的各位含义如下：

- Bit7~6 未使用，读为"0"。
- Bit5~4 T1CKPS1~T1CKPS0 为定时器 1 输入时钟预分频数选择位，其取值为：
  - 11＝1∶8 预分频值；
  - 10＝1∶4 预分频值；
  - 01＝1∶2 预分频值；
  - 00＝1∶1 预分频值。
- Bit3 T1OSCEN 为定时器 1 振荡器使能控制位，其取值为：
  - 1＝振荡器使能；
  - 0＝振荡器关闭（为消除电源泄露，振荡器倒相器断开）。
- Bit 2 $\overline{\text{T1SYNC}}$ 为定时器 1 外部时钟输入同步控制位，其取值为：
  - 当 TMR1CS＝1 时，1＝外部时钟输入不同步，0＝外部时钟输入同步；
  - 当 TMR1CS＝0 时，此位忽略，定时器 1 使用内部时钟。
- Bit 1 TMR1CS 为定时器 1 时钟源选择位，其取值为：
  - 1＝来自引脚 RC0/T1OSO/T1CKI（上升沿）的外部时钟；
  - 0＝内部时钟（$F_{\text{osc}}/4$）。
- Bit 0 TMR1ON 为定时器 1 开启位，其取值为：
  - 1＝使能定时器 1；
  - 0＝禁止定时器 1。

6.2.3 定时器 1 计数器操作

定时器 1 的计时根据外部时钟源而增加，增加发生在上升沿。在计数器模式下，当定时器 1 使能以后，在计数器开始增加以前，模块必须首先有一个下降沿，如图 6-3 所示。

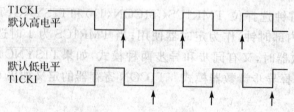

图 6-3 计数器增加边沿图

6.2.4 TMR1 振荡器

TMR1 自带振荡器,由跨接在 T1OSI 和 T1OSO 两引脚的石英晶体和电容构成,可以通过配置 T1OSCEN 为 1 来使能振荡器。此振荡器是个低功耗的振荡器,工作频率取决于外接晶体,不同频率的晶体需要配置不同值的电容,频率最高为 200 kHz。在睡眠状态下,它也可以正常工作。一般使用 32 kHz 的石英晶体。表 6-5 给出了振荡器的电容选择表。必须用软件延时来保证振荡器正常启动。微芯公司推荐 33 pF 电容作为起点,增加电容容量可以提高振荡器的稳定性,但同时也增加了振荡器的启动时间。

表 6-5 振荡器电容的选择

振荡器类型	频率/kHz	C_1/pF	C_2/pF
低频	32	33	33
	100	15	15
	200	15	15
晶振测试结果			
振荡器频率	型号		精度
32.768 kHz	EPSON C-001R32.768K-A		$\pm 20 \times 10^{-6}$
100 kHz	EPSON C-2 100.00 KC-P		$\pm 20 \times 10^{-6}$
200 kHz	STD×TL200.000 kHz		$\pm 20 \times 10^{-6}$

6.2.5 用 CCP 触发输出复位定时器 1

如果把 CCP 模块配置成比较方式来产生"特殊事件触发"(CCP1M3~CCP1M0=1011),那么该信号复位定时器 1 并且启动 A/D 转换,但特殊触发事件不会将 TMR1IF 置 1。为了利用此特点,必须把 TMR1 设置为定时器模式或同步计数器模式。如果工作在异步模式下,则复位操作将不会起作用。

如果一个写 TMR1 的操作与 CCP1 的特殊触发事件同时发生,那么写操作优先。在这种情况下,CCPR1H:CCPR1L 寄存器对成为 TMR1 的周期寄存器。

6.2.6 定时器 1 程序设计

通过以上的学习,已经对定时器 1 的应用有所了解,但要想彻底弄明白,还必须做几个实验才行。下面先看用定时器 1 做一个时钟的程序。

```c
/*利用定时器1做时钟程序:只显示分秒*/
#include <pic.h>
#define uchar unsigned char
#define uint unsigned int
__CONFIG(0x3B31);
const uchar table[] = {0xC0,0xF9,0xA4,0xB0,0x99,0x92,0x82,0xF8,0x80,0x90};
const uchar table1[] = {0x40,0x79,0x24,0x30,0x19,0x12,0x02,0x78,0x00,0x10};
uchar Data[4] = {0,0,0,0};
uchar MinSec[2] = {0,0};
uchar cnt;
void delay(uint x)
{
    uint a,b;
    for(a = x;a>0;a--)
        for(b = 110;b>0;b--);
}
void Init()
{
    ADCON1 = 0x07;              //将 RE2～RE0 和 RA5～RA0 设置为数字 I/O 口
    TRISD = 0;PORTD = 0;        //将数码管数据口设置为输出口
    TRISA = 0;PORTA = 0;        //将数码管位选口设置为输出口
    T1CON = 0x01;               //分频系数为 1:1,内部时钟 $F_{osc}/4 = 1$ MHz,开启定时器
    TMR1IF = 0;                 //清定时器标志位
    TMR1IE = 1;                 //开定时器中断小开关
    TMR1H = 0x3C;               //设置定时器初始值高8位
    TMR1L = 0xB0;               //设置定时器初始值低8位
    INTCON = 0xC0;              //开总中断
}
//*****************************定时器中断程序*****************************//
void interrupt timer1()
{
    cnt++;                      //计中断次数变量加 1
    if(cnt == 20)               //如果中断次数等于 20,表示 20 次中断到
    {
        cnt = 0;                //清除中断次数
        MinSec[1]++;            //将秒变量加 1
        if(MinSec[1] == 60)     //如果等于 60 s
        {
            MinSec[1] = 0;      //将秒变量清 0
```

```
            MinSec[0]++;           //分单元加1
            if(MinSec[0] == 60)    //如果等于60 min
            {
                MinSec[0] = 0;     //分变量清0
            }
        }
    }
    TMR1IF = 0;                    //清标志位
    TMR1H = 0x3C;                  //恢复定时器初始值
    TMR1L = 0xB0;                  //恢复定时器初始值
}
//*****************************显示函数*****************************//
void disp(uchar *p)
{
    uchar i,sel = 0xDF;
    for(i = 0;i<4;i++)
    {
        PORTD = table[Data[i]];
        PORTA = sel;
        sel = sel>>1|0x80;
        delay(1);
    }
}
//***************************数据处理函数***************************//
void Process(uchar *p)
{
    Data[0] = *p/10;               //分的十位
    Data[1] = *p++%10;             //分的个位
    Data[2] = *p/10;               //秒的十位
    Data[3] = *p%10;               //秒的个位
}
void main()
{
    Init();                        //系统初始化
    while(1)
    {
        Process(MinSec);           //处理分秒变量
        disp(Data);                //显示
    }
}
```

只要稍微分析一下程序,就能明白定时器 1 作为定时器的用法,实际上主要就是掌握它都初始化了哪些寄存器。关于定时器 1 作为计数器的使用方法,原理与定时器相同,区别在于时钟的来源必须是单片机外部的时钟信号,也即需要在单片机 RC0 引脚上加时钟信号。下面的程序中,该时钟信号采用脉搏传感器产生的信号,计数器计脉搏传感器的脉搏跳动次数,然后在数码管上显示出来。

```c
#include <pic.h>
#define uchar unsigned char
#define uint unsigned int
__CONFIG(0x3B31);                       //配置字设置
const uchar table[] = {0xC0,0xF9,0xA4,0xB0,0x99,0x92,0x82,0xF8,0x80,0x90};
const uchar table1[] = {0x40,0x79,0x24,0x30,0x19,0x12,0x02,0x78,0x00,0x10};
uchar Data[3] = {0,0,0};
void delay(uint x)                      //延时函数
{
    uint a,b;
    for(a = x;a>0;a--)
        for(b = 110;b>0;b--);
}
//***************************系统初始化*********************************//
void Init()
{
    ADCON1 = 0x07;                      //将 RE2~RE0 和 RA5~RA0 设置为数字 I/O 口
    TRISD = 0;PORTD = 0;                //将数码管数据口设置为输出口
    TRISA = 0;PORTA = 0;                //将数码管位选口设置为输出口
    T1CON = 0x07;                       //分频系数为 1:1,外部时钟,开启计数器
    TMR1H = 0x00;                       //设置计数器初始值高 8 位
    TMR1L = 0x00;                       //设置计数器初始值低 8 位
    INTCON = 0x00;                      //关闭中断
}
void disp(uchar *p)
{
    uchar i,sel = 0xDF;
    for(i = 0;i<3;i++)
    {
        PORTD = table[Data[i]];
        PORTA = sel;
        sel = sel>>1|0x80;
        delay(1);
    }
}
```

```
//************************数据处理************************************//
void Process( )
{
    uchar temp;
    Data[0] = TMR1L/100;              //求低8位的百位
    temp = TMR1L % 100;               //求余数
    Data[1] = temp/10;                //求十位
    Data[2] = temp % 10;              //求个位
}
void main()
{
    Init();                           //系统初始化函数
    while(1)
    {
        Process();                    //数据处理
        disp(Data);                   //数据显示
    }
}
```

6.3 定时器/计数器 2 模块

定时器 2 模块具有如下特性：
- ◆ 8 位定时器/计数器(TMR2)；
- ◆ 8 位周期寄存器(PR2)；
- ◆ 可读/写(双寄存器)；
- ◆ 软件可编程预分频器(1∶1,1∶4,1∶16)；
- ◆ 软件可编程后分频器(1∶1～1∶16)；
- ◆ TMR2 与 PR2 配合中断；
- ◆ SSP(Synchronous Serial Port)模块任意使用 TMR2 输出产生时钟移位。

定时器 2 可以用做 CCP 模块的 PWM 模式的 PWM 时基。TMR2 寄存器是可读/写的，可以在任何器件复位中清除。对输入时钟 $F_{osc}/4$ 进行的预分频(1∶1,1∶4,1∶16)，可通过控制位 T2CKPS1～T2CKPS0(T2CON⟨1:0⟩)来决定。

TMR2 匹配输出通过 4 位后分频器(1∶1～1∶16)产生 TMR2 中断，并置标志位 TMR2IF(PIR1⟨1⟩)。

预分频器和后分频器的计数器将在以下任何情况下被清除：
- ◆ 对 TMR2 寄存器写；

- ◆ 对 T2CON 寄存器写；
- ◆ 任何器件复位。

当对 T2CON 寄存器写时，TMR2 不能被清除。定时器 2 模块的方框图如图 6-4 所示。

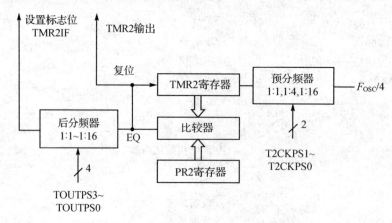

图 6-4 定时器 2 模块方框图

6.3.1 定时器 2 中断

定时器 2 模块有 8 位周期寄存器 PR2。定时器 2 的计时从 0 增加，直至与 PR2 的值一致，然后在下一个增加周期复位到 0。PR2 是可读/写寄存器，在复位时，PR2 寄存器的初始值为 0xFF。

6.3.2 定时器 2 输出

TMR2 的输出反馈到同步串行端口 SSP 模块，利用此特点可产生移位时钟。与定时器 2 有关的寄存器如表 6-6 所列。

表 6-6 与定时器 2 有关的寄存器

地址	名称	Bit7	Bit6	Bit5	Bit4	Bit3	Bit2	Bit1	Bit0	POR 或 BOR 复位值	其他复位时的值
0BH,8BH 10BH,18BH	INTCON	GIE	PEIE	T0IE	INTE	RBIE	T0IF	INTF	RBIF	0000000X	0000000U
0CH	PIR1	PSPIF	ADIF	RCIF	TXIF	SSPIF	CCP1IF	TMR2IF	TMR1IF	00000000	00000000
8CH	PIE1	PSPIE	ADIE	RCIE	TXIE	SSPIE	CCP1IE	TMR2IE	TMR1IE	00000000	00000000

续表 6-6

地址	名称	Bit7	Bit6	Bit5	Bit4	Bit3	Bit2	Bit1	Bit0	POR 或 BOR 复位值	其他复位时的值
11H	TMR2	定时器2模块寄存器								00000000	00000000
12H	T2CON	—	TOUTPS3	TOUTPS2	TOUTPS1	TOUTPS0	TMR2ON	T2CKPS1	T2CKPS0	-0000000	-0000000
92H	PR2	定时器2周期寄存器								11111111	11111111

注:1 X=未知;U=未改变;-=未用,读为"0"。
    2 阴影部分对定时器2无用。
    3 POR 为上电复位,BOR 为节电锁定复位。

6.3.3 定时器2程序设计

下面是用定时器 2 中断方式做的时钟程序,详细清单如下。

```c
#include<pic.h>
#define uchar unsigned char
#define uint unsigned int
__CONFIG(0x3B31);
const uchar table[] = {0xC0,0xF9,0xA4,0xB0,0x99,0x92,0x82,0xF8,0x80,0x90};
const uchar table1[] = {0x40,0x79,0x24,0x30,0x19,0x12,0x02,0x78,0x00,0x10};
uchar Data[4] = {0,0,0,0};
uchar MINSEC[2] = {0,0};
uint cnt;
void delay(uint x)
{
    uint a,b;
    for(a = x;a>0;a--)
        for(b = 110;b>0;b--);
}
void Init()
{
    ADCON1 = 0x07;
    TRISD = 0;PORTD = 0;          //将数码管数据口设置为输出口
    TRISA = 0;PORTA = 0;
    T2CON = 0x04;
    TMR2 = 0x00;
    PR2 = 250;
    TMR2IF = 0;
    TMR2IE = 1;
```

```c
    INTCON = 0xC0;
}

void disp(uchar * p)
{
    uchar i,sel = 0xDF;
    for(i = 0;i<4;i++)
    {
        PORTD = table[Data[i]];
        PORTA = sel;
        sel = sel>>1|0x80;
        delay(1);
    }
}
void Process( )
{
    Data[0] = MINSEC[0]/10;
    Data[1] = MINSEC[0]%10;
    Data[2] = MINSEC[1]/10;
    Data[3] = MINSEC[1]%10;
}
void interrupt TMR_2()
{
    if(TMR2IF == 1)
    {
        TMR2IF = 0;
        cnt++;
        if(cnt == 4000)
        {
            cnt = 0;
            MINSEC[1]++;
            if(MINSEC[1] == 60)
            {
                MINSEC[1] = 0;
                MINSEC[0]++;
                if(MINSEC[0] == 60)
                    MINSEC[0] = 0;
            }
        }
```

```
    }
}
void main()
{
    Init();
    while(1)
    {
        Process();
        disp(Data);
    }
}
```

第 7 章

捕获/比较/脉宽调制 CCP 模块

CCP(Capture/Compare/Pulse Width Modulation)模块是捕获/比较/脉宽调制模块。该模块可以实现外部信号捕获、内部比较输出及脉宽调制输出功能。

当 CCP 模块与定时器/计数器一起使用时,可以捕获输入引脚的状态,也就是当出现上升沿或下降沿时产生中断,并记录此时定时器/计数器的值。

比较是指将事先设置好的值与定时器或同步计数器值进行比较,一旦相等,则产生中断,并驱动事先设定好的动作。

脉宽调制就是利用内部的定时器产生脉宽调制信号输出。

7.1 捕获/比较/脉宽调制 CCP 模块简介

PIC16F877A 单片机配置了 2 个 CCP(捕获/比较/脉宽调制)模块。该模块提供了 2 个专用的寄存器:一个是 16 位可读/写寄存器 CCPR1H:CCPR1L(或 CCPR2H:CCPR2L),主要用来存放数据,可以作为一个 16 位捕获寄存器/16 位比较寄存器/PWM 主从占空因数寄存器;另一个是 CCP1CON(CCP2CON)控制寄存器,可用来设置工作模式,选择捕获/比较/脉宽调制模式。CCP1 和 CCP2 模块除了特殊事件触发不同以外,其他功能都相同。表 7-1 列出了 CCP 模块在各种模式下需要的定时器源。表 7-2 列出了两个 CCP 模块之间的相互作用。

表 7-1 CCP 模块不同模式下的定时器源

CCP 模式	定时器源
捕获	定时器 1
比较	定时器 1
PWM	定时器 2

表 7-2 两个 CCP 模块之间的相互作用

CCP1 模块	CCP2 模块	相互作用
捕获	捕获	相互的 TMR1 时基
捕获	比较	比较器组态为特殊事件触发器,它清除 TMR1
比较	比较	比较器组态为特殊事件触发器,它清除 TMR1
PWM	PWM	PWM 具有相同的频率和数据刷新率(TMR2 中断)
PWM	捕获	无
PWM	比较	无

7.2 CCP1CON/CCP2CON 控制寄存器

控制寄存器是 8 位的寄存器,共有 CCP1CON 和 CCP2CON 两个控制寄存器,分别用来设置 CCP1 和 CCP2 的工作模式。CCP1CON/CCP2CON 控制寄存器的定义如表 7-3 所列。

表 7-3 CCP1CON/CCP2CON 控制寄存器

U-0	U-0	R/W-0	R/W-0	R/W-0	R/W-0	R/W-0	R/W-0
Bit7	Bit6	Bit5	Bit4	Bit3	Bit2	Bit1	Bit0
—	—	CCP_xX	CCP_xY	CCP_xM3	CCP_xM2	CCP_xM1	CCP_xM0

注:1 R=可读;W=可写;U=未用,读为"0"。
　　2 -n=POR 复位值,"1"=置位,"0"=清零。

CCP1CON/CCP2CON 控制寄存器各位的含义如下:
◆ Bit7～Bit6　未用,读为"0"。
◆ Bit5～Bit4　CCP_xX 和 CCP_xY 为 PWM 最低有效位,设置占空因数,其取值为:
  ・捕获模式时未用;
  ・比较模式时未用;
  ・PWM 模式时为 PWM 工作周期的最低两位。在 CCP_xL 中可找到 8 个高位。
◆ Bit3～Bit0　CCP_xM3～CCP_xM0 为模式选择位,其取值为:
  ・0000=捕获/比较/PWM 断开(复位 CCP_x 模块);
  ・0100=捕获模式,每个下降沿;
  ・0101=捕获模式,每个上升沿;
  ・0110=捕获模式,每 4 个上升沿;
  ・0111=捕获模式,每 16 个上升沿;
  ・1000=比较模式,在匹配时置输出(CCP_xIF 置位);
  ・1001=比较模式,在匹配时清输出(CCP_xIF 置位);
  ・1010=比较模式,在匹配时产生软件中断(CCP_xIF 置位,CCP_x 引脚不受影响);
  ・1011=比较模式,触发特殊事件(CCP_xIF 置位,CCP_x 引脚不受影响),CCP1 复位 TMR1,CCP2 复位 TMR1 并启动 A/D 转换;
  ・11XX=PWM 模式。

7.3 捕获模式

在捕获模式下,当事件在引脚 RC2/CCP1 上发生时,CCPR1H:CCPR1L 捕获 TMR1 寄存器的 16 位值。

在捕获模式下,通过设置 TRISC<2> 将 RC2/CCP1 引脚设置为输入方式。捕获模式方框图如图 7-1 所示。

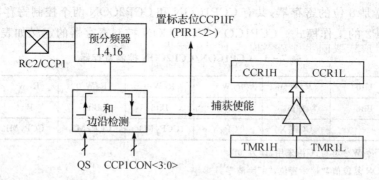

图 7-1 捕获模式方框图

在捕获模式下,定时器 1 必须运行在定时器模式或同步计数器模式。在异步计数器模式下,捕获操作不能工作。

当 CCP 从捕获工作方式改变为其他工作方式时,可能会产生一个误捕获中断,所以用户在改变捕获工作方式之前,必须先清除 CCP1IE 中断使能位(PIE1<2>),以避免产生误中断,并且在任何中断情况下,捕获工作方式改变后,都要立即将 CCP1IF 位清 0。

通过对 CCP1M3~CCP1M0 位配置,可以选择 4 种不同的预分频值,如果 CCP1 模块被关闭或者未配置为捕获工作方式,则其预分频器的分频值总被清 0。如果从一个预分频值改变为另一个预分频值,那么可能产生一个误中断,并且预分频器的计数器不会被清 0,因此第一次捕获可能是从一个非零状态的预分频值开始工作。如果需要改变捕获预分频值,则要先对预分频器计数器清 0,再将新的预分频值写入,这样就不会产生误中断了。

7.4 比较模式

在比较模式下(图 7-2),16 位 CCPR1/CCPR2 寄存器的值不断比较 TMR1 寄存器的值,当两者相等时,RC2/CCP1 引脚可能出现以下三种情况之一:

◆ 被驱动为高电平;
◆ 被驱动为低电平;
◆ 保持不变。

同时,中断标志 CCP1IF 置位。

当选择软件中断方式时,CCP1 引脚不受影响,只产生 CCP1 中断(若该中断使能)。

在特殊事件触发方式下(special event trigger),将产生一个内部的硬件触发信号,它可以启动一个动作。

CCP1 特殊事件触发将复位定时器 1；如果 A/D 使能，则在 CCP2 复位定时器 1 的同时启动 A/D 转换（如果 A/D 模块使能）。

必须通过清除 TRISC<2>位来设置 RC2/CCP1 引脚为输出。在比较模式下，定时器 1 必须运行在定时器模式或同步计数器模式下。在异步计数器模式下，捕获操作不能工作。与捕获、比较和定时器 1 相关的寄存器定义如表 7-4 所列。

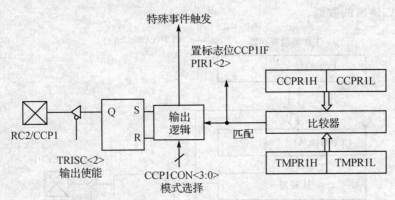

图 7-2　比较模式方框图

表 7-4　与捕获、比较、定时器 1 有关的寄存器

地址	名称	Bit7	Bit6	Bit5	Bit4	Bit3	Bit2	Bit1	Bit0	POR 或 BOR 复位	其他复位值
0BH,8BH 10BH,18BH	INTCON	GIE	PEIE	T0IE	INTE	RBIE	T0IF	INTF	RBIF	0000000X	0000000U
0CH	PIR1	PSPF	ADIF	RCIF	TXIF	SSPIF	CCP1IF	TMR2IF	TMR1IF	00000000	00000000
8CH	PIE1	PSPE	ADIE	RCIE	TXIE	SSPIE	CCP1IE	TMR2IE	TMR1IE	00000000	00000000
87H	TRISC	PORTC 方向寄存器								11111111	11111111
0EH	TMR1L	16 位寄存器低 8 位								XXXXXXXX	UUUUUUUU
0FH	TMR1H	16 位寄存器高 8 位								XXXXXXXX	UUUUUUUU
10H	T1CON	—	—	T1CKPS1	T1CKPS0	T1OSCEN	T1SYNC	TMR1CS	TMR1ON	--000000	--UUUUUU
15H	CCPR1L	捕获/比较/PWM 寄存器低 8 位								XXXXXXXX	UUUUUUUU
16H	CCPR1H	捕获/比较/PWM 寄存器高 8 位								XXXXXXXX	UUUUUUUU
17H	CCP1CON	—	—	CCP1X	CCP1Y	CCP1M3	CCP1M2	CCP1M1	CCP1M0	--000000	--000000

注：1　X＝未知；U＝未改变；-＝未用，读为"0"。
　　2　阴影部分对定时器 1 和捕获模块无用。
　　3　POR 为上电复位，BOR 为节电锁定复位。

7.5 PWM 模式

在脉宽调制模式下(图7-3),CCP1引脚产生10位分辨率PWM输出。因为CCP1引脚与PORTC数据锁存器复用,所以为了使CCP1引脚作为输出,就必须清除TRISC〈2〉位。对CCP1CON寄存器清0将迫使CCP1的PWM输出引脚输出锁存为默认的低电平,该锁存值并非是PORTC输出的数据。

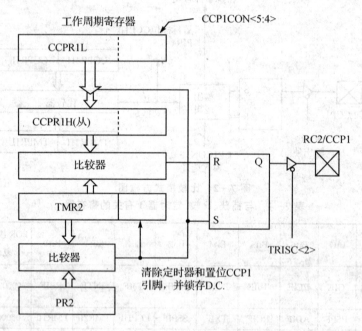

图7-3 PWM 模式方框图

PWM 的输出有一个时基(即周期)和一个保持为高电平的时间(即占空因数)(图7-4),PWM的频率即为周期的倒数(1/周期)。PWM的周期可通过向TMR2的周期寄存器PR2写入来设定,由下式计算为

$$PWM \text{ 周期} = (PR2+1) \times 4T_{osc} \times (TMR2 \text{ 预分频值})$$

PWM的频率定义为1/(PWM周期)。

当TMR2的值等于PR2的值时,在下一个增加周期中有下面三种情况发生:TMR2被清除,CCP1引脚置位(但当PWM占空因数为0%时例外,该引脚不被置1),PWM占空因数从CCPR1L被锁存到CCPR1H中。

通过写入CCPR1L寄存器及CCP1CON寄存器的Bit5和Bit4两位,可以得到PWM的高电平时间设定值,分频率可达10位,即由8位的CCPR1L值(作为10位中的高8位)和控制

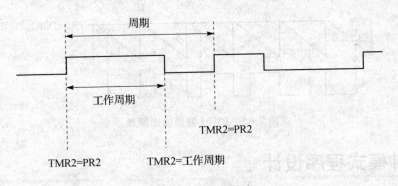

图 7-4 PWM 输出

寄存器 CCP1CON 中的 Bit5 和 Bit4 两位(作为 10 位中的低 2 位)组成。因此,计算 PWM 占空因数的公式为

$$\text{PWM 占空因数} = (\text{CCPR1L}:\text{CCP1CON}\langle 5:4\rangle) \times T_{\text{OSC}}(\text{TMR2 预分频值})$$

CCPR1L 寄存器及 CCP1CON 的 Bit5 和 Bit4 位在任何时候都是可写入的,但只有当 TMR2 的值增量计数至与 PR2 的值相等时,该占空因数值才被锁存到 CCPR1H 中。在 PWM 模式下,CCPR1H 是只读寄存器。

CCPR1H 寄存器和两位内部锁存器构成 PWM 占空因数的双缓冲器,这种双缓冲器结构可大大减少 PWM 操作所受的干扰。当 CCPR1H 和两位锁存值与 TMR2 的值相匹配时,CCP1 引脚被清 0。在给定的 PWM 频率下,最大的 PWM 分辨率(位)为

$$\text{PWM 分辨率} = \frac{\lg(F_{\text{OSC}}/F_{\text{PWM}})}{\lg 2}$$

那么在设计程序时应该如何操作内部的寄存器呢?如果操作不正确,很可能不能达到预想的效果。操作的具体步骤如下:

◆ 写 PR2 寄存器以设定 PWM 周期;
◆ 写寄存器 CCPR1L 和控制寄存器 CCP1CON⟨5:4⟩两位以设定 PWM 占空因数;
◆ 对 TRISC⟨2⟩清 0 以设定 CCP1 引脚为输出状态;
◆ 配置 TMR2 的预分频值,并通过写入 T2CON 来使能 TMR2;
◆ 设定 CCP1 模块为 PWM 模式。

那么 PWM 波形到底是如何产生的呢?其实 PR2 寄存器的值就是定时器 TMR2 的上限值,当 TMR2 的值等于 PR2 的值时,就将 RC2 输出高电平,同时将 TMR2 清 0;当 TMR2 的值等于 CCPR1L 的值时,就将 RC2 输出低电平。从图 7-5 可以看出,随着定时器 TMR2 的值不断变化,产生了 PWM 输出。

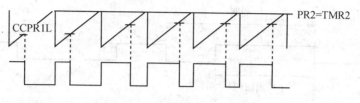

图 7-5 PWM 波形输出原理

7.6 各种模式程序设计

通过以上的学习,相信对 CCP 模块已经了解了,但是离熟练应用还有差距,只有通过不断的程序调试—理解—再调试的过程,才能真正掌握其使用方法。下面针对各种模式,通过程序来帮助理解它们的应用。

7.6.1 捕获模式程序设计

这个程序非常简单,目的是理解捕获中断,设置方式为在每个下降沿捕获。每次捕获引发中断,在中断程序中用变量 Counter 计中断次数,然后用数码管显示出来。详细清单如下。

```
#include <pic.h>
#include <stdio.h>
#include <math.h>
#define uchar unsigned char
#define uint unsigned int
__CONFIG(0x3B31);
const uchar table[] = {0xC0,0xF9,0xA4,0xB0,0x99,0x92,0x82,0xF8,0x80,0x90,0xFF};
const uchar table1[] = {0x40,0x79,0x24,0x30,0x19,0x12,0x02,0x78,0x00,0x10,0xFF};
uchar Data[4] = {0,0,0,0};
uint Counter = 0;
void ccp_int()
{
    TRISC = 0x04;        //将 RC2 口设置为输入口
    GIE = 0;             //关中断
    PEIE = 0;            //不允许外围模块中断
    CCP1IE = 0;          //不允许中断
    CCP1IF = 0;          //清中断标志位
    CCP1IE = 1;          //允许中断,即小开关
    PEIE = 1;            //允许外围模块中断
    GIE = 1;             //开中断
```

```c
        CCP1CON = 0x04;                    //在每个下降沿捕捉
}
//*********************系统初始化****************************************//
void init()
{
    ADCON1 = 0x07;                         //将A口设置为输入口
    TRISD = 0;                             //将段码口设置为输出口
    TRISA = 0;                             //将位选口设置为输出口
    PORTD = 0xFF;
    PORTA = 0xFF;
}
//*********************CCP初始化****************************************//
void interrupt Capture_isr(void)
{
    GIE = 0;                               //关中断
    CCP1IE = 0;                            //关小开关
    CCP1IF = 0;                            //清标志位
    Counter++;                             //用变量计中断次数
    if(Counter>9) Counter = 0;             //中断次数大于9时清0
    CCP1IE = 1;                            //允许中断
    GIE = 1;                               //开总中断
}
void delay(uint x)
{
    uint a,b;
    for(a = x;a>0;a--)
    for(b = 110;b>0;b--);
}
void disp(uchar *p)
{
    PORTD = table[Counter];
    PORTA = 0xDF;
    delay(1);
}
void main()
{
    while(1)
    {
```

```
    init();                //系统初始化
    ccp_int();             //CCP模块初始化
    while(1)
    {
        disp(Data);        //显示捕获次数
    }
}
```

仔细分析程序后可能会感到奇怪,不是讲过CCP模块工作在捕获模式下需要定时器1配合吗?为什么没看到关于定时器1的设置呢?其实,这里采用了默认设置,即定时器1的分频系数1:1作为定时器1来使用,但是TMR1L和TMR1H寄存器的内容却是未知的。所以最好在初始化时对定时器进行设置。

下面的程序做了一些改进,将定时器1初始化了,并在原来显示中断次数的基础上,利用捕获功能捕获定时器1的计数值,然后用3个数码管显示出来。

```
#include <pic.h>
#include <stdio.h>
#include <math.h>
#define uchar unsigned char
#define uint unsigned int
__CONFIG(0x3B31);
const uchar table[] = {0xC0,0xF9,0xA4,0xB0,0x99,0x92,0x82,0xF8,0x80,0x90,0xFF};
const uchar table1[] = {0x40,0x79,0x24,0x30,0x19,0x12,0x02,0x78,0x00,0x10,0xFF};
uchar Data[4] = {0,0,0,0};
uint Counter = 0;
uint value;
void ccp_int()
{
    TRISC = 0x04;          //将RC2口设置为输入口
    GIE = 0;
    PEIE = 0;
    CCP1IE = 0;
    CCP1IF = 0;
    T1CON = 0x01;
    CCP1IE = 1;
    PEIE = 1;
    GIE = 1;
    CCP1CON = 0x04;
```

```c
}
void init()
{
    ADCON1 = 0x07;              //将A口设置为输入口
    TRISD = 0;                  //将段码口设置为输出口
    TRISA = 0;                  //将位选口设置为输出口
    PORTD = 0xFF;
    PORTA = 0xFF;
    T1CON = 0;
    TMR1L = 0;
    TMR1H = 0;
}
void interrupt Capture_isr(void)
{
    GIE = 0;
    CCP1IE = 0;
    CCP1IF = 0;
    Counter++;
    if(Counter>9)
    Counter = 0;
    value = (CCPR1H<<8) + CCPR1L;   //捕获定时器1的计数值
    value = value/1000;             //将捕获值除以1 000,以方便观察
    CCP1IE = 1;
    GIE = 1;
}

void delay(uint x)
{
    uint a,b;
    for(a = x;a>0;a--)
        for(b = 110;b>0;b--);
}

void disp(uchar *p)
{
    uchar i,sel = 0xDF;
    for(i = 0;i<4;i++)
    {
        PORTD = table[*p++];
```

```c
        PORTA = sel;
        sel = (sel>>1)|0x80;
        delay(1);
    }
}
void process()
{
    uint temp;
    Data[0] = Counter;
    Data[1] = value/100;
    temp = value % 100;
    Data[2] = temp/10;
    Data[3] = temp % 10;
}
void main()
{
    while(1)
    {
        init();
        ccp_int();
        T1CON = 0x01;                     //使能定时器1
        while(1)
        {
            process();
            disp(Data);
        }
    }
}
```

通过以上实验,对捕获模式应该已经有了一个清楚的认识,下面就利用捕获模式来测量外部信号的频率。经实验可以测量 10 kHz 以下频率的信号,这里用函数信号发生器产生的信号作为待测信号,经实验效果非常好,测量显示结果与信号发生器上显示的频率值非常接近。下面是程序清单。

```c
/* 频率计:用捕获功能测量信号频率,程序中显示的是信号周期,没有进行频率转换。单位时间为微秒 */
#include <pic.h>
#include <stdio.h>
#include <math.h>
#define uchar unsigned char
```

```c
#define uint unsigned int
__CONFIG(0x3B31);
const uchar table[] = {0xC0,0xF9,0xA4,0xB0,0x99,0x92,0x82,0xF8,0x80,0x90,0xFF};
const uchar table1[] = {0x40,0x79,0x24,0x30,0x19,0x12,0x02,0x78,0x00,0x10,0xFF};
uchar Data[4] = {0,0,0,0};
uint CCP1_Count = 0;
uint CCPRE[10];
void initial()
{
    INTCON = 0x00;
    ADCON1 = 0x07;
    PIE1 = 0;
    PIE2 = 0;
    TRISD = 0;
    TRISA = 0;
}
void CCPinitial()
{
    TRISC2 = 1;                     //将 RC2 引脚设置为输入引脚
    T1CON = 0x01;                   //设置定时器 1 的工作方式,使能定时器 1
    PEIE = 1;                       //允许外围模块中断
    CCP1IE = 1;                     //允许捕获中断
    CCP1CON = 0x05;                 //在每个上升沿进行捕获
}
//******************************捕获中断程序******************************//
void interrupt Capture_isr()
{
    if(CCP1IF == 1)                 //如果标志位为1,表示捕获中断发生
    {
        CCP1IF = 0;                 //清标志位
        CCPRE[CCP1_Count] = CCPR1L + (CCPR1H<<8);   //捕获寄存器的值后放到数组中
        CCP1_Count ++ ;             //捕获中断次数并自加
        if(CCP1_Count>10)           //如果 10 次中断到,将变量清 0
        {
            CCP1_Count = 0;
            CCP1IE = 0;             //不允许捕获中断
        }
    }
}
```

```c
void process()
{
    uint temp;
    temp = CCPRE[5] - CCPRE[4];          //取中间值进行周期计算
    Data[0] = temp/1000;                 //显示周期的千位
    temp = temp % 1000;                  //取周期的余数
    Data[1] = temp/100;                  //取周期的百位
    temp = temp % 100;                   //取余数
    Data[2] = temp/10;                   //取周期的十位
    Data[3] = temp % 10;                 //取周期的个位
}
void delay(uint x)
{
    uint a,b;
    for(a = x;a>0;a--)
        for(b = 110;b>0;b--);
}

void disp(uchar * p)
{
    uchar i,sel = 0xDF;
    for(i = 0;i<4;i++)
    {
        PORTD = table[* p++];
        PORTA = sel;
        sel = (sel>>1)|0x80;
        delay(1);
    }
}
void main()
{
    uint temp;
    initial();
    CCPinitial();
    INTCON = INTCON|0xC0;
    while(1)
    {
        process();
        disp(Data);
    }
}
```

7.6.2 比较模式程序设计

当 CCP 模块工作在比较模式下时，16 位寄存器 CCPR1 不断与 TMR1 寄存器比较，当相等时触发引脚 RC2/CCP1 输出高电平、低电平或保持不变。下面的程序利用比较模式产生比较匹配中断，并利用该中断实现小灯闪烁。详细程序清单如下。

```c
#include <pic.h>
#include <stdio.h>
#include <math.h>
#define uchar unsigned char
#define uint unsigned int
__CONFIG(0x3B31);
const uchar table[] = {0xC0,0xF9,0xA4,0xB0,0x99,0x92,0x82,0xF8,0x80,0x90,0xFF};
const uchar table1[] = {0x40,0x79,0x24,0x30,0x19,0x12,0x02,0x78,0x00,0x10,0xFF};
uchar Data[3] = {0,0,0};
uchar Time_NO = 0;                  //计比较中断次数
uchar Out_Flag = 0;                 //标志位
uchar LED = 0;
uint count;
void initial()
{
    INTCON = 0x00;
    ADCON1 = 0x07;
    PIE1 = 0;
    PIE2 = 0;
    TRISD = 0;                      //将 D 口设置为输出口
    TRISA = 0;                      //将 A 口设置为输出口
    PORTD = 0x55;                   //小灯的初始状态
}
void CCPinitial()
{
    TRISC2 = 0;                     //设置 CCP1(RC2)引脚为输出方式
    TMR1H = 0x00;                   //定时器初始化
    TMR1L = 0x00;
    CCPR1H = 0xC3;                  //比较寄存器高 8 位初始化
    CCPR1L = 0x50;                  //比较寄存器低 8 位初始化
    T1CON = 0x21;                   //预分频值 1:4,定时器内部时钟 $F_{osc}/4$,使能定时器 1
    CCP1IE = 1;                     //允许比较中断
    CCP1CON = 0x08;                 //比较模式 8,比较匹配时置位输出端
```

```
}
void interrupt Compare_isr()
{
    if(CCP1IF == 1)
    {
        CCP1IF = 0;
        Time_NO++;
        if(Time_NO >= 4)
        {
            Time_NO = 0;
            Out_Flag = 1;              //置标志位,表示4次比较匹配中断到
        }
    }
}
void main()
{
    uint i,j;
    initial();
    CCPinitial();
    INTCON = INTCON|0xC0;              //开总中断
    while(1)
    {
        if(Out_Flag)                   //4次比较匹配中断到后将小灯状态取反
        {
            PORTD = ~PORTD;
            Out_Flag = 0;              //清标志位
        }
    }
}
```

利用比较匹配中断可以开启 A/D 转换。详细程序清单如下。

```
#include <pic.h>
#include <stdio.h>
#include <math.h>
#define uchar unsigned char
#define uint unsigned int
__CONFIG(0x3B31);
const uchar table[] = {0xC0,0xF9,0xA4,0xB0,0x99,0x92,0x82,0xF8,0x80,0x90,0xFF};
const uchar table1[] = {0x40,0x79,0x24,0x30,0x19,0x12,0x02,0x78,0x00,0x10,0xFF};
```

```c
uchar Data[4] = {0,0,0,0};
uint Adresult = 0;                      //存放转换结果
uchar Ad_Flag = 1;                      //转换完成标志,当该标志等于1时表示转换完成
//系统初始化
void initial()
{
    INTCON = 0x00;                      //关闭所有中断
    ADCON1 = 0x07;                      //将 RA 口设置为数字 I/O 口
    PIE1 = 0;
    PIE2 = 0;
    TRISD = 0;                          //设置 D 口为输出口
    TRISA = 0;                          //设置 A 口为输出口
}
void CCPinitial()
{
    TRISC2 = 0;                         //设置 CCP1(RC2)引脚为输出方式
    CCPR1H = 0xC3;                      //设置比较寄存器的高 8 位
    CCPR1L = 0x50;                      //设置比较寄存器的低 8 位
    T1CON = 0x21;                       //1/4 分频,开启定时器 1
    CCP1IE = 1;                         //开允许比较匹配中断产生
    CCP1CON = 0x0A;                     //设置比较模式,比较匹配不影响 CCP 引脚
}
void AD_Initial()
{
    ADCON0 = 0x41;                      //F_osc/8,RA0/AN0,ADON = 1
    ADCON1 = 0x8E;                      //转换结果右对齐,将 RA0 设置为模拟输入口
    ADIF = 0;                           //清标志
    ADIE = 1;                           //允许产生中断
    TRISA = TRISA|0x01;                 //模拟输入端口 RA0
}
//*****************************数据处理*****************************//
void Deal_AD_Result()
{
    uint temp;
    float adsult;
    adsult = ADRESL + (ADRESH<<8);
    Ad_Flag = 0;
    adsult = adsult * 5/1023;
    adsult = adsult * 1000;
```

```c
    Adresult = (uint)adsult;
    Data[0] = Adresult/1000;
    temp = Adresult % 1000;
    Data[1] = temp/100;
    temp = temp % 100;
    Data[2] = temp/10;
    Data[3] = temp % 10;
}
//***************************中断服务程序************************//
void interrupt COMP_AD_ISR(void)
{
    if(CCP1IF == 1)
    {
        CCP1IF = 0;
        ADCON0 = ADCON0 | 0x04;        //启动转换。Go/Dong = 1
    }
    if(ADIF == 1)                      //将标志位置1
    {
        ADIF = 0;                      //将标志位清0
        Ad_Flag = 1;                   //转换完成标志
    }
}
void delay(uint x)
{
    uint a,b;
    for(a = x;a>0;a--)
        for(b = 110;b>0;b--);
}

void disp(uchar * p)
{
    uchar i,sel = 0xDF;
    for(i = 0;i<4;i++)
    {
        if(i == 0)
            PORTD = table1[* p ++];
        else
            PORTD = table[* p ++];
```

```
            PORTA = sel;
            sel = (sel>>1)|0x80;
            delay(2);
        }
}
void main()
{
    initial();
    CCPinitial();
    AD_Initial();
    INTCON = INTCON|0xC0;
    while(1)
    {
        disp(Data);
        if(Ad_Flag == 1)
            Deal_AD_Result ();
    }
}
```

7.6.3 PWM 模式程序设计

下面的程序利用按键调整脉冲宽度,设置了两个按键:一个使脉宽增加,另一个使脉宽减小。程序中需要判断按键是否按下,如果按下,则修改寄存器 CCPR1L,最终实现调整脉冲宽度的目的。程序清单如下。

```
#include <pic.h>
#define uchar unsigned char
#define uint unsigned int
#define BP RE0                          //蜂鸣器端口
__CONFIG(0x3B31);
void delay(uchar i)                     //延时程序
{
    for(;i>0;i--);
}
void beep(uchar i)                      //蜂鸣器响程序
{
    for(;i!=0;i--)
    {
        BP = 0;                         //蜂鸣器响
```

```c
        delay(150);                    //延时程序
        BP = 1;                        //蜂鸣器关闭
        delay(150);                    //延时程序
    }
    BP = 1;                            //蜂鸣器关闭
}
void init()
{
    INTCON = 0x00;                     //关总中断
    ADCON1 = 0x07;                     //设置数字量输入/输出口
    PIE1 = 0;
    PIE2 = 0;
    TRISB0 = 1;                        //将 RB0 设置为输入口,接按键
    TRISB1 = 1;                        //将 RB1 设置为输入口,接按键
    TRISE0 = 0;                        //将蜂鸣器引脚设置为输出
    RE0 = 1;                           //蜂鸣器关闭
}
void PWM_Init()
{
    TRISC2 = 0;                        //脉宽调制输出引脚,设置为输出
    PR2 = 0xFF;                        //脉宽调制波形的周期
    CCPR1L = 0x7F;                     //脉宽调制波形的占空比
    CCP1CON = 0x3C;                    //CCP1 模块工作在 PWM 模式,占空因数的低两位为 11
                                       //$T_{PWM} = (PR2 + 1) \times 4 \times T_{osc} \times$(TMR2 前分频值)
    T2CON = 0x04;                      //打开 TMR2,且前后分频值为 1∶1,同时开始输出 PWM
    CCP1IE = 0;                        //关中断
}
void keyscan()
{
    if(RB0 == 0)                       //如果是 RB0 键按下
    {
        delay(50);                     //延时去抖
        if(RB0 == 0)                   //确认是否有键按下
        {
            beep(40);                  //如果有键按下,蜂鸣器响
            while(!RB0) ;              //等待按键释放
            CCPR1L = CCPR1L + 10;      //调整脉宽增加
        }
    }
```

```c
    if(RB1 == 0)                        //如果是 RB1 键按下
    {
        delay(50);                      //延时去抖
        if(RB1 == 0)                    //确认是否有键按下
        {
            beep(40);                   //如果有键按下,蜂鸣器响
            while(!RB1) ;               //等待按键释放
            CCPR1L = CCPR1L - 10;       //调整脉宽减小
        }
    }
}
void main()
{
    init();                             //系统初始化
    PWM_Init();                         //脉冲宽度初始化程序
    while(1)
    {
        keyscan();                      //调用按键扫描处理脉宽因数
    }
}
```

第 8 章

10 位模/数转换器模块

PIC16F877 中提供了一个 10 位的模/数转换器,可大大方便对信号的采集。通过该模块最多可以采集 8 个通道的模拟输入。8 个通道的模拟输入引脚分别是 RA0~RA3、RA5 和 RE0~RE2。

模拟输入需要一个参考电源 VREF,它既可以由单片机内部提供,此时以电源电压为基准;也可以由外部提供基准电压,基准电压可以由稳压二极管和专用的集成稳压芯片等提供,该参考电压加到单片机的 RA2/AN2/VREF- 和 RA3/AN3/VREF+ 引脚上。PIC16F877 的模/数转换器有 10 位精度,转换后的数字量在 0~1 023 之间变化。模/数转换后的值保存到 2 个 8 位寄存器 ADRESH 和 ADRESL 中。模/数转换器的工作模式由寄存器 ADCON0 控制,端口引脚功能由寄存器 ADCON1 控制,它们都是 8 位寄存器。

8.1 模/数转换器 A/D 模块

PIC16F877 提供了 8 个通道的 10 位 A/D 转换模块,该模块采用逐次逼近型转换器,转换后的信号以数字量形式保存到寄存器中。A/D 转换模块具有高电压和低电压参考输入,该参考输入可通过 VDD、VSS、RA2、RA3 引脚的组合,由软件进行设置。

这种转换器可在器件处于 SLEEP 模式下运行,要想在 SLEEP 模式下运行 A/D 转换时钟,则必须由 A/D 内部的 RC 振荡器驱动。

A/D 转换器有 4 个比较重要的寄存器,它们是:

◆ ADRESH　保存转换结果的高位寄存器;
◆ ADRESL　保存转换结果的低位寄存器;
◆ ADCON0　A/D 控制寄存器 0;
◆ ADCON1　A/D 控制寄存器 1。

表 8-1 是 ADCON0 寄存器的定义,它用来控制模块的工作方式。表 8-2 是 ADCON1 寄存器的定义,它用来配置端口引脚的功能。端口的各个引脚可以配置成模拟输入引脚或数字 I/O 口。ADRESH:ADRESL 寄存器对用来保存 10 位的 A/D 转换结果。当 A/D 完成转换时,结果自动送到该寄存器对中,且 GO/$\overline{DONE}$ 位(ADCON0⟨2⟩)清 0,而 A/D 中断标志位

ADIF 置位。A/D 转换器内部方框图如图 8-1 所示。

表 8-1 ADCON0 寄存器

R/W-0	R/W-0	R/W-0	R/W-0	R/W-0	R/W-0	U-0	R/W-0
Bit7	Bit6	Bit5	Bit4	Bit3	Bit2	Bit1	Bit0
ADCS1	ADCS0	CHS2	CHS1	CHS0	GO/$\overline{DONE}$	—	ADON

注:R=可读位;W=可写位;U=未使用位,读为"0";-0=上电复位时值被清除。

ADCON0(1FH)寄存器各位含义如下:

◆ Bit7,Bit6 ADCS1~ADCS0 为 A/D 转换时钟选择位,其取值是:
  - $00 = F_{osc}/2$;
  - $01 = F_{osc}/8$;
  - $10 = F_{osc}/32$;
  - $11 = F_{RC}$(来自内部 A/D 模块的 RC 振荡器驱动时钟)。

◆ Bit5~Bit3 CHS2~CHS0 为模拟通道选择位,其取值是:
  - 000=模拟通道 0(RA0/AN0);
  - 001=模拟通道 1(RA1/AN1);
  - 010=模拟通道 2(RA2/AN2);
  - 011=模拟通道 3(RA3/AN3);
  - 100=模拟通道 4(RA5/AN4);
  - 101=模拟通道 5(RE0/AN5);
  - 110=模拟通道 6(RE1/AN6);
  - 111=模拟通道 7(RE2/AN7)。

◆ Bit2 GO/$\overline{DONE}$ 为 A/D 转换标志位,其取值是:
  - 1=A/D 转换在进行中(选择这一位启动 A/D 转换);
  - 0=A/D 转换不在进行中(A/D 转换完成时,该位自动由硬件清除)。

◆ Bit1 未使用位,读为"0"。

◆ Bit0 ADON 为 A/D 开启位,其取值是:
  - 1=A/D 转换器工作;
  - 0=A/D 转换器关闭,并且无工作电流消耗。

表 8-2 ADCON1 寄存器

R/W-0	U-0	U-0	U-0	R/W-0	R/W-0	R/W-0	R/W-0
Bit7	Bit6	Bit5	Bit4	Bit3	Bit2	Bit1	Bit0
ADFM	—	—	—	PCFG3	PCFG2	PCFG1	PCFG0

注:R=可读位;W=可写位;U=未使用位,读为"0";-0=上电复位时值被清除。

ADCON1(9FH)寄存器各位含义如下：

◆ Bit7　ADFM 为 A/D 结果格式选择位，其取值是：
　　· 1＝右对齐，ADRESH 的 6 个最高有效位读为"0"；
　　· 0＝左对齐，ADRESL 的 6 个最低有效位读为"0"。
◆ Bit6～Bit4　未使用位，读为"0"。
◆ Bit3～Bit0　PCFG3～PCFG0 为 A/D 端口配置位，其取值如表 8-3 所列。

表 8-3　PCF3～PCF0 配置端口

PCFG3～PCFG0	AN7/RE2	AN6/RE1	AN5/RE0	AN4/RA5	AN3/RA3	AN2/RA2	AN1/RA1	AN0/RA0	VREF+	VREF−	A/D 通道数/电压参考通道数①
0000	A	A	A	A	A	A	A	A	VDD	VSS	8/0
0001	A	A	A	A	VREF+	A	A	A	RA3	VSS	7/1
0010	D	D	D	A	A	A	A	A	VDD	VSS	5/0
0011	D	D	D	A	VREF+	A	A	A	RA3	VSS	4/1
0100	D	D	D	D	A	D	A	A	VDD	VSS	3/0
0101	D	D	D	D	VREF+	D	A	A	VDD	VSS	2/1
011X	D	D	D	D	D	D	D	D	VDD	VSS	0/0
1000	A	A	A	A	VREF+	VREF−	A	A	RA3	RA2	6/2
1001	D	D	A	A	A	A	A	A	VDD	VSS	6/0
1010	D	D	A	A	VREF+	A	A	A	RA3	VSS	5/1
1011	D	D	A	A	VREF+	VREF−	A	A	RA3	RA2	4/2
1100	D	D	D	A	VREF+	VREF−	A	A	RA3	RA2	3/2
1101	D	D	D	D	VREF+	VREF−	A	A	RA3	RA2	2/2
1110	D	D	D	D	D	D	D	A	VDD	VSS	1/0
1111	D	D	D	D	VREF+	VREF−	D	A	RA3	RA2	1/2

注：A＝模式输入口，D＝数字 I/O 口。
① 可用做 A/D 输入的模拟通道数目和电压参考输入的模拟通道数目。

A/D 模拟通道选择完成后，必须设置模拟输入通道为输入引脚，也就是要设置对应的方向寄存器。

A/D 转换需要遵循的步骤是：

① 配置 A/D 转换模块，即

◆ 对模拟引脚/基准电压/数字 I/O(ADCON1)进行配置；
◆ 选择模拟转换通道(ADCON0)；
◆ 选择模拟换转时钟(ADCON0)；

10位模/数转换器模块

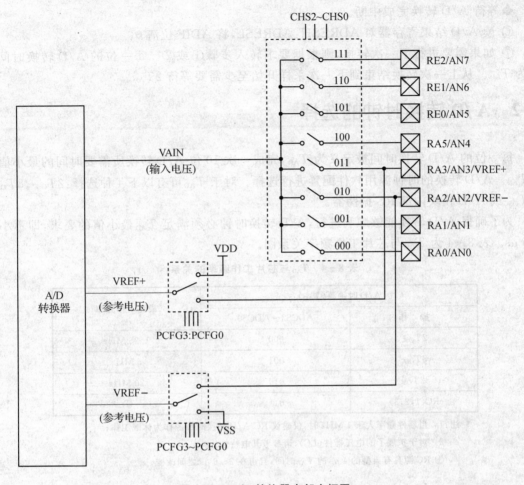

图 8-1　A/D 转换器内部方框图

◆ 使能转换模块(ADCON0)。
② 若采用中断方式,则需配置中断,即
◆ 对 A/D 转换完成标志位 ADIF(PIR1⟨6⟩)清 0;
◆ 对 A/D 转换中断使能位 ADIE(PIE1⟨6⟩)置 1;
◆ 对外设中断使能位 PEIE(INTCON⟨6⟩)置 1;
◆ 对总中断使能位 GIE(INTCON⟨7⟩)置 1。
③ 等待需要的采样周期。
④ 对 GO/$\overline{DONE}$位置 1,启动 A/D 转换。
⑤ 等待 A/D 转换完成,可通过以下两种方法之一来判断:
◆ 软件查询标志位 GO/$\overline{DONE}$的状态是否为 0;

◆ 等待 A/D 转换完成中断。

⑥ 读 A/D 结果寄存器对 ADRESH:ADRESL,将 ADIF 位清 0。

⑦ 如果需要进行下一次转换,则根据要求转入步骤①或②。每一位的 A/D 转换时间定义为 T_{AD}。从上一次转换结束到下一次采样开始至少需要等待 $2T_{AD}$。

8.2 A/D 转换时钟的选择

每一位的 A/D 转换时间被定义为 T_{AD},完成一次 10 位 A/D 转换所需要时间的最小值为 $12T_{AD}$。A/D 转换的时钟源用软件配置进行选择。对于 T_{AD} 可有以下 4 种选择:$2T_{OSC}$、$8T_{OSC}$、$32T_{OSC}$ 或 A/D 模块内部 RC 振荡器。

为了确保 A/D 转换能够顺利进行,A/D 转换时钟必须满足 T_{AD} 最小值的要求,即不小于 1.6 μs。表 8-4 为 T_{AD} 与芯片工作频率关系图。

表 8-4 T_{AD} 与芯片工作频率的关系

A/D 时钟源(T_{AD})		最高工作频率
操 作	ADCS2～ADCS0	
$2T_{OSC}$	000	1.25 MHz
$8T_{OSC}$	001	5 MHz
$32T_{OSC}$	010	20 MHz
RC(1,2,3)	011	①

注:1 当器件频率大于 1 MHz 时,仅建议 RC A/D 转换时钟源作为休眠工作;

2 对于扩展了的电压器件(LC),请参考其电特性。

① RC 源具有典型的 4 μs 的 T_{AD} 时间,且可在 2～6 μs 之间改变。

8.3 A/D 结果寄存器

ADRESH:ADRESL 寄存器对保存 A/D 转换完成后的结果。这两个 8 位寄存器构成一个 16 位寄存器。A/D 转换完成后的 10 位二进制数据保存到这两个寄存器中,结果可以是左对齐,也可以是右对齐,对齐的格式由 A/D 格式选择位 ADFM 控制。当 ADFM=1 时为右对齐格式,当 ADFM=0 时为左对齐格式。图 8-2 显示出对齐方式,多余的位以"0"进行存储。

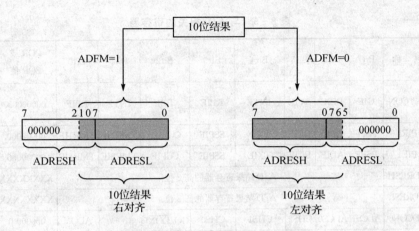

图 8-2 结果对齐格式

8.4 休眠期间 A/D 的工作

在 CPU 休眠模式期间，A/D 转换器可以工作，但这时 A/D 的时钟源必须选择 RC（ADCS1～ADCS0＝11）。当选择了 RC 时钟源时，在开始转换前，A/D 模块等待一个指令周期，这时允许 SLEEP 指令执行，以消除来自转换的所有数字开关噪声。当转换完成时，GO/DONE 位被清零，并将结果保存到 ADRES 寄存器中。如果 A/D 中断使能，将会唤醒 CPU；如果 A/D 中断禁止，A/D 模块将被关闭，不过 ADON 位仍然保持置位。

当 A/D 时钟源选用其他时钟(不是 RC)时，即使 ADON 位仍然保持置位，SLEEP 指令也将引起当前转换失败，A/D 模块被关闭。

8.5 复位的结果

器件复位迫使所有寄存器都处于复位状态。这将迫使 A/D 模块关闭，任何转换失败。所有 A/D 输入引脚配置为模拟输入。

在上电复位时，寄存器对 ADRESH：ADRESL 的值不会被修改。在上电复位之后，ADRESH：ADRESL 寄存器对保持未知数据。

表 8-5 列出了与 A/D 相关的各寄存器。

表 8-5 与 A/D 相关的寄存器

地址	名称	Bit7	Bit6	Bit5	Bit4	Bit3	Bit2	Bit1	Bit0	POR 或 BOR 值	其他复位值
0BH,8BH 10BH,18BH	INTCON	GIE	PEIE	T0IE	INTE	RBIE	T0IF	INTF	RBIF	0000000X	0000000U
0CH	PIR1	PSPF	ADIF	RCIF	TXIF	SSPIF	CCP1IF	TMR2IF	TMR1IF	00000000	00000000
8CH	PIE1	PSPE	ADIE	RCIE	TXIE	SSPIE	CCPIE	TMR2IE	TMR1IE	00000000	00000000
1EH	ADRESH	A/D 结果寄存器的高 8 位								XXXXXXXX	UUUUUUUU
9EH	ADRESL	A/D 结果寄存器的低 8 位								XXXXXXXX	UUUUUUUU
1FH	ADCON0	ADCS1	ADCS0	CHS2	CHS1	CHS0	GO/DONE	—	ADON	000000-0	000000-
9FH	ADCON1	ADFM	—	—	—	PCFG3	PCFG2	PCFG1	PCFG0	--0-0000	--0-0000
85H	TRISA	—	—	PORTA 方向寄存器						--111111	--111111
05H	PORTA	—	—	写入时为 PORTA 数据锁存,读取时为 PORTA 引脚						--0X000	--0U0000
89H	TRISE	IBF	OBF	IBOV	PSPMODE	—	PORTE 数据方向位			0000-111	0000-111
09H	PORTE	—	—	—	—	—	RE2	RE1	RE0	----XXX	----UUU

注: 1 X=未知;U=未改变;-=未用,读为"0"。
   2 阴影部分对 A/D 无用。
   3 POR 为上电复位,BOR 为节电锁定复位。

8.6 A/D 转换程序设计

A/D 转换程序设计有两种方法:一种是查询法,需要 CPU 不断地查询标志位,以判断是否转换完成,如果转换完成则进行数据处理;另一种是中断法,转换完成将转换结束标志置位,然后申请中断,进入中断服务程序读取转换结果。

下面的程序采用查询方法进行 A/D 转换。

```
# include <pic.h>
# define uchar unsigned char
# define uint unsigned int
const uchar table[] = {0xC0,0xF9,0xA4,0xB0,0x99,0x92,0x82,0xF8,0x80,0x90};
const uchar table1[] = {0x40,0x79,0x24,0x30,0x19,0x12,0x02,0x78,0x00,0x10};
uchar Data[4] = {0,0,0,0};
uint temp;
void delay(uint x);
__CONFIG(0x3B31);
```

```c
void delay(uint x)
{
    uint a,b;
    for(a = x;a>0;a--)
        for(b = 110;b>0;b--);
}
// ************************* 初始化函数 *******************************//
void Init()
{
    temp = 0;
    TRISA = 0x01;              //将 RA0 设置为输入口
    TRISD = 0;                 //将数码管数据口设置为输出口
    ADCON0 = 0x41;             //F_osc/8,通道 0,A/D 转换使能
    ADCON1 = 0x8E;             //转换结果右对齐,参考电压为 VDD
    delay(10);                 //延时等待设置稳定
}
// ************************* 进行数据处理 *****************************//
uint get_data()
{
    uint aa;
    float bb;
    ADGO = 1;                  //启动 A/D 转换
    while(ADGO);               //当 ADGO = 1 时表示正进行转换,转换完成后其值为零
    aa = ADRESH;
    aa = aa<<8|ADRESL;         //保存转换结果
    bb = aa/1023.0 * 5.0;      //进行电压转换
    aa = bb * 1000;            //电压乘以 1 000
    return (aa);               //返回转换结果
}
void disp(uchar * p)
{
    uchar i,sel = 0xDF;
    for(i = 0;i<4;i++)
    {
        if(i == 0)
            PORTD = table1[Data[i]];
        else
            PORTD = table[Data[i]];
```

```c
            PORTA = sel;
            sel = sel>>1|0x80;
            delay(1);
        }
}
void Process(uint i)
{
    Data[0] = i/1000;
    Data[1] = i%1000/100;
    Data[2] = i%100/10;
    Data[3] = i%10;
}
void main()
{
    Init();                    //系统初始化
    while(1)
    {
        uchar i;
        temp = get_data();      //读取转换结果
        Process(temp);          //进行数据处理
        for(i = 0;i<100;i++)
            disp(Data);         //数据显示
    }
}
```

下面的程序采用中断方法进行 A/D 转换。

```c
#include <pic.h>
#define uchar unsigned char
#define uint unsigned int
__CONFIG(0x3B31);
const uchar table[] = {0xC0,0xF9,0xA4,0xB0,0x99,0x92,0x82,0xF8,0x80,0x90};
const uchar table1[] = {0x40,0x79,0x24,0x30,0x19,0x12,0x02,0x78,0x00,0x10};
uchar Data[4] = {0,0,0,0};
uint temp;
uchar adflag;
//延时函数
void delay(uint x)
{
```

```c
    uint a,b;
    for(a = x;a>0;a--)
        for(b = 110;b>0;b--);
}
//*************************初始化函数****************************//
void Init()
{
    temp = 0;
    TRISD = 0;PORTD = 0;        //将数码管数据口设置为输出口
    TRISA = 0x01;PORTA = 0;     //将RA0设置为输入口
    ADCON0 = 0x41;              //通道选择0,ADON = 1,A/D转换使能。转换频率为$F_{osc}/8$
    ADCON1 = 0x8E;              //结果右对齐,RA0为模拟通道,其他为数字通道
    ADIF = 0;                   //清转换完成中断标志
    ADIE = 1;                   //允许A/D转换中断
    INTCON = 0xC0;              //开总中断,开外围模块中断
    ADGO = 1;
}
//*************************中断服务函数****************************//
void interrupt AD_ISR()
{
    uint aa;
    float bb;
    ADIF = 0;
    aa = ADRESH;
    aa = aa<<8|ADRESL;
    bb = aa/1023.0 * 5.0;
    aa = bb * 1000;
    temp = aa;                  //保存转换完成后的结果
    adflag = 1;                 //A/D转换完成标志
}
void disp(uchar * p)
{
    uchar i,sel = 0xDF;
    for(i = 0;i<4;i++)
    {
        if(i == 0)
            PORTD = table1[Data[i]];
        else
```

```
            PORTD = table[Data[i]];
        PORTA = sel;
        sel = sel>>1|0x80;
        delay(1);
    }
}
void Process(uint i)
{
    Data[0] = i/1000;
    Data[1] = i%1000/100;
    Data[2] = i%100/10;
    Data[3] = i%10;
}
void main()
{
    Init();
    while(1)
    {
        if(adflag == 1)                    //查询标志位是否等于1,等于1表示转换完成
        {
            Process(temp);                 //进行处理
            adflag = 0;                    //清标志位
            ADGO = 1;                      //启动下次转换
        }
        Process(temp);                     //数据处理
        disp(Data);                        //数据显示
    }
}
```

通过以上的学习,已经掌握了 A/D 的工作原理,下面讨论定时器和 A/D 转换模块的综合应用。用定时器 0 溢出中断触发 A/D 转换,转换完成后进入中断,读取转换结果。详细的程序清单如下。

```
#include <pic.h>
#include <stdio.h>
#include <math.h>
#define uchar unsigned char
#define uint unsigned int
```

```c
__CONFIG(0x3B31);
const uchar table[] = {0xC0,0xF9,0xA4,0xB0,0x99,0x92,0x82,0xF8,0x80,0x90,0xFF};
const uchar table1[] = {0x40,0x79,0x24,0x30,0x19,0x12,0x02,0x78,0x00,0x10,0xFF};
uchar Data[4] = {5,0,0,0};
uint Adresult = 0;                    //存放转换结果
uchar Ad_Flag = 1;                    //转换完成标志,当该标志等于1时表示转换完成
//系统初始化
void initial()
{
    INTCON = 0x00;                    //关闭所有中断
    ADCON1 = 0x07;                    //将 RA 口设置为数字 I/O 口
    PIE1 = 0;
    PIE2 = 0;
    TRISD = 0;                        //设置 D 口为输出口
    TRISA = 0;                        //设置 A 口为输出口
}
void timer0()
{
    OPTION = 0x07;
    INTCON = INTCON|0x20;
    TMR0 = 0xD8;
}
void ADC_Initial()
{
    ADCON0 = 0x41;                    //$F_{osc}$/8,RA0/AN0,ADON = 1
    ADCON1 = 0x8E;                    //转换结果右对齐,将 RA0 设置为模拟输入口
    ADIF = 0;                         //清标志
    ADIE = 1;                         //允许产生中断
    TRISA = TRISA|0x01;               //设置 AN0 为模拟输入引脚
}
void Deal_AD()                        //A/D 数据处理程序
{
    uint temp;
    float adsult;
    adsult = ADRESL + (ADRESH<<8);
    Ad_Flag = 0;
    adsult = adsult * 5/1023;
    adsult = adsult * 1000;
```

```c
    Adresult = (uint)adsult;
    Data[0] = Adresult/1000;
    temp = Adresult % 1000;
    Data[1] = temp/100;
    temp = temp % 100;
    Data[2] = temp/10;
    Data[3] = temp % 10;
}
//******************************中断服务程序********************************//
void interrupt AD_TIME0_ISR()
{
    if(TMR0IF == 1)                         //查询定时器溢出标志
    {
        TMR0IF = 0;                         //清溢出标志
        TMR0 = 0xD8;                        //恢复定时器初始值
        ADCON0 = ADCON0 | 0X04;             //启动转换
    }
    if(ADIF == 1)                           //查询A/D转换是否完成
    {
        ADIF = 0;                           //转换完成将标志位清0
        Ad_Flag = 1;                        //转换完成标志
    }
}
void delay(uint x)
{
    uint a,b;
    for(a = x;a>0;a--)
        for(b = 110;b>0;b--);
}

void disp(uchar *p)
{
    uchar i,sel = 0xDF;
    for(i = 0;i<4;i++)
    {
        if(i == 0)
            PORTD = table1[*p++];
        else
```

```
            PORTD = table[*p++];
        PORTA = sel;
        sel = (sel>>1)|0x80;
        delay(2);
    }
}
void main()
{
    initial();                    //系统初始化
    timer0();                     //定时器初始化
    ADC_Initial();                //A/D初始化
    INTCON = INTCON|0xC0;         //开中断
    while(1)
    {
        disp(Data);               //显示测量值
        if(Ad_Flag==1)            //查询转换是否完成
            Deal_AD();            //数据处理
    }
}
```

第 9 章

捕捉/比较/PWM(CCP)应用

在第 7 章的学习中,曾经讲过用 CCP 触发输出来复位 TMR1,那时只是简单介绍如何设置,今天就来详细了解好用的 CCP 模块。

9.1 CCP 模块简介

CCP 是英文 Capture/Compare/PWM 的缩写,中文意思是捕捉/比较/脉冲宽度调制。CCP 模块中包含一个 16 位可读/写的寄存器。该寄存器既作为 16 位的输入捕捉寄存器,又作为 16 位的输出比较寄存器,还作为脉宽调制 PWM 输出信号的占空比设置主、从寄存器。

不同系列的 PIC 单片机,其配置 CCP 模块的数量也不同,但使用方法和工作原理都是相同的。对于 PIC16F877 单片机来说,内部配置了 2 个 CCP 模块,分别用 CCP1 和 CCP2 表示。CCP1 和 CCP2 两个模块的结构、功能及操作方法基本相同,区别仅在于它们各自都有自己独立的外接引脚,有自己独立的 16 位寄存器 CCPR1 和 CCPR2,并且寄存器的地址也不同;最重要的不同是,只有 CCP2 模块可用于触发启动数/模转换器。CCP1 模块的 16 位寄存器 CCPR1 由两个 8 位寄存器 CCPR1H 和 CCPR1L 构成,而 CCP2 模块的 16 位寄存器 CCPR2 则由另外两个 8 位寄存器 CCPR2H 和 CCPR2L 构成。这 4 个寄存器都是单独可读/写的。

捕捉模式是指单片机引脚上输入信号的状态,当信号的变化符合设定的条件时,就会产生中断,同时记录该时刻的定时器值。利用该特性可以测量引脚输入的周期性方波信号的周期、频率和占空比等,也可测量引脚输入的非周期性信号的脉冲宽度、脉冲到达时刻或脉冲消失时刻等参数。很多书称捕捉模式为输入捕捉模式。

比较模式是指当 TMR1 定时器在运行计数时与预先设定的一个计数值比较,如果相等,就会产生中断,并执行特定的任务。利用该特性可从引脚上输出不同宽度的矩形脉冲、负脉冲、延时驱动信号、可控硅导通角的控制信号和步进电机驱动信号等。很多书称比较模式为输出比较模式。

脉冲宽度调制模式是指该引脚上输出的脉冲宽度是可以调节的信号脉冲。利用该特性可以实现直流电机的转速控制和步进电机的变频控制等。脉冲周期和工作循环周期是由内部定时器比较产生的,因此也需要使用定时器。

从上述各个模式的说明中可以看出，CCP 模块工作于任何模式，都需要配合单片机内部的定时器才能实现。如表 9-1 所列，输入捕捉模式和输出比较模式需要用到定时器/计数器 TMR1，而 PWM 模式则用到定时器/计数器 TMR2，这是由 CCP 模块所使用的时钟源限制的，因此在设置 CCP 模块的使用时必须特别注意。TMR1 是 16 位定时器，因此捕捉与比较功能也就有 16 位的分辨率；而 TMR2 为 8 位定时器，因此 PWM 至少也有 8 位的分辨率。可是为什么说是"至少"呢？因为实际上与 TMR2 预分频器搭配使用，输出的 PWM 最多可以达到 10 位的分辨率。

表 9-1 CCP 模块工作模式与定时器的配合关系

CCP 模块的工作模式	定时器
捕捉模式	TMR1
比较模式	TMR1
PWM 模式	TMR2

在同一个单片机内部，不同的 CCP 模块可以工作在不同的模式下。虽然两个 CCP 模块几乎完全相同，而且互相独立，但是，它们的时钟源采用了相同的定时器模块 TMR1 和 TMR2。因此，在同时使用这两个 CCP 模块时，就应充分考虑两者之间的相互关系、相互影响和资源搭配，如表 9-2 所列。

表 9-2 CCP 模块间的相互关系

CCPx 工作模式	CCPy 工作模式	相互关系
捕捉模式	捕捉模式	相同的 TMR1 时钟源
捕捉模式	比较模式	比较器应设置成特殊事件触发器，用它将 TMR1 清 0
比较模式	比较模式	一个或两个比较器应设置成特殊事件触发器，用它将 TMR1 清 0
PWM 模式	PWM 模式	两个 PWM 将有相同的频率和刷新率以及形同 TMR2 的中断源
PWM 模式	捕捉模式	相互无影响
PWM 模式	比较模式	相互无影响

1. 两个捕捉模式之间的相互影响

当两个 CCP 模块都工作于输入捕捉模式时，定时器 TMR1 同时作为这两个捕捉器的时基，这就确定了它们具有相同的捕捉分辨率，因为捕捉分辨率是由 TMR1 的预分频器分频比和时钟源频率决定的。而时钟源可从外部 RC0/T1OSO/T1CKI 引脚输入，但必须与单片机的系统时钟同步。

2. 一个捕捉模式和一个比较模式之间的相互影响

当一个 CCP 模块工作于输入捕捉模式,而另一个工作于输出比较模式时,定时器 TMR1 同时作为这两个 CCP 模块的时基,这就确定了捕捉器和比较器具有相同的分辨率,因为捕捉器分辨率和比较器分辨率都是由 TMR1 的预分频器分频比和时钟源频率决定的。而时钟源可从外部 RC0/T1OSO/T1CKI 引脚输入,但必须与单片机的系统时钟同步。还必须注意,比较器可以进一步被设置为特殊事件触发模式,触发信号产生时将 TMR1 复位清 0。在系统设计时需要全面考虑,必须确保对 TMR1 的触发清 0 不会给捕捉器的正常操作带来任何影响。

3. 两个比较模式之间的相互影响

当两个 CCP 模块都工作于输出比较模式时,定时器 TMR1 同时作为这两个输出比较器的时基,这就确定了它们具有相同的比较分辨率,原因依然是,比较分辨率都是由 TMR1 的预分频器分频比和时钟源频率决定的。而时钟源可从外部 RC0/T1OSO/T1CKI 引脚输入,但必须与单片机的系统时钟同步。还必须注意,比较器可以进一步被设置为特殊事件触发模式,触发信号产生时将 TMR1 复位清 0。这就要求统筹考虑,在系统设计时,必须确保对 TMR1 的触发清 0 不会给比较器的正常操作带来任何影响。如果两个 CCP 模块都被指定为特殊事件触发模式,那么它们的触发信号输出都能复位 TMR1。可是,如果两个比较器的触发信号不同时出现,也就是当两个比较寄存器的设定值不相同时,那么究竟由哪个比较器完成对 TMR1 的复位呢?答案是比较寄存器值较小的比较器来复位 TMR1。

4. 两个 PWM 模式之间的相互影响

当两个 CCP 模块都工作于 PWM 模式时,定时器 TMR2 同时作为这两个 PWM 的时基,这意味着它们具有相同的 PWM 信号周期和相同的脉宽刷新率(即从属脉宽寄存器的重新装载率)。原因是,两路 PWM 信号的周期和脉宽刷新率都取决于同一 TMR2 的预分频器、时钟频率和后分频器;但两路 PWM 信号的脉宽可以不同,因为两个模块都具有自己的脉宽寄存器。

5. 一个 PWM 模式和一个捕捉模式或一个 PWM 模式和一个比较模式

两者之间没有任何影响,因为这时它们所使用的时基不同,分别是相互独立的定时器 TMR2 和 TMR1。

6. CCP 模块和定时器模块之间的相互影响

当两个 CCP 模块之间有一个被用做捕捉模式时,定时器 TMR1 就不能再做他用;当两个 CCP 模块之间有一个被用做比较模式时,定时器 TMR1 也不能再做他用;当两个 CCP 模块之间有一个被用做脉宽调制模式时,定时器 TMR2 就不能再做他用。

9.2 捕捉模式应用

前面已经介绍过,捕捉模式主要用来测量引脚输入的周期性方波信号的周期、频率和占空比等,也用于测量引脚输入的非周期性信号的脉冲宽度、脉冲到达时刻或脉冲消失时刻等参数。下面介绍与捕捉模式相关的寄存器及其具体应用。

9.2.1 捕捉模式寄存器设置

与 CCP 模块的捕捉模式相关的寄存器很多,但由于其中很多都是与其他寄存器复用的,而且这些寄存器在前面章节中都已介绍过,所以此处不再赘述。与捕捉模式相关的寄存器主要有 6 个,且由于 CCP1 和 CCP2 两模块基本一致,所以此处只对 CCP1 模块工作在捕捉模式下的相关位进行介绍,这样就只须介绍 CCP1CON、CCPR1L 和 CCPR1H 这 3 个寄存器。CCPR1L 和 CCPR1H 是 16 位 CCP1 寄存器的低字节和高字节寄存器,用来转载或抓取定时器 TMR1 的 16 位累加计数值,该值可通过内部数据总线读写。所以此处主要介绍 CCP1CON 控制寄存器,其位定义如表 9-3 所列。

表 9-3 CCP1CON 控制寄存器定义

Bit7	Bit6	Bit5	Bit4	Bit3	Bit2	Bit1	Bit0
—	—	CCP1X	CCP1Y	CCP1M3	CCP1M2	CCP1M1	CCP1M0

CCP1CON 控制寄存器是被 CCP 模块只用到低 6 位的可读/写寄存器。其最高两位未用,读出时返回 0。Bit5 和 Bit4 在捕捉模式下不使用。其余 4 位在捕捉模式下的定义如下。
CCP1M3~CCP1M0 是 CCP1 工作模式选择位。其中,CCP1M3~CCP1M2 为工作模式粗选位,分别选定禁止(00)、捕捉器(01)、比较器(10)和脉宽调制器(11)4 种之一;CCP1M1~CCP1M0 为工作模式细选位,分别在捕捉模式和比较模式下再细选其中不同的 4 种情况之一:

- ◆ 0000=关闭 CCP1 模块,即禁止 CCP1 工作以降低功耗;
- ◆ 0100=捕捉模式,捕捉 CCP1 脚送入的每一个脉冲下降沿;
- ◆ 0101=捕捉模式,捕捉 CCP1 脚送入的每一个脉冲上升沿;
- ◆ 0110=捕捉模式,捕捉 CCP1 脚送入的每第 4 个脉冲上升沿;
- ◆ 0111=捕捉模式,捕捉 CCP1 脚送入的每第 16 个脉冲上升沿;
- ◆ 10XX=比较模式,将在后面的"9.3 比较模式应用"一节中介绍;
- ◆ 11XX=PWM 模式,低 2 位不起作用。

9.2.2 捕捉测量信号频率

在应用之前,首先介绍一下捕捉模式的工作原理。当 CCP1 模块工作于捕捉模式时,一旦在引脚 CCP1 上出现脉冲下降沿、脉冲上升沿、每出现 4 个脉冲上升沿或每出现 16 个脉冲上升沿这四种事件时,CCP1 寄存器立即捕捉下这一时刻的 TMR1 计数值。对于究竟是哪种事件的发生触发了 CCP1 的捕捉行动,则由 CCP1 的控制寄存器设定。当一个捕捉事件发生后,硬件自动将 CCP1 的中断标志位 CCP1IF 置 1,表示产生了一次 CCP1 捕捉中断。CCP1IF 位必须用软件重新清 0。当 CCPR1 寄存器中的值还未被程序读取,而又有一个新的捕捉事件发生时,原先的值将被新的值覆盖。

首先对 CCP1 引脚设定。在捕捉模式下,RC2/CCP1 脚必须由相应的方向控制寄存器 TRISC 的 Bit2 设定为输入方式。假如该引脚被设置为输出方式,那么每个写该端口的操作都会构成一次捕捉条件。

若使 CCP1 工作于捕捉模式,则 TMR1 必须设定为定时器工作方式或同步计数器方式。如果 TMR1 工作于异步计数器方式,则 CCP1 在捕捉模式下就不能进行正常操作。

当 CCP1 模块从捕捉模式改变为其他工作模式时,可能会产生一次错误的捕捉中断。因此,在改变捕捉模式之前,必须清除 CCP1IE 中断使能位(PIE1 的 Bit2)以屏蔽 CCP1 中断请求;并且在捕捉模式改变之后,等待中断标志位 CCP1IF(PIR1 的 Bit2)清 0,以免引起 CPU 的错误响应。

通过对 CCP1 控制寄存器的 CCP1M3~CCP1M0 的设置,可以选择几种不同的分频比以及设定不同的边沿检测状态。如果 CCP1 模块被关闭或被设定为非捕捉工作模式,则其预分频器计数器被清 0。任何对单片机的复位方式都将预分频器复位清 0。

下面是具体的程序。

```c
#include <pic.h>
#include <stdio.h>
#include <math.h>
#define uchar unsigned char
#define uint unsigned int
__CONFIG(0x3B31);
const uchar table[] = {0xC0,0xF9,0xA4,0xB0,0x99,0x92,0x82,0xF8,0x80,0x90,0xFF};
const uchar table1[] = {0x40,0x79,0x24,0x30,0x19,0x12,0x02,0x78,0x00,0x10,0xFF};
bank3 int cplz[11];
uchar Data[4] = {0,0,0,0};
uchar index = 0,cnt = 0x01,dot,flag;
double value,pulse_width;
```

```c
union cpl
{
    int y1;
    uchar cple[2];
}cplu;
void ccp_int()
{
    CCP1CON = 0x05;         //CCP1M3～CCP1M0 = 0101 捕捉方式,捕捉每个上升沿
    T1CON = 0x00;           //定时器 1 工作在定时器方式,计数频率为 $F_{osc}/4$
    CCP1IE = 1;             //允许捕捉中断
    TRISC2 = 1;             //将 RC2 口设置为输入口
}
void init()
{
    ADCON1 = 0x07;          //将 A 口设置为输入口
    TRISD = 0;              //将段码口设置为输出口
    TRISA = 0;              //将位选口设置为输出口
    TRISB = 0x0F;           //将 B 口低 4 位设置为输入口
    PORTD = 0xFF;
    PORTA = 0xFF;
}
void interrupt ccp()
{
    CCP1IF = 0;
    cplu.cple[0] = CCPR1L;
    cplu.cple[1] = CCPR1H;
    cplz[index] = cplu.y1;
    CCP1CON = CCP1CON^0x01;
    index ++;
}

void mes_period()
{
    uint temp;
    temp = cplz[10] - cplz[0];
    value = (double)temp;
    value = value/5;
}
```

```c
void mes_frequent()
{
    mes_period();
    value = 1000000/value;
}
void mes_pulse()
{
    uchar i;
    uint temp;
    double sum;
    for(i = 0;i<9;i = i + 2)
    {
        temp = cplz[i + 1] - cplz[i];
        sum = (double)temp + sum;
    }
    value = sum/5;
}
void mes_occpu()
{
    mes_pulse();
    pulse_width = value;
    mes_period();
    value = pulse_width/value;
}

void compute()
{
    if(cnt == 0x01) mes_period();
    if(cnt == 0x02) mes_frequent();
    if(cnt == 0x03) mes_pulse();
    if(cnt == 0x04) mes_occpu();
}
void process()
{
    uint temp;
    if(value<1) {value = value * 1000;dot = 0;}
    else if(value<10) {value = value * 1000;dot = 0;}
    else if(value<100){value = value * 100;dot = 1;}
    else if(value<1000){value = value * 10;dot = 2;}
```

```c
        else value = value;
    temp = (uint) value;
    Data[1] = temp/100;
    Data[2] = temp % 100/10;
    Data[3] = temp % 10;
}
void delay(uint x)
{
    uint a,b;
    for(a = x;a>0;a--)
        for(b = 110;b>0;b--);
}

void disp(uchar * p)
{
    uchar i,sel = 0xDF;
    for(i = 0;i<4;i++)
    {
        PORTD = table[Data[i]];
        PORTA = sel;
        sel = sel>>1|0x80;
        delay(1);
    }
}
void keyscan()
{
    uchar key = PORTB;
    if((key&0x0F)! = 0x0F)
    {
        delay(50);
        key = PORTB;
        if((key&0x0F)! = 0x0F)
        {
            switch(key)
            {
                case 0x0E:
                {
                    cnt++;
                    if(cnt>4) cnt = 0x01;Data[0] = cnt;break;
```

```c
            }
            case 0x0D:
            {
                cnt--;
                if(cnt<1) cnt = 0x04;Data[0] = cnt;break;
            }
            case 0x0B: flag = 0;break;
            default:break;
        }
    }
}
void main()
{
    while(1)
    {
        ccp_int();
        init();
        TMR1H = 0;
        TMR1L = 0;
        CCP1IF = 0;
        INTCON = INTCON|0xC0;
        TMR1ON = 1;
        while(index! = 11);
        INTCON = INTCON&0x7F;
        TMR1ON = 0;
        keyscan();
        flag = 1;
        while(flag == 1)
        {
            keyscan();
            compute();
            process();
            disp(Data);
        }
    }
}
```

9.3 比较模式应用

比较模式可用于从引脚上输出不同宽度的矩形脉冲、负脉冲、延时驱动信号、可控硅导通角的控制信号和步进电机驱动信号等。

9.3.1 比较模式寄存器设置

比较模式下各相关寄存器的情况与捕捉模式下的几乎完全相同,前面已经介绍,只是控制寄存器 CCP1CON 的 Bit3 赋值的内容不同而已。CCP1CON 的低 4 位在比较模式下的定义如下。

CCP1M3～CCP1M0 为 CCP1 工作模式选择位。其中,CCP1M3～CCP1M2 为工作模式粗选位;CCP1M1～CCP1M0 为工作模式细选位,在比较模式下再细选 4 种情况之一:

◆ 0000＝关闭 CCP1 模块,即禁止 CCP1 工作以降低功耗。
◆ 01XX＝捕捉模式,在"9.2 捕捉模式应用"一节中已介绍过。
◆ 1000＝比较模式,如果匹配,CCP1 脚输出高电平,CCP1IF 置 1。
◆ 1001＝比较模式,如果匹配,CCP1 脚输出低电平,CCP1IF 置 1。
◆ 1010＝比较模式,如果匹配,CCP1 脚不变,CCP1IF 置 1,产生软件中断。
◆ 1011＝比较模式,如果匹配,CCP1 脚不变,CCP1IF 置 1,触发特殊事件,即 CCP1 将复位 TMR1,CCP2 将复位 TMR1 和启动 A/D 转换器(若 A/D 转换器被使用)。
◆ 11XX＝脉宽调制(PWM)模式,低 2 位不起作用。

9.3.2 比较模式应用实例

当 CCP1 模块工作于比较模式时,不断用 16 位 CCPR1 寄存器值与 TMR1 寄存器中的累加值做比较。如果两者匹配,就会出现以下 4 种情况之一:引脚电平变高,可用于驱动外接电路;引脚电平变低,可用于驱动外接电路;引脚电平维持原状,内部产生软件中断;引脚电平维持原状,内部触发特殊事件。但究竟哪种情况发生,则由寄存器 CCP1CON 的低 4 位设定。总之,当一次比较匹配发生后,都会由硬件自动将中断标志位 CCP1IF 置 1,表示产生了一次 CCP1 比较器中断。在 CPU 响应中断后,CCP1IF 位必须用软件清 0。

首先对 CCP1 引脚进行设定。在比较模式下,RC2/CCP1 引脚必须由相应的 TRISC 的 Bit2 设定为输出方式,以便作为比较器的输出端使用。

当需要 CCP1 工作于比较模式时,TMR1 必须设定为定时器方式(时钟源取自内部指令周期)或同步计数器方式(时钟源取自外部引脚或自带振荡器)。如果 TMR1 工作于异步计数器工作方式,则 CCP1 在比较工作模式下就不能进行正常操作。

当控制位 CCP1M3～CCP1M0＝1010 时,CCP1 模块被设定在 4 种比较模式之一的产生软件中断方式。这时,如果比较器出现匹配,则 RC2/CCP1 引脚不受影响,而 CCP1IF 却被置 1。

如果该中断标志位不受屏蔽,则会引起一次 CPU 的中断响应。

当控制位 CCP1M3～CCP1M0＝1011 时,CCP1 模块被设定在 4 种比较模式之一的触发特殊事件方式。这时,如果比较器出现匹配,将会产生一个内部硬件触发信号,可用它来启动一项特殊操作。对于 CCP1 模块而言,该特殊事件触发信号的输出不仅会置位相应的中断标志位 CCP1IF,而且还会自动复位 TMR1。这一特点使得 CCPR1 可以有效地成为 16 位定时器 TMR1 的一个 16 位可编程的周期寄存器。如果对于 CCP2 模块而言,特殊事件触发信号的输出会置位相应的中断标志位 CCP2IF,也会自动复位 TMR1。这也使得 CCPR2 可以有效地成为 16 位定时器 TMR1 的一个 16 位可编程的周期寄存器;另外,CCP2 模块比 CCP1 模块多出了一项功能,即特殊事件触发信号的输出还可以启动一次 A/D 转换器的数/模转换操作(如果单片机内部带有的 A/D 转换器处于使能状态的话)。

应该注意:CCP1 模块或 CCP2 模块的特殊事件触发虽然都会把 TMR1 清 0,但是,都不会将 TMR1IF 同时也置 1,这样有利于简化中断处理程序的编写。

下面来看一个具体的程序。

```c
#include <pic.h>
#include <stdio.h>
#include <math.h>
#define uchar unsigned char
#define uint unsigned int
__CONFIG(0x3B31);
const uchar table[] = {0xC0,0xF9,0xA4,0xB0,0x99,0x92,0x82,0xF8,0x80,0x90,0xFF};
const uchar table1[] = {0x40,0x79,0x24,0x30,0x19,0x12,0x02,0x78,0x00,0x10,0xFF};
uchar Data[4]={0,0,0,0};
uchar Time_NO = 0;
uchar Out_Flag = 0;
uchar LED = 0;
void initial()
{
    INTCON = 0x00;
    ADCON1 = 0x07;
    PIE1 = 0;
    PIE2 = 0;
    TRISD = 0;
    TRISA = 0;
}
void CCPinitial()
{
    TRISC2 = 0;                    //设置 CCP1(RC2)引脚为输出方式
```

```c
    TMR1H = 0xC3;
    TMR1L = 0x50;
    T1CON = 0x21;
    CCP1IE = 1;
    CCP1CON = 0x0A;
}
void interrupt HI_isr()
{
    if(CCP1IF == 1)
    {
        CCP1IF = 0;
        Time_NO++;
        if(Time_NO >= 4)
        {
            Time_NO = 0;
            Out_Flag = 1;
        }
    }
}

void main()
{
    initial();
    CCPinitial();
    INTCON = INTCON|0xC0;
    while(1)
    {
        if(Out_Flag == 1)
        {
            Out_Flag = 0;
            LED = ~LED;
            PORTD = LED;
        }
    }
}
```

9.4 PWM 模式应用

PWM 模式可以实现直流电机的转速控制和步进电机的变频控制等。

9.4.1 PWM 模式寄存器设置

PWM 模式下各相关寄存器的情况与前面的有很多相同,前面已经介绍,只是控制寄存器 CCP1CON 的 Bit5 和 Bit4 的内容不同而已。CCP1CON 各位的含义如下。

CCP1X~CCP1Y 为脉宽寄存器低端补充位。在 PWM 模式下作为其脉宽寄存器的低 2 位,高 8 位在 CCPR1L 中。

CCP1M3~CCP1M0 为 CCP1 工作模式选择位。与 PWM 模式相关的取值是:

◆ 0000=关闭 CCP1 模块,即禁止 CCP1 工作以降低功耗;

◆ 11XX=PWM 模式,低 2 位不起作用。

9.4.2 PWM 模式下控制电机调速

当把 CCP 模块当做脉宽调制器使用时,进行以下操作步骤:

① 向周期寄存器 PR2 中写入预定值,以确定 PWM 信号周期。

② 向寄存器 CCPR1L 和控制寄存器 CCP1CON 的 Bit5~Bit4 中写入预定值,以确定 PWM 信号脉宽。

③ 通过对 TRISC 的 Bit2 清 0,以设定 CCP1 脚为输出状态。

④ 通过对控制寄存器 T2CON 的写入,以设定预分频器分频比和启用定时器 TMR2。如果有必要,还可同时设定后分频器的分频比。

⑤ 通过写入控制寄存器 CCP1CON 的低 4 位,来设定 CCP1 模块为 PWM 模式。

下面来看一个具体的程序。

```
#include <pic.h>
#define uchar unsigned char
#define uint unsigned int
#define BP RE0
__CONFIG(0x3B31);
void delay(uchar i)
{
    for(;i>0;i--);
}
```

```c
void beep(uchar i)
{
    for(;i! = 0;i--)
    {
        BP = 0;
        delay(150);
        BP = 1;
        delay(150);
    }
    BP = 1;
}

void init()
{
    INTCON = 0x00;                  //关总中断
    ADCON1 = 0x07;                  //设置数字量输入/输出口
    PIE1 = 0;
    PIE2 = 0;
    TRISB0 = 1;
    TRISB1 = 1;
    TRISE0 = 0;
    RE0 = 1;
}

void PWM_Init()
{
    TRISC2 = 0;
    PR2 = 0xFF;
    CCPR1L = 0x7F;
    CCP1CON = 0x3C;                 //CCP1 模块工作于 PWM 模式,占空因数的低两位为 11
                                    //$T_{PWM} = (PR2 + 1) * 4 * T_{OSC} * $(TMR2 前分频值)
    T2CON = 0x04;                   //打开 TMR2,且前后分频值为 1:1,同时开始输出 PWM
    CCP1IE = 0;
}

void keyscan()
{
    if(RB0 == 0)
    {
        delay(50);
        if(RB0 == 0)
```

```c
            {
                beep(40);
                while(!RB0);
                CCPR1L = CCPR1L + 10;                      //调整脉宽
            }
        }

        if(RB1 == 0)
        {
            delay(50);
            if(RB1 == 0)
            {
                beep(40);
                while(!RB1);
                CCPR1L = CCPR1L - 10;
            }
        }
}
void main()
{
    init();
    PWM_Init();
    while(1)
    {
        keyscan();
    }
}
```

第 10 章

休眠、看门狗和 EEPROM 应用

大家可能听说过"看门狗"这个词儿,但对它的作用是否很清楚呢?事实上,有了"看门狗",单片机就拥有了一双"不眠的眼睛"。下面就先学习一下它的原理。

10.1 看门狗原理

现在,很多单片机内部都已经集成了看门狗,而不需要再外接看门狗芯片。看门狗在系统安全上起到了重要作用。究竟什么是看门狗呢?看门狗是如何防止程序"跑飞"的呢?要想弄清楚这些问题,就要从看门狗的基本原理入手。

10.1.1 WDT 基本原理

随着单片机技术的发展和制造工艺的日臻成熟,单片机的应用领域不断拓宽。但是,由于单片机自身的抗干扰能力较差,特别是在一些条件比较恶劣、噪声大的场合,常常会出现单片机因受外界干扰而死机的现象,造成系统不能正常工作。尽管人们想尽办法、千方百计地提高系统的可靠性,但达到绝对可靠仍难以实现。单片机正常工作的过程,实质上就是单片机按照程序设计人员在程序中预先规定好的路线周而复始地逐条执行指令的过程。对于单片机工作过程的失常,具体来说,当系统受到干扰时,程序脱离了正常的行走轨道,使执行过程发生混乱(俗称"跑飞"),要么使用户程序陷入死循环而造成死机,要么使用户数据遭到破坏或丢失。单片机的失常,就像断了线的风筝,令人无法掌控,进入了一种未知的状态。

看门狗定时器 WDT(WatchDog Timer)是一个自己有独立振荡时钟源的定时器,与单片机提供的其他定时器的用处不同,它最主要的目的是防止程序代码流程由于人为错误而导致系统停止。对一般情况来说,程序代码越长,程序调试的难度也会随之增加,因此可能会造成一些程序流程上的错误,轻者可能会导致控制上的错误,重者可能使系统瘫痪,造成死机。WDT虽然不一定是起死回生的灵丹妙药,但却可以在程序编写时让人们了解是否有这样的情况发生,以便做出适当的处理动作。

WDT 有自己独立的时钟供应,所以不需外接任何元器件,因此即使 OSC1/CLKIN 和 OSC2/CLKOUT 引脚的系统时钟不工作了,WDT 照样可以监视定时。WDT 的使用也不需像其他定时器一样要进行许多设置,当激活 WDT 之后,会和一般定时器一样逐增计数,其计时周期为 18 ms。在一般情况下,当完成一个计数周期时,WDT 会产生一个复位信号来复位系统,该复位称为 WatchDog Timer Reset;也会将 STATUS 寄存器中的 TO 位清零,表示系统发生了 WDT 复位。如果单片机处于睡眠模式下,WDT 的复位则会把系统从睡眠模式下唤醒,然后继续睡眠状态前的指令流程。是否使用 WDT 可从单片机配置字的 WDTE 位来设定,该配置字位于程序存储器中,也就是在烧写单片机时,才来决定是否使用 WDT。

WDT 的 Time-out 指完成一个计时周期的时间,一般称为 WDT 的超时。该时间约为 18 ms,但事实上随着使用电压、温度等因素的影响,会有一些具体的差异。

另外,在后面介绍定时器 0 的内容时,会提到定时器 0 的预分频器是与 WDT 共享的,如果加上该预分频器的调整,则计时周期最长可达 2.3 s(18 ms×128 = 2.304 s)。预分频器的相关设置在 OPTION_REG 寄存器中完成,OPTION_REG⟨2:0⟩ 的 PS2~PS0 这 3 位决定了预分频器的比例,OPTION_REG⟨3⟩ 是 PSA 位,决定该预分频器是给定时器 0 或 WDT 使用。若给 WDT 使用,则 PSA 位设置为 1。

当使用 WDT 来预防死机情况的发生时,必须要在程序流程中定时地清除 WDT,否则就失去了使用 WDT 的意义。PIC 指令集中提供了一个 CLRWDT 指令来将 WDT 的计时值归零。如果使用预分频器,则也会同时把预分频器的值归零。另外,执行 SLEEP 指令也会把 WDT 和预分频器的值归零(如果 WDT 使用预分频器的话)。通过在程序中使用指令定时清除 WDT,可在正常运行情况下避免 WDT 复位的发生,因此,一旦发生 WDT 的复位,则表示程序的执行已经不在计划之中了。而在每次程序开始时检查 TO 位,可以了解单片机是一般的复位启动还是 WDT 的复位启动,然后再来做适当的处理动作。图 10 - 1 为 WDT 的内部结构。

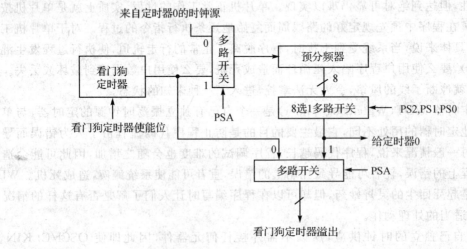

图 10 - 1 WDT 的内部结构

10.1.2 WDT 相关寄存器

表 10-1 是与 WDT 有关的寄存器列表。在 PIC16F877 单片机的 RAM 数据存储器区域中,与 WDT 有关的特殊功能寄存器有 2 个,即选频寄存器 OPTION_REG 和状态寄存器 STATUS,如表 10-1 所列。另外,在 PIC16F877 单片机的 Flash 程序存储器空间之内的系统配置字也与 WDT 有关。在表 10-1 中,有阴影的部分表示与 WDT 无关的位。

表 10-1 与 WDT 有关的寄存器

名称	寄存器符号	寄存器内容								
		Bit13～8	Bit7	Bit6	Bit5	Bit4	Bit3	Bit2	Bit1	Bit0
选频	OPTION_REG	无 Bit13～8	$\overline{RBPU}$	INTEDG	T0CS	T0SE	PSA	PS2	PS1	PS0
状态	STATUS	无 Bit13～8	IRP	RP1	RP0	$\overline{TO}$	$\overline{PD}$	Z	DC	C
配置字	Config. Word	有 Bit13～8	LVP	BODEN	CP1	CP0	$\overline{PWRTE}$	WDTE	FOSC1	FOSC2

10.1.3 使用 WDT 注意事项

在使用看门狗或对其进行编程时,要注意以下几点:

① 看门狗清 0(即"喂狗")指令 CLRWDT 和睡眠指令 SLEEP,不仅可以对看门狗计时器清 0,还可以同时把分频器清 0,当然这是在分频器已经配置给 WDT 使用的前提下,但是,分频器的分频比以及配置关系不会改变。

② 如果分频器配置给看门狗使用,那么分频比一旦设定好之后,OPTION_REG 的内容就应该保持恒定。因为当这些因素确定后,看门狗 WDT 的超时溢出周期也就随之确定,用户程序中安置看门狗清 0 的 CLRWDT 指令的时间间隔也就随之确定。假设由于意外因素使看门狗的溢出周期在原先设定值的基础上有所减小,则按原先看门狗溢出周期设定值在程序中安置的看门狗清 0 指令,自然就不能满足及时清除看门狗计时器的需要了,其结果会导致看门狗在单片机正常执行程序期间不停地溢出复位。这样,看门狗不但不能监控单片机出现程序跑飞,反而还扰乱了单片机正常程序的执行过程。因此,程序最后每隔一段时间就把选项寄存器刷新一遍,以应对在噪声环境之下,OPTION_REG 的内容可能因为干扰而被意外改变。

③ 看门狗一旦被启用,也就是在烧写系统配置字时,WDTE 位一旦定义为 1,那么看门狗将会永无休止地进行累加计时,并且只要累计到最大值,它就产生溢出信号,即使单片机进入了睡眠状态,也会一刻不停歇。用户程序无法将其关闭,如果不想让它产生溢出信号,只能在它每次累计到将要溢出之前,频繁地对其进行清 0 操作。

10.2 休眠节电模式及其激活

休眠节电模式也是单片机的一种工作模式,在手持设备等电池供电场合中应用非常广泛,它可以在不使用设备的情况下节省电能,增加待机时间,减小功耗。下面介绍如何应用休眠节电模式。

10.2.1 休眠模式简介

通过执行 SLEEP 指令进入掉电模式。如果使能掉电模式,则看门狗定时器将被清零,但是保持运行,$\overline{PD}$位(STATUS⟨3⟩)被清零,$\overline{TO}$位(STATUS⟨4⟩)被置1,并且振荡器分频器被关闭。I/O端口保持执行 SLEEP 指令前的状态(驱动为高电平、低电平或高阻抗)。

要使在休眠模式下电流消耗最小,就要把所有的 I/O 引脚都接到 VDD 或 VSS 引脚上,并确保没有外部电路从该 I/O 引脚分流,同时关闭 A/D 转换器,禁用外部时钟。为了避免输入端悬空而引起开关电流,应从外部拉高或拉低所有高阻抗输入的 I/O 引脚。将 T0CKI 的输入设置为 VDD 或 VSS,使电流消耗最小;同时还要考虑端口 B 上片内上拉电阻造成的影响。$\overline{MCLR}$引脚必须为逻辑高电平(VIHMC)。

10.2.2 从休眠到唤醒状态

通过下列事件之一可唤醒器件:
① 来自引脚$\overline{MCLR}$的外部复位输入信号;
② WDT 唤醒(如果 WDT 被使能);
③ 因 INT 引脚和端口 B 上电平变化所引起的中断信号或外设中断信号。

下列外设中断可将器件从休眠状态唤醒:
① DSP 读或写;
② TMR1 中断,定时器 1 必须用做异步计数器;
③ TMR3 中断,定时器 3 必须用做异步计数器;
④ CCP 捕捉模式中断;
⑤ 特殊事件触发(定时器 1 工作在使用外部时钟的异步模式下);
⑥ MSSP(START/STOP)位检测中断;
⑦ MSSP 在从动模式下发送或接收(SPI/I²C);
⑧ USART 的 RX 或 TX(同步从动模式);
⑨ A/D 转换(当 A/D 时钟源是 RC 模式);
⑩ EEPROM 写操作完成,LVD(低电压监测)中断。

其他外设不能产生中断,因为在休眠期间没有片内时钟在工作。外部$\overline{MCLR}$复位将会导致器件的复位。所有其他事件都被认为是程序执行的后续步骤，并将引起"唤醒"。RCON 寄存器中的 $\overline{TO}$ 和 $\overline{PD}$ 位可用来确定引起器件复位的原因。$\overline{PD}$ 位在上电时被置 1，当执行 SLEEP 指令时被清零。如果发生 WDT 超时（导致唤醒），则 $\overline{TO}$ 位被清零。

在执行 SLEEP 指令时，下一条指令（PC+2）被预先取出。如果希望通过中断事件来唤醒器件，则相应的中断使能位必须置 1（使能）。唤醒与 GIE 位的状态无关。如果 GIE 位清零（禁止），则器件将继续执行 SLEEP 后面的指令。如果 GIE 位置 1（使能），则器件在执行完 SLEEP 指令后的一条指令之后，将会跳转到中断地址。如果不希望执行 SLEEP 指令后的指令，则应该在 SLEEEP 指令后加一个 NOP 指令。

10.2.3 中断唤醒应用

当禁止全局中断（GIE 位清零），且任何中断源的中断使能位和中断标志位均置 1 时，将会发生下列事件之一：

① 如果某个中断（中断标志位和中断使能位都被置 1）在执行 SLEEP 之前发生，则 SLEEP 指令将作为 NOP 结束。因此，WDT 和 WDT 后分频器不会被清零，$\overline{TO}$ 位不会被置 1，而 $\overline{PD}$ 位也不会被清零。

② 如果在 SLEEP 指令执行时或执行后发生中断，则器件立即从休眠状态被唤醒。SLEEP 指令将在唤醒之前完成执行。因此 WDT 和 WDT 后分频器将被清零，$\overline{TO}$ 位被置 1，而 $\overline{PD}$ 位被清零。

即使在执行 SLEEP 指令之前检验了标志位，这些位也可能在 SLEEP 指令完成之前被置 1。要确定是否执行了 SLEEP 指令，可以测试 $\overline{PD}$ 位。如果 $\overline{PD}$ 位被置 1，说明 SLEEP 指令已作为一条 NOP 指令来执行。

在 SLEEP 指令之前，应先执行一条 CLRWDT 指令，以确保 WDT 被清零。通过中断将系统从休眠状态唤醒的时序如图 10-2 所示。

从图 10-2 可以清晰地看出：

◆ 在单片机执行完 SLEEP 指令之后，第 PC+1 条指令已经被抓取。

◆ 在单片机执行完 SLEEP 指令之后，在下一个指令周期中系统时钟很快停振，使单片机进入休眠状态。

◆ 当中断标志位建立起来时，开始启动系统时钟，在经过一个振荡器起振定时器 OST 延时周期 $T_{OST}=1\,024T_{OSC}$ 之后，单片机才开始进入工作状态。

◆ 单片机进入工作状态开始执行的第一条指令便是时钟停振之前抓取的那条指令，即 SLEEP 之后的下一条指令。

◆ 在执行完入睡之前预抓取的指令之后，时序图中插入了一个无作为指令周期；然后下一个指令周期开始抓取指令；再下一个指令周期，便开始执行指令和抓取指令并行完成，进入正常运作状态。

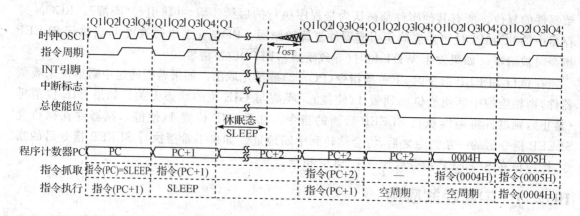

图 10-2 通过中断将系统从休眠状态唤醒

10.3 数据存储器 EEPROM 应用

从 EEPROM 的名称 Electrical Erasable Programmable ROM 来看，就可以大概了解 EEPROM 的特性了。EEPROM 属于只读存储器，是一种可用电气方式擦除内容的只读存储器。由于是 ROM，因此当 EEPROM 的供应电源消失后，里面的数据还是可以保持住，待下一次接上电源后，EEPROM 的数据内容仍可以存取而不会流失。因此，EEPROM 最常见的应用就是储存一些使用者自定义的参数。这是因为这些参数会根据使用者的操作而改变，如果将它们保存在一般的数据存储器（Data RAM）中，一旦系统失去电源再重开时，这些数据就会流失。为了防止数据流失，就要将它们保存在程序存储器中，而且该程序存储器还必须为 Flash 版本才行；否则就会像 OTP 或者 EPROM 型程序存储器那样，只能通过烧写的方式写入。而在单片机一般的工作情况下，对程序存储器进行写入是不可行也是不允许的。针对以上情况，使得 EEPROM 成为一个很好的存储媒体选择。

对于 EEPROM 的使用方式，通常是先根据单片机所支持的通信方式来选择合适的单片机种类，其次根据数据量和格式来决定 EEPROM 的容量，再次进行硬件设计和接线，最后用软件控制来完成对 EEPROM 的数据存取。

选择 EEPROM 的第一步是确定选用哪一种通信协议的 EEPROM，较常见的有 3 种：24 系列的 I^2C 通信方式、25 系列的 SPI 通信方式以及 93 系列的 Microwire 通信方式。这 3 种不同的 EEPROM 通信标准，在 Microchip 中都有一系列完整的产品，当然其他公司也有兼容的产品，可以根据自己的需求来决定。在写入或擦除 EEPROM 时都会花较多时间，因此通常会使用中断来配合控制，在使用 EEPROM 时要特别注意时序上的问题。

在单片机的应用中外挂 EEPROM 是常见的设计，不过会占用单片机的一些 I/O 引脚，因此在 Microchip 一些较新的单片机中已经推出了内置 EEPROM 的单片机,像 PIC12CEXX 系列单片机就是内置了 I²C 通信方式的 EEPROM。不过 PIC16F877 内置的 EEPROM 不是使用 I²C 的通信方式,从使用者观点来看,是采用类似于间接寻址的方式来存取 EEPROM,因此使得控制更加简单。

10.3.1 与 EEPROM 相关的寄存器

与 EEPROM 数据存储器相关的特殊功能寄存器共有 7 个,另外还有 1 个系统配置字,现归纳在表 10-2 中。这 7 个寄存器都具有在 RAM 地址空间中统一编码的地址。

表 10-2 与 EEPROM 数据存储器有关的特殊功能寄存器

寄存器名称	寄存器符号	寄存器地址	寄存器内容							
			Bit7	Bit6	Bit5	Bit4	Bit3	Bit2	Bit1	Bit0
中断控制寄存器	INTCON	0BH/8BH/10BH/18BH	GIE	PEIE	T0IE	INTE	RBIE	T0IF	INTF	RBIF
地址寄存器	EEADR	10DH	A7	A6	A5	A4	A3	A2	A1	A0
数据寄存器	EEDATA	10CH	D7	D6	D5	D4	D3	D2	D1	D0
读/写控制第 1 寄存器	EECON1	18CH	EEPGD	—	—	—	WRERR	WREN	WR	RD
写控制第 2 寄存器	EECON2	18DH	(不是物理上实际存在的寄存器)							
第 2 外设中断标志寄存器	PIR2	0DH	—	—	—	EEIF	BCLIF	—	—	CCP2IF
第 2 外设中断使能寄存器	PIE2	8DH	—	—	—	EEIE	BCLIE	—	—	CCP2IE
系统配置字	Config. word	2007H	LVP	BODEN	CPI	CP0	PWRTE	WDTE	FOSC1	FOSC2

1. EEPROM 地址寄存器 EEADR

EEADR 是一个可读寄存器。它可作为访问 EEPROM 某一指定单元的地址寄存器,也就是,将欲访问的单元地址预先传入寄存器中。

2. EEPROM 数据寄存器 EEDATA

EEDATA 寄存器是一个可读/写寄存器。它暂存即将烧写到 EEPROM 某一指定单元的数据,或者暂存已经从 EEPROM 某一指定单元读出的数据。

3. EEPROM 读/写控制第 1 寄存器 EECON1

EECON1 寄存器中的 EEPGD 位用来选择对 EEPROM 或 Flash ROM 存取,因为存取的 EEPROM 和 Flash ROM 的寄存器都是共享的,因此在使用前要先设置或清除该位。如果是对 Flash ROM 存取,那么 EEPGD 位必须置 1;如果是对 EEPROM 存取,则该位必须清零。

WR 和 RD 位分别用来开始写入和读取的动作,单片机会自动在完成读取或写入动作之后将对应的位清零。因此要特别注意,这两位只能设置,不能清除,其最主要的目的是避免当内部的写入程序还在进行时,意外地被使用者中断。

如果在内部写入程序时,单片机突然断电或发生复位,则此时 WRERR 位会记录下该情形,除了 $\overline{MCLR}$ 引脚的复位外,WDT 的复位所造成的写入程序中断也会被记录下来。因此使用者只要在单片机程序开始时检查该位,就可知道之前的写入是否成功。而复位后的 EEPGD 位以及数据寄存器和地址寄存器的内容仍会维持在复位之前的状态。

EECON1 寄存器的另一个位是 WREN 位,用来控制是否允许写入的动作,这样的功能实际上在大部分的 EEPROM 上都能看到,最主要的工作就是防止一些意外信号的写入,以免造成数据的改变或损坏。因此,在单片机复位后的状态中,该位为 0,也就是禁止写入。

10.3.2 EEPROM 的读取

读取 EEPROM 较容易,只要设置好相关的寄存器即可,具体步骤如下:
① 把要读取的 EEPROM 地址存放到 EEADR 寄存器中;
② 清除 EECON1 寄存器的 EEPGD 位,表示选择 EEPROM 用做存取;
③ 将 EECON1 寄存器的 RD 位置 1,允许读取的动作。

设置好相关寄存器之后读取 EEDATA 寄存器,即可得到所要读取的 EEPROM 地址内容。

读取 EEPROM 的速度很快,在设置 RD 位后的下一个指令周期就可立刻从 EEDATA 寄存器中读出内容,而 EEDATA 寄存器中的内容也会一直保持住,直至下一次的读取或使用者有写入时才会改变。

10.3.3 EEPROM 的写入

EEPROM 的写入比读取要麻烦一些,因为其中要包含一段关于 EECON2 寄存器所必需的程序代码。写入的具体步骤如下:
① 把要写入 EEPROM 的地址存放到 EEADR 寄存器中;
② 把要写入 EEPROM 的数据存放到 EEDATA 寄存器中;
③ 清除 EECON1 寄存器的 EEPGD 位,表示选择 EEPROM 用做存取;
④ 设置 EECON1 寄存器的 WREN 位,允许写入的动作;

⑤ 暂时关掉全局中断允许位 GIE 以屏蔽所有的中断；

⑥ 加上一段 Microchip 规定的程序代码，主要是先后将值 55H 和 AAH 写入 EECON2 中，然后再将 EECON1 的 WR 位置 1；

⑦ 开启全局中断允许位 GIE，再度允许之前的中断；

⑧ 清除 EECON1 中的 WREN，再次进入写保护模式；

⑨ 等待写入动作的完成，可用 EEIF 中断方式来了解写入是否完成。

整个过程中比较特别的是第⑥步，这是 Microchip 的 Data Book 中所要求的，而暂时屏蔽所有中断的发生也是 Microchip 所建议的，而且是强烈建议！在 EEPROM 的写入程序代码结束之后，写程序的动作才算完成，但此时单片机内部的写入还需要一段时间才能完成，此时把 WREN 位清 0 并不会影响内部的写入程序。这样的好处是能让 EEPROM 处在一个较好的写保护环境中，这也是使用 EEPROM 的一个习惯建议，即只有在要使用时才解除写保护，写入完成后就把写保护功能打开。另外，在设置 WR 位之前，WREN 位一定要先设置好，否则 WR 位的设置将不起作用。这句话隐藏的另一个含意是：WREN 位不能和 WR 位一起设置，WREN 位至少要比 WR 位提前一个指令周期设置。换句话说，要用 BSF 指令来依次设置这两个位，而不要用整个字节写入的方式来设置。

10.4 编程

例 1：看门狗复位。图 10 - 3 是看门狗复位例程的流程图。在调试程序中可选分频值为 1 : 128，复位时间为 2.3 s。

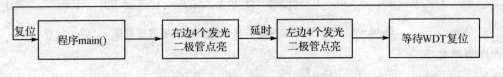

图 10 - 3 看门狗复位流程图

程序清单如下。

```
/*******************************************************************/
# include <pic.h>          /* PIC16 系列的头文件 */
__CONFIG(0x3B35);
unsigned int i = 0;         /* 循环变量 */
void initial()
{
    INTCON = 0x00;          /* Bit7~Bit0:关总中断 */
    ADCON1 = 0x07;          /* 设置数字输入/输出口 */
```

```
    PIE1 = 0;                   /* PIE1 的中断不使能 */
    PIE2 = 0;                   /* PIE2 的中断不使能 */
}

main()
{
    initial();                  /* 系统初始化子程序 */
    CCP1CON = 0;
    OPTION = OPTION|0x0F;       //PSA=1,分频器给看门狗,分频因数是 1/128
    TRISD = 0x00;               /* 设置 PORTD 为输出 */
    PORTD = 0xF0;               /* 共阳的右边 4 个发光二极管点亮 */
    for(i = 0;i<0x3FFF;i++)
        i = i;                  /* 右边 4 个发光二极管点亮延时 */
    PORTD = 0x0F;               /* 左边 4 个发光二极管点亮,右边 4 个熄灭 */
    while(1)
    {
        ;                       /* 等待看门狗复位 */
    }
}
```

例 2：看门狗复位休眠唤醒。图 10-4 是看门狗复位将芯片从休眠方式中唤醒流程图。

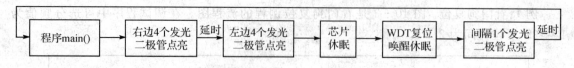

图 10-4　看门狗复位将芯片从休眠方式中唤醒流程图

程序清单如下。

```
/* ************************************************************* */
#include <pic.h>
#define uchar unsigned char
#define uint unsigned int
__CONFIG(0x3B35);
uint i = 0;
void initial()
{
    INTCON = 0x00;                      /* Bit7~Bit0:关总中断 */
    ADCON1 = 0x07;                      /* 设置数字输入/输出口 */
    PIE1 = 0;                           /* PIE1 的中断不使能 */
```

```
        PIE2 = 0;                         /* PIE2 的中断不使能 /
}
main()
{
    initial();
    CCP1CON = 0;                          //关闭模拟比较器
    OPTION = OPTION|0x0F;                 //PSA=1,分频器给看门狗,分频因数是 1/128
    PORTD = 0xF0;                         //复位(或主程序开始)右边 4 个 LED 间隔点亮
    for(i = 60000;i>0;i--)
        i = i;                            //延时,以便看清晰
    while(1)
    {
        PORTD = 0x0F;                     //送左边 4 个 LED 亮(共阳极接法)
        SLEEP();                          //休眠,等待看门狗复位唤醒芯片
        PORTD = 0x55;                     //休眠后间隔 1 个发光二极管点亮
        for(i = 60000;i>0;i--)
            i = i;                        //延时,以便看清晰
    }
}
```

例 3:读/写 EEPROM。通过 PC 用串口调试助手向单片机发送通信命令。若单片机接收的数据为 01,则表示读取存放于 EEPROM 地址为 0x22 的数据;若不为 01,则将该数据存入 EEPROM 的 0x22 地址中,等待读取。EEPROM 中的初值为 0xFF。本例流程图如图 10-5 所示。

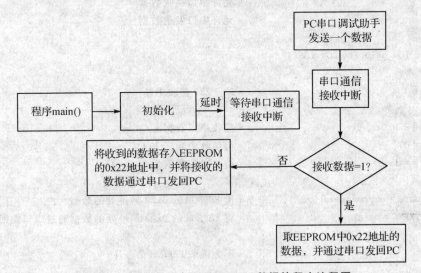

图 10-5 串口通信存取 EEPROM 数据的程序流程图

程序清单如下。

```c
#include <pic.h>                        /* PIC16 系列的头文件 */
unsigned char data;
#define uchar unsigned char
#define uint unsigned int
__CONFIG(0x3B31);
void initial()
{
    INTCON = 0x00;                      /* Bit7~Bit0:关总中断 */
    ADCON1 = 0x07;                      /* 设置数字输入/输出口 */
    PIE1 = 0;                           /* PIE1 的中断不使能 */
    PIE2 = 0;                           /* PIE2 的中断不使能 */
}
void sciinitial()
{
    SPBRG = 25;                         /* 4 MHz,波特率为 9 600 时,SPBRG = 25 */
    TXSTA = 0x04;                       /* 选择异步高速方式传输 8 位数据 */
    RCSTA = 0x80;                       /* 允许串行口工作使能 */
    TRISC = TRISC|0x80;                 /* 将 RC7(RX)设置为输入方式 */
    TRISC = TRISC&0xBF;                 /* 将 RC6(TX)设置为输出方式 */
    PIR1 = 0;                           /* 清中断标志 */
    PIE1 = PIE1|0x20;                   /* 允许串行通信接口接收中断使能 */
    PIE1 = PIE1|0x10;
    CREN = 1;                           /* 允许串口接收数据 */
    TXEN = 1;                           /* 允许串口发送数据 */
}
void interrupt low_priority LOW_ISR()
{
    if(RCIF == 1)                       /* RS—232 接收中断 */
    {
        data = RCREG;                   /* 接收串口数据 */
        RCIF = 0;                       /* 清接收中断标志 */
        if(1 == data)                   /* 接收通信数据为 1 */
        {
            data = eeprom_read(0x22);   /* 读 EEPROM 的 0x22 地址处的数据 */
            TXREG = data;               /* 将 EEPROM 的 0x22 地址处的数据通过串口发回 PC */
        }
        else                            /* 不为读取 EEPROM 命令 */
        {
```

```
                TXREG = data;              /*将接收到的串口数据回送PC*/
                eeprom_write(0x22,data);   /*向EEPROM的0x22地址处写入接收到的数据*/
            }
        }
}

main()
{
    initial();                             /*系统初始化子程序*/
    sciinitial();                          /*串行通信初始化子程序*/
    INTCON = INTCON|0xC0;                  /*开总中断,开外围接口中断*/
    while(1)
    {
        ;                                  /*等待通信命令*/
    }
}
```

第 11 章

并行从动端口

什么是并行从动端口？它又有什么作用呢？本章将详细介绍与并行从动端口相关的内容。

11.1 并行从动端口的工作原理

在 28 脚封装的 87X 系列单片机中没有配置并行从动端口 PSP(Parallel Slave Port)模块，原因是 PSP 需要 11 个外接引脚，一般分别是 RD0～RD7 和 RE0～RE2，而 28 脚的 87X 系列单片机却没有 RD 和 RE。因此，只有具备 RD 和 RE 端口的 40 脚封装的 87X 系列单片机才配置了 PSP 模块。

之所以称 PSP 为"从动"并行端口，是因为 87X 系列单片机在利用并行端口与外界处理器进行通信时，读/写控制信号以及片选控制信号都是由对方处理器负责提供。也就是说，87X 系列单片机处于被控地位，对方处理器处于主控地位。

当 PSP 工作时，需要结合 PORTD 和 PORTE 的引脚，而不能再做他用。此时的引脚功能分配如表 11-1 所列。

表 11-1 PSP 端口引脚的占用和功能分配情况

名 称	位 序	输入缓冲器类型	功能说明
RD0/PSP0	Bit0	ST/TTL	并行从动端口的 Bit0
RD1/PSP1	Bit1	ST/TTL	并行从动端口的 Bit1
RD2/PSP2	Bit2	ST/TTL	并行从动端口的 Bit2
RD3/PSP3	Bit3	ST/TTL	并行从动端口的 Bit3
RD4/PSP4	Bit4	ST/TTL	并行从动端口的 Bit4
RD5/PSP5	Bit5	ST/TTL	并行从动端口的 Bit5
RD6/PSP6	Bit6	ST/TTL	并行从动端口的 Bit6
RD7/PSP7	Bit7	ST/TTL	并行从动端口的 Bit7

续表 11-1

名 称	位 序	输入缓冲器类型	功能说明
RE0/$\overline{RD}$	Bit0	ST/TTL	并行从动端口方式下读控制信号输入
RE1/$\overline{WR}$	Bit1	ST/TTL	并行从动端口方式下写控制信号输入
RE2/$\overline{CS}$	Bit2	ST/TTL	并行从动端口方式下片选控制信号输入

在 PSP 方式下，PORTD 的 8 个引脚是数据传输的并行总线，PORTE 的 3 个引脚则是控制用的引脚。既然名之为并行，就表示数据的传输是以并行总线方式传送的，而传送的数据为 8 位宽；而称之为从动，就表示在数据传输过程中，PIC 是居于 Slave（从属）的地位，换句话说，数据的传输是由外部相连接的微处理器来主导的，该微处理器处于 Master（主控）的地位，因此只有在 Master 发出对 Slave 读取或写入的信号时，PSP 才会动作。PORTE 的 3 个引脚是 RE0/$\overline{RD}$/AN5、RE1/$\overline{WR}$/AN6 和 RE3/$\overline{CS}$/AN7，其中的 $\overline{RD}$、$\overline{WR}$ 和 $\overline{CS}$ 才是用在 PSP 的控制上，下面会直接使用这三个名称来说明。

$\overline{RD}$、$\overline{WR}$ 和 $\overline{CS}$ 都是低电平动作（active low）的信号，$\overline{RD}$ 为读取（read）信号，$\overline{WR}$ 为写入（write）信号，$\overline{CS}$ 为单片机选择（chip select）信号。要注意的是，这些信号都是从外部微处理器的角度来命名的，其中读取表示用外部微处理器读取 PIC 的端口引脚数据；写入表示将外部微处理器的数据写到 PIC 的端口引脚中；单片机选择的意义则是指，在 PORTD 所连接的总线上，可能还连接有其他的集成电路，这些集成电路同时也接受外部微处理器的控制，外部微处理器在通信之前必须先决定要与哪一个集成电路通信，然后对该集成电路发出选择信号。从 PIC 单片机的观点来看，$\overline{CS}$ 引脚的信号输入就表示外部微处理器选择了与 PIC 通信。

在使用 PSP 方式之前，必须先将 TRISE 寄存器中的 PSPMODE 位置 1，表示选择 RE0/$\overline{RD}$/AN5 引脚作为 $\overline{RD}$ 的信号输入、RE1/$\overline{WR}$/AN6 引脚作为 $\overline{WR}$ 的信号输入以及 RE3/$\overline{CS}$/AN7 引脚作为 $\overline{CS}$ 的信号输入。既然要作为输入引脚，当然也必须在 TRISE$\langle 2:0 \rangle$ 中设定其为输入引脚。此外，ADCON1$\langle 2:0 \rangle$ 的位也要设置，分别是 PCFG2～PCFG0，设置这 3 个位的最主要目的是将 PORTE 设置为数字输入/输出（digital I/O），因为这 3 个位也决定了要使用哪些 A/D 转换通道，因此必须同时考虑 A/D 转换器的设置，然后再进行这 3 个位的设置。在 PORTD 的设置方面，PORTD 的引脚由于读取或写入状态的不同，引脚的输入或输出状态并不固定。在 PORTD 的内部实际上有两个 8 位的数据 Latch（数据锁存器），分别用于数据输入和数据输出。在这样的双向数据流动情形下，TRISD 寄存器的设定实际上没有用到，因为真正的数据流向是由外部微处理器控制的。在这种情况下，TRISD 的初始化并不重要，而重要的是在程序执行期间应避免改变 TRISD 的内容，从而避免 PSP 的误动作。另外，还有位于 TRISE$\langle 7:5 \rangle$ 的 3 个位，分别是输入缓冲器满 IBF（Input Buffer Full）、输出缓冲器满 OBF（Output Buffer Full）和输入缓冲器溢出 IBOV（Input Buffer OVerflow）3 个标志位，还有一个 PSP 的中断标志位 PSPIF，这几个位在 PSP 的动作中都会用到。

在介绍了初始化的动作之后,下面来看 PSP 的动作情形,可以从写入的动作和读取的动作两个方面来看。

首先看写入的动作。当外部微处理器要将数据写到 PIC 时,必须将 $\overline{CS}$ 和 $\overline{WR}$ 这两个信号设置为低电平,表示外部微处理器选择 PIC 作为通信的对象,而且要对 PIC 写入数据。当 PIC 的 $\overline{CS}$ 和 $\overline{WR}$ 同时为低时,数据总线的数据也出现在 PORTD 引脚上;一旦 $\overline{CS}$ 和 $\overline{WR}$ 有一个变为高电平,IBF 位就会在 Q4 时钟周期时被置位,表示数据已经读进来(放在 PORTD 寄存器中),同时 PSPIF 位也会被置 1,发出 PSP 的中断信号。至此硬件部分告一段落,接下来是软件中断的处理。IBF 位的清除一定要通过读取 PORTD 寄存器的动作来实现,如果在没有清除 IBF 位的情况下,又有外部的数据写入,那么 IBOV 位就会被设置。

读取的情况与写入略有不同。当然,PORTD 要送出的数据需事先准备好,在数据写入 PORTD 后,OBF 位会置 1。当要进行读取动作时,外部微处理器会将 $\overline{CS}$ 和 $\overline{RD}$ 这两个信号设为低电平。当 PIC 的 $\overline{CS}$ 和 $\overline{RD}$ 同时为 Low 时,OBF 位会被清除,表示数据已准备好。一旦 $\overline{CS}$ 和 $\overline{RD}$ 有一个变为高电平,PSPIF 位就会被置 1(在 Q4 的时钟周期时),发出 PSP 的中断信号,表示读取完成。此时,OBF 会一直保持为 0,直至下一个数据写入 PORTD 中,才会再次被设定为 1。

不管是读取还是写入动作,都会有 PSPIF 中断标志位产生,同样中断标志位也需在软件中被清除。如果不想要 PSP 中断的信息,那么只要把 PSPIE 位清除即可。图 11-1 所示的是 PSP 的内部结构,包括了 PORTD 和 PORTE 部分,表 11-2 则列出了与 PSP 有关的寄存器。

表 11-2 与 PSP 有关的寄存器

地址	名称	Bit7	Bit6	Bit5	Bit4	Bit3	Bit2	Bit1	Bit0
08H	PORTD	写数据时,写入 PORTD 数据锁存器;读数据时,读 D 端口的引脚							
09H	PORTE	—	—	—	—	—	RE2	RE1	RE0
89H	TRISE	IBF	OBF	IBOV	PSPMODE	—	PORTE 数据方向位		
0CH	PIR1	PSPIF	ADIF	RCIF	TXIF	SSPIF	CCP1IF	TMR2IF	TMR1IF
8CH	PIE1	PSPIE	ADIE	RCIE	TXIE	SSPIE	CCP1IE	TMR2IE	TMR1IE
9FH	ADCON1	—	—	—	—	PCFG3	PCFG2	PCFG1	PCFG0

当 PSPMODE 控制位(TRISE〈4〉)被置 1 时,RD 和 RE 端口共同配合一起工作于 PSP 模式,电路被自动组织成图 11-1 的样式。在该模式下,RD 端口的 8 个引脚担当 8 位并行数据吞吐通道,而 RE 端口的 3 个引脚则充当读、写和片选控制信号输入端,以实现异步读/写。

PSP 可直接与外部处理器的 8 位数据总线接口,外部处理器作为"上位机"可将 PSP 当做一个受控数据锁存器来进行读/写数据。当 PSPMODE 控制位置 1 之后,RE2~RE0 自然成为控制该数据锁存器的外来控制信号输入端;而且,必须同时将引脚方向控制位 TRISE〈2:0〉

置1,使这3个引脚工作于输入方式;A/D转换器控制寄存器的 PCFG3～PCFG0(ADCON1⟨3:0⟩)也要精心设置,以便使 RE2～RE0 引脚被设置为普通 I/O 口方式。

PSP 端口模块中有两个 8 位锁存器,一个是数据输出锁存器 F/F1,另一个是数据输入锁存器 F/F2。用户程序可向 PORTD 端口写入数据或读出数据。在某一时刻,单片机 CPU 的操作对象是由内部信号线 $\overline{WR}$ 和 $\overline{RD}$ 确定的。

当 PSP 的硬件自动检测到 $\overline{CS}$ 和 $\overline{RD}$ 同时出现低电平时,"与"门 G1 的输出电平变高,三态门 G4 被打开,将数据输出锁存器 F/F1 中的数据送到并行数据总线上;同时输出缓冲器满标志 OBF 立即被自动清 0,表明读操作完成,且 OBF 会一直保持低电平,直至用户程序向 PORTD 写入新的数据为止。如果 $\overline{CS}$ 和 $\overline{RD}$ 中有一个变为高电平,则中断标志位 PSPIF(PIR1⟨7⟩)在 Q2 时钟脉冲之后的 Q4 时钟脉冲到来时被置1,向 PIC16F877 发出中断请求,表明对端处理器已经将数据取走。PS 的写入时序如图 11-2 所示。

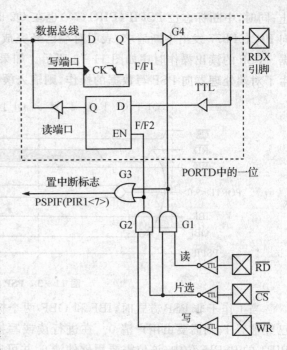

图 11-1　PSP 内部结构

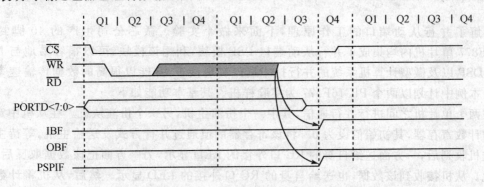

图 11-2　PSP 的写入时序

当 PSP 的硬件自动检测到 $\overline{CS}$ 和 $\overline{RD}$ 同时出现低电平时,"与"门 G2 的输出电平变高,数据输入锁存器 F/F2 被打开,将并行数据总线上的数据锁存到 F/F2 中。如果 $\overline{CS}$ 和 $\overline{WR}$ 中有一个变为高电平,则输入缓冲器满标志位 IBF 在 Q2 时钟脉冲之后的 Q4 时钟脉冲到来时被置1,表明写操作已经完成,并且 IBF 会一直保持高电平,直至用户程序从 PORTD 中取走数据为止;同时,中断标志位 PSPIF(PIR1<7>)也在 Q2 时钟脉冲之后的 Q4 时钟脉冲到来时被置 1,向 PIC16F877 发出中断请求,表明对端已经完成写操作,PIC16F877 可以开始从 PSP 读取数据。PSP 的读出操作时序如图 11-3 所示。如果当前一个字节还未被用户程序读取,却又发生了对端处理器向 PSP 写数据的操作,则输入缓冲器溢出标志位 IBOV 将被置 1。

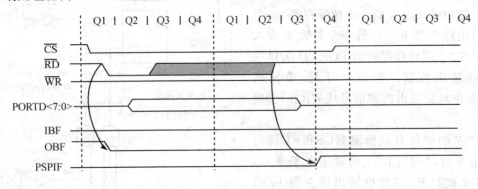

图 11-3 PSP 的读出时序

当工作于非 PSP 方式时,IBF 和 OBF 两个标志位保持清 0;而 OBOV 标志位,如果原来已经被置 1,则需要由用户清 0。在进行读或写操作时产生的中断标志被锁存到标志寄存器 PIR1 的 PSPIF 位中,该位需要用软件清 0,并可通过将中断使能寄存器 PIE1 的使能位 PSPIE 清 0 来屏蔽 PSPIF 中断。

11.2 并行从动端口编程实例

了解了并行从动端口的工作原理,下面来做个实验。微芯公司生产的 40 脚封装的 PIC16F877 单片机内均集成了并行从动端口 PSP 模块,利用该模块,可以很容易地与 MPU、MCU、DSP 以及微型计算机系统的并行打印端口实现接口,并能以很高的数据传输速率进行通信。本例中计划以两个 PIC16F877 为实验样机。其基本功能如下。

在两个单片机之间进行并行通信,其中一个扮演主机,另一个扮演从机。在从机中定义一个递增计数寄存器,其初始值设为 0。将该寄存器的值通过并行方式发送给主机,等待主机取走。主机收到后,一方面送给自身的 RC 口外接的 LED 显示,另一方面把该数据取反后,反送给从机。从机接收到该数据,也送给自身的 RC 口外接的 LED 显示。然后,从机将计数寄存器的内容加 1,再次发送给主机,循环往复……从结果可以看到,主机上的 8 只发光管按二进制递增规律变化;而从机上的 8 只发光管,按二进制递减规律变化,并且从机比主机滞后半拍。初始加电的瞬间,从机和主机的 8 只发光管均会点亮。

1. 硬件电路设计

利用两块 LED 演示板互相配合,一块演示板的单片机(从机)工作于 PSP 模式,处于被动的受控状态,听令于对方;另一块演示板的单片机(主机)充当外部设备或者对端处理器,处于主动的主控状态,负责发号施令。主控方的单片机需要将端口$\overline{RD}$和RE设置为通用数字I/O工作方式,由用户程序模拟产生读、写和片选控制信号,以及经过$\overline{RD}$吞吐8位宽的并行数据字节。

PSP模式通信实验电路的示意图如图11-4所示。双方之间的接线完全对称,只是固化的软件不同而已。

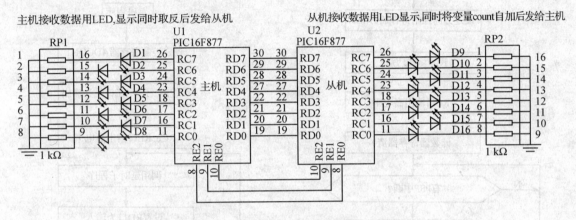

图11-4 PSP模式通信实验电路示意图

2. 软件设计思路

用PORTD作为8位字宽的数据输入/输出端口,PORTE作为控制信号线输入。在并行从动模式下,由主机提供片选($\overline{CS}$)、读($\overline{RD}$)、写($\overline{WR}$)控制信号,控制PSP进行异步读/写操作。为了利用PSP的功能,在RE端口的方向控制寄存器TRISE中,对应$\overline{RD}$、$\overline{WR}$和$\overline{CS}$的方向控制位TRISE⟨2:0⟩必须置1,并设定为输入;控制位PSPMODE(TRISE⟨4⟩)必须置1,以选定PSP工作模式。另外,控制寄存器ADCON1的低4位也必须适当地进行设定,以使RE3~RE0工作于普通数字I/O方式。

当主机完成对从机的读或写操作时,中断标志位PSPIF(PIR1⟨7⟩)被置1。如果相应的中断使能位PSPIE(PIE1⟨7⟩)、外设中断使能位PEIE(INTCON⟨6⟩)、总中断使能位GIE(INTCON⟨7⟩)都被开放,则会引起CPU的中断。当中断被响应后,需要用户软件对PSPIF清0,并且需要进一步检测IBF(TRISE⟨7⟩)和OBF(TRISE⟨6⟩)状态位,以判断是PSP被写入还是被读出而引发的本次中断请求。如果是已经收到了数据字节,并且等待取走,则只读状态标志位IBF被自动置1,表明输入缓冲器已满;如果单片机送入输出缓冲器的数据字节正在等待主机读取,则只读状态标志位OBF被自动置1,表明输出缓冲器已满,用这样的方法即可实现预定功能。

参与PSP通信的从机和主机的程序流程图分别如图11-5和图11-6所示。

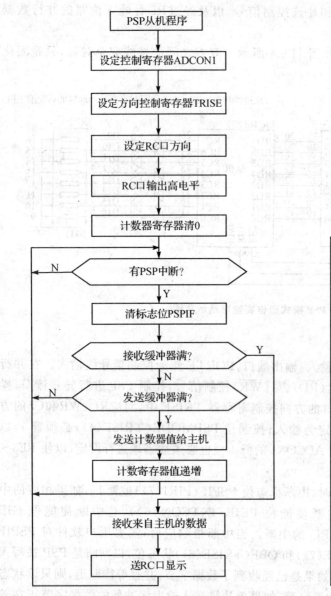

图 11-5　PSP 从机程序流程图

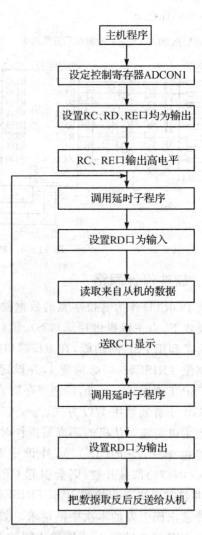

图 11-6　PSP 主机程序流程图

程序清单如下。

// ******************************主机程序******************************//
```c
#include <pic.h>
#define uchar unsigned char
#define uint unsigned int
#define nop() #asm("nop")
__CONFIG(0x3B31);
char PSPDATA;
void delay(uint i)
{
    uint j;
    for(;i!=0;i--)
    for(j=0;j<500;j++);
}
void main()
{
    INTCON = 0x00;              /*关总中断*/
    ADCON1 = 0x07;              /*设置数字口(模拟输入禁止)*/
    TRISD = 0x00;               /*设置 PORTD 为输出口*/
    TRISE = 0x00;               /*设置 RD、WD、CS 为输出口*/
    PORTE = 0xFF;               /*E 口 3 个引脚输出全 1,不对从机进行操作*/
    TRISC = 0x00;
    while(1)
    {
        delay(20);
        TRISD = 0xFF;           //设置 D 口为输入口
        PORTE = 0x02;           //CS = 0,WR = 1,RD = 0
        PSPDATA = PORTD;        //读 D 口数据
        PORTC = PSPDATA;        //送 C 口显示
        PORTE = 0xFF;           //片选禁止
        delay(50);
        TRISD = 0x00;           //设置 D 口为输出口
        PORTD = ~PSPDATA;       //数据取反
        PORTE = 0x01;           //CS = 0,WR = 0,RD = 1
        PORTE = 0xFF;           //片选禁止
    }
}
```
// ******************************从机程序******************************//
```c
#include <pic.h>
```

```c
#define uchar unsigned char
#define uint unsigned int
#define nop() #asm("nop")
__CONFIG(0x3B31);
char indata,count;
void main()
{
    uchar count;
    INTCON = 0x00;              /*关总中断*/
    ADCON1 = 0x07;              /*设置数字口(模拟输入不使能)*/
    TRISE = 0x17;               /*TRISE<4>=1,选择D口为并行从动端口方式;设置RE0(RD)、
                                  RE1(WR)、RE2(CS)为输入口*/
    PSPIE = 1;                  /*允许并行从动端口读/写中断*/
    TRISC = 0x00;
    PORTC = 0xFF;
    INTCON = INTCON|0xC0;       /*开总中断、开外围接口中断*/
    count = 0;
    while(1)
    {
        ;                       /*等待中断,用户可在此编程对接收数据进行处理*/
    }
}
/*******************************中断子程序*******************************/
void interrupt HI_ISR()
{
    if(1 == PSPIF)
    {                           /*并行从动端口中断*/
        PSPIF = 0;              /*清中断标志*/
        if(1 == IBF)
        {                       /*并行从动端口写操作中断*/
            indata = PORTD;     /*并行从动端口读数据*/
            PORTC = indata;     /*从动端口将收到数据加1输出到总线,供主机读取*/
        }
        if(0 == OBF)
        {                       /*输出缓冲器已经空*/
                                /*并行从动端口读操作中断*/
            PORTD = count++;    /*输出数据供主机下次读取,置OBF*/
            if(count == 8) count = 0;
        }
    }
}
```

第 12 章

主从同步串行端口模块

PIC16F877 单片机在与其他 PC 机或各种模块进行"外交"时,用到两个串行通信模块,分别是主同步串行口 MSSP (Master Synchronous Serial Port)和通用同步/异步接收发送器 USART (Universal Synchronous/Asynchronous Receiver Transmitter)。其中 MSSP 模块又提供了两种工作方式,一种是串行外围接口 SPI(Serial Peripheral Interface),另一种是芯片间通信总线 I^2C (Inter-Integrated Circuit)。因此,实际上 PIC16F877 中有以下三种串行通信方式可供使用:

① MSSP 模块中的 SPI 方式;
② MSSP 模块中的 I^2C 总线方式;
③ USART 模块方式。

MSSP 模块主要用于单片机和其他外围接口或微处理器芯片间的串行通信,像串行 EEPROM、显示控制器和模拟/数字转换器等,都属于电路板上众多器件间的串行通信接口。USART 则属于和电路板外部设备进行串行通信的接口,简单地说就是 RS—232 接口,通过它可以与 PC 通信。当然也并不限于这样的用途,这里只是概略说明一般的应用场合,在了解了每种串行通信的差异之后,选择适合自己的串行通信方式才是正确的做法。

本章以介绍 MSSP 模块为主,第 13 章则介绍 USART 模块,这两章的内容将会说明这些通信方式的工作原理与使用方法。

12.1 SPI 总线方式

SPI 总线可应用于串行 EEPROM、串行 A/D 和 D/A 转换器等模块间的通信。由 PIC16F877 单片机内部的 MSSP 模块构成的 SPI 接口,可同步发送或接收 8 位数据。使用时,一般由 3 个引脚来实现通信功能。这 3 个引脚分别定义为:

① 串行数据输出(简称 SDO),对应 RC5/SDO 引脚;
② 串行数据输入(简称 SDI),对应 RC4/SDI/SDA 引脚;
③ 串行时钟(简称 SCK),对应 RC3/SCK/SCL 引脚。

有时,根据情况也要使用其他引脚,如在"从动方式",需要使用 RA5/$\overline{SS}$ 引脚。

12.1.1 寄存器设置

为了掌握 PIC16F877 系列单片机的 SPI 总线方式的使用，首先来熟悉与其相关的各寄存器的各位定义。与 SPI 总线方式相关的寄存器共有 10 个，分别是中断控制寄存器 INTCON、第一外设中断标志寄存器 PIR1、第一外设中断屏蔽寄存器 PIE1、A/D 转换器控制寄存器 1 ADCON1、RA 端口方向寄存器 TRISA、RC 端口方向寄存器 TRISC、收发数据缓冲器 SSPBUF、同步串口控制寄存器 SSPCON、同步串口状态寄存器 SSPSTAT 和移位寄存器 SSPSR。其中前 6 个寄存器是与其他模块合用的寄存器，其功能和各位的定义在此不再赘述，本节主要介绍与 SPI 模式有关的后 4 个寄存器。

1. 收发数据缓冲器 SSPBUF

SSPBUF 与内部数据总线直接相连，是一个可读/写的寄存器。用户将欲发送的数据写入其中，也可以从其中读取接收到的数据。其位定义如表 12-1 所列。

表 12-1 SSPBUF 位定义

Bit7	Bit6	Bit5	Bit4	Bit3	Bit2	Bit1	Bit0
MSSP 接收/发送数据缓冲空间							

2. 同步串口控制寄存器 SSPCON

同步串口控制寄存器 SSPON 用来对 MSSP 模块的多种功能和指标进行控制，是一个可读/写的寄存器。其各位定义如表 12-2 所列。

表 12-2 SSPCON 位定义

Bit7	Bit6	Bit5	Bit4	Bit3	Bit2	Bit1	Bit0
WCOL	SSPOV	SSPEN	CKP	SSPM3	SSPM2	SSPM1	SSPM0

SSPCON 各位的含义如下：

◆ Bit3～0　SSPM3～SSPM0 为同步串口模式选择位。其取值为：
- 0000＝SPI 主模式，CLOCK＝$F_{osc}/4$。
- 0001＝SPI 主模式，CLOCK＝$F_{osc}/16$。
- 0010＝SPI 主模式，CLOCK＝$F_{osc}/64$。
- 0011＝SPI 主模式，CLOCK＝TMR2 输出/2。
- 0100＝SPI 从模式，CLOCK＝SCK 引脚，$\overline{SS}$ 引脚控制使能。
- 0101＝SPI 从模式，CLOCK＝SCK 引脚，$\overline{SS}$ 引脚控制关闭，$\overline{SS}$ 可做 I/O 引脚。

◆ Bit4　CKP 为时钟极性选择位。在 SPI 模式下的取值为：

- 1 = 空闲时时钟是高电平。
- 0 = 空闲时时钟是低电平。

◆ Bit5　SSPEN 为同步串行端口使能位。当 SPI 模式被使能时,相关引脚必须正确地设为输入或输出状态。其取值为:
- 1 = 允许串行端口使能,并且设定 SCK、SDO、SDI 和 $\overline{SS}$ 接口专用。
- 0 = 关闭串行端口功能,并且设定 SCK、SDO、SDI 和 $\overline{SS}$ 为普通数字 I/O 端口。

◆ Bit6　SSPOV 为接收溢出标志值。在 SPI 模式下的取值为:
- 1 = 当缓冲器 SSPBUF 中仍然保持着前一个数据时,移位寄存器 SSPSR 中又收到新的数据。在溢出时,SSPSR 中的数据将丢失。在从动方式下,为了避免产生溢出,即使是单纯地发送,用户也必须读取 SSPBUF 中的(无效)数据;在主控方式下,溢出位不会被置 1,因为每次操作都是通过对 SSPBUF 的写操作进行初始化的(必须用软件清 0)。
- 0 = 未发生接收溢出。

◆ Bit7　WCOL 为写操作冲突检测位。在 SPI 从动方式下的取值为:
- 1 = 当正在发送前一个数据字节时,又有数据写入 SSPBUF 缓冲器(必须用软件清 0)。
- 0 = 未发生冲突。

3. 同步串口状态寄存器 SSPSTAT

同步串口状态寄存器 SSPSTAT 用来对 MSSP 模块的各种工作状态进行记录。其最高两位可读/写,低六位只能读出。其各位定义如表 12 - 3 所列。

表 12 - 3　SSPSTAT 位定义

Bit7	Bit6	Bit5	Bit4	Bit3	Bit2	Bit1	Bit0
SMP	CKE	D/$\overline{A}$	P	S	R/$\overline{W}$	UA	BF

SSPSTAT 各位的含义如下:

◆ Bit0　BF 为缓冲器已满标志位。仅用在 SPI 接收状态下。其取值为:
- 1 = 接收完成,缓冲器已满。
- 0 = 接收未完成,缓冲器仍为空。

◆ Bit1~5　在 I^2C 模式下使用,将在以后介绍。

◆ Bit6　CKE 为 SPI 时钟沿选择位兼 I^2C 总线输入电平规范选择位。在 CKP=0 时,其取值为:
- 1 = 从时钟激活状态到空闲状态过渡时发送数据。
- 0 = 从时钟空闲状态到激活状态过渡时发送数据。

在 CKP=1 时,其取值为:

- 1＝在时钟下降沿发送数据。
- 0＝在时钟上升沿发送数据。

◆ Bit7　SMP 为 SPI 采样控制位兼 I^2C 总线转换率控制位。在 SPI 主控方式下,其取值为:
- 1＝在输出数据的末尾时刻采样输入数据。
- 0＝在输出数据的中间时刻采样输入数据。

在 SPI 从动方式下,SMP 位必须清 0。

4. 移位寄存器 SSPSR

移位寄存器 SSPSR 用来直接从端口引脚接收或发送串行数据,将已经成功接收到的数据卸载到缓冲器 SSPBUF 中,或者从缓冲器 SSPBUF 装载即将发送的数据。其位定义如表 12-4 所列。

表 12-4　SSPSR 位定义

Bit7	Bit6	Bit5	Bit4	Bit3	Bit2	Bit1	Bit0
MSSP 接收/发送数据串行移位空间							

12.1.2　93C46 编程

93C46 是一个 SPI 接口的 EEPROM 芯片,有关该芯片的使用在第 4 章的内容中已经详细介绍过,其指令如表 12-5 所列。在第 4 章的讲解中是用单片机的 I/O 口来模拟时序的,而现在既然已经学习了 SPI 总线,就来看看如何用 SPI 总线控制器驱动芯片工作。这里将 ORG 引脚接到电源上,也就是说 93C46 工作在 16 位模式(图 12-1),先用 SPI 总线将流水灯数据写到 EEPROM 中,然后再读出送给 LED 显示,从而实现流水的效果。

表 12-5　93C46 指令表

指令	开始位	操作码	地址 8 位	地址 16 位	数据 8 位	数据 16 位	注释
READ	1	10	$A_6 \sim A_0$	$A_5 \sim A_0$	XXH	XXXXH	读地址 $A_n \sim A_0$ 的数据
ERASE	1	11	$A_6 \sim A_0$	$A_5 \sim A_0$	XXH	XXXXH	擦除地址 $A_n \sim A_0$ 的数据
WRITE	1	01	$A_6 \sim A_0$	$A_5 \sim A_0$	XXH	XXXXH	把数据写到地址 $A_n \sim A_0$ 中
EWEN	1	00	11XXXXX	11XXXX	XXH	XXXXH	写允许
EWDS	1	00	00XXXXX	00XXXX	XXH	XXXXH	写禁止
ERAL	1	00	10XXXXX	10XXXX	XXH	XXXXH	擦除全部存储器的数据
WRAL	1	00	01XXXXX	01XXXX	XXH	XXXXH	把数据写到全部的存储器中

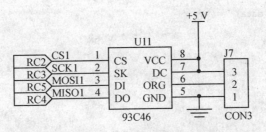

图 12-1　93C46 原理图

实现流水灯的程序清单如下。

```
#include <pic.h>
#define uchar unsigned char
#define uint unsigned int
__CONFIG(0x3B31);
#define CS   RC2
#define SK   RC3
#define DI   RC4
#define DO   RC5
#define nop() asm("nop")
uchar LED[8] = {0x7F,0xBF,0xDF,0xEF,0xF7,0xFB,0xFD,0xFE};
void delayms(uint i)
{
    uint j;
    for(i!=0;i--)
        for(j=0;j<500;j++);
}
//*************************SPI 总线初始化**************************//
void SPI_Init()
{
    OPTION = 0;
    ADCON1 = 0x07;      //设置 RA0～RA5 和 RE0～RE2 为数字 I/O 口
    TRISC = 0x10;       //设置 RC3/SCK 为输出口,RC4/SDI 为输入口,RC5/SDO 为输出口
    TRISD = 0x00;       //输出口接 LED 等
    PORTD = 0xFF;       //输出高电平
    SSPSTAT = 0x80;     //在输出数据的末尾时刻对输入数据采样
    SSPCON = 0x31;      //使能串口,空闲时,时钟极性是高电平,SPI 主模式下,时钟为 $F_{osc}/16$
    INTCON = 0x00;      //关闭中断
    PIR1 = 0x00;        //清中断标志
    CS = 0;             //片选信号禁止
}
//*****************************发送数据函数*****************************//
```

```
uchar SPI_Send_Data (uchar data)
{
    SSPBUF = data;
    While(!SSPIF);
    SSPIF = 0;
    return (SSPBUF);
}
```
//*****************************写使能函数******************************//
//命令字:000010011xxxx:这里 x 取 0,结果为 01 和 30
```
void EEPROM_Write_Enable ()
{
    CS = 1;
    SPI_Send_Data(0x01);                    //00000001
    SPI_Send_Data(0x30);                    //00110000
    CS = 0;
    nop();
    nop();
}
```
//*****************************擦除所有空间******************************//
//命令字:000000010010xxxx
```
void EEPROM_Erase_All()
{
    CS = 1;
    SPI_Send_Data(0x01);                    //00000001
    SPI_Send_Data(0x20);                    //00100000
    delayms(30);
    CS = 0;
}
```
//*****************************EEPROM 写禁止******************************//
//命令字:000000010000xxxx
```
void EEPROM_Ewds()
{
    CS = 1;
    SPI_Send_Data(0x01);                    //00000001
    SPI_Send_Data(0x00);                    //00000000
    CS = 0;                                 //片选无效
}
```
//写入数据 data 到 addr
```
void write(uchar addr, uchar data)
{
    CS = 1;
```

```c
    SPI_Send_Data(0x01);                    //00000001
    SPI_Send_Data(0x40|addr);
    SPI_Send_Data(data);
    CS = 0;
}
//*************************读数据子程序*********************************//
uchar EEPROM_Read(uchar addr)               //读取addr处的数据
{
    CS = 1;
    uchar out_data;                         //定义一个局部变量out_data,保存读出的数据
    SPI_Send_Data(0x01);                    //00000001
    SPI_Send_Data(0x80|addr);
    out_data = SPI_Send_Data(0x00);
    CS = 0;                                 //片选无效
    return out_data;                        //由return语句返回读出的数据
}
void main()
{
    uchar i;
    TRISC = 0xD3;
    PORTC = 0xFF;
    TRISD = 0;                              //LED灯熄灭
    PORTD = 0xFF;
    SPI_Init();                             //SPI初始化
    EEPROM_Write_Enable ();                 //写使能
    EEPROM_Erase_All()                      //擦除所有的空间
    for(i = 0;i<8;i++)
        write(i, LED[i]);                   //写入流水灯数据
    EEPROM_Ewds();                          //写禁止
    while(1)
    {
        for(i = 0;i<8;i++)
            PORTD = EEPROM_Read(i);         //读出EEPROM数据送LED显示,实现流水效果
        delayms(50);
    }
}
```

12.1.3 M25P80 Flash 芯片应用

Flash是一种电可擦除的可编程ROM,分为并行Flash和串行Flash两大类。并行Flash存储量大,速度快;串行Flash存储量相对较小,但体积小,连线简单,可减小电路面积,节约成

本。二者各有其优缺点，可依据实际需要选取。此处选用串行 Flash M25P80 进行介绍。

M25P80 是意法半导体推出的一款高速 8 Mb 串行 Flash，共由 16 部分组成，每一部分有 256 页，每页有 256 字节。M25P80 具有先进的写保护机制，读取数据的最大时钟速率为 40 MHz。M25P80 的工作电压范围为 2.7～3.6 V，具有整体擦除和扇区擦除、灵活的页编程指令和写保护功能，数据保存至少 20 年，每个扇区可承受 100 000 次擦写循环。并行 Flash 封装通常需要 28 个以上的引脚，因此，额外支出大；而 M25P80 采用 SO8 封装，需要的引脚数较少，从而节省了电路板空间，而且功率、系统噪声和整体成本等都会大幅度降低，既经济又实用。

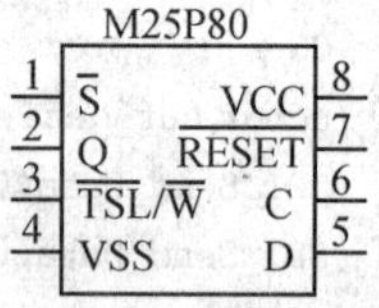

图 12-2 为 M25P80 的引脚排列，其中 VCC 和 VSS 分别为电源和地，其他 6 个引脚均可直接与单片机的 I/O 引脚相连；写保护引脚 $\overline{W}$ 和顶部扇区锁存引脚 $\overline{TSL}$ 用于数据保护和空闲模式的低功耗运行，若不使用，则可将其置为高电平；$\overline{S}$ 为片选信号，低电平时表示器件被选中，否则工作在待机状态；Q 为串行数据输出，在时钟下降沿数据从 Flash 器件输出；D 为串行数据输入，包括传输指令、地址和输入的数据，输入信号在时钟上升沿锁存到 Flash 器件中。C 为串行时钟，由单片机提供时钟。由于时钟信号的速率较高，所以在 PCB 布线时要特别注意减少干扰，最好采用地线屏蔽。

图 12-2 M25P80 引脚图

1. M25P80 的指令操作

M25P80 共有 17 条操作指令（表 12-6），所有指令都是 8 位，操作时先将片选信号（$\overline{S}$）拉低选中器件，然后输入 8 位操作指令字节，串行数据在片选信号 $\overline{S}$ 拉低后的第一个时钟上升沿被采样，M25P80 启动内部控制逻辑，自行完成相应操作。在指令的后面有时需输入地址字节，必要时还要加入哑读字节，最后操作完毕后再将片选信号拉高。下面简单介绍几条 M25P80 最常用的指令操作。

表 12-6 M25P80 指令表

指令	描述	一字节的指令码		地址字节	哑读字节	数据字节
WREN	写使能	0000 0110	06H	0	0	0
WRDI	写禁止	0000 0100	04H	0	0	0
RDID	读标识	1001 1111	9FH	0	0	1～3
RDSR	读状态寄存器	0000 0101	05H	0	0	1～∞
WRLR	写锁存寄存器	1110 0101	E5H	3	0	1
WRSR	写状态寄存器	0000 0001	01H	0	0	1
RDLR	读锁存寄存器	1110 1000	E8H	3	0	1
READ	读数据	0000 0011	03H	3	0	1～∞
FAST_READ	快速读数据	0000 1011	0BH	3	1	1～∞

续表 12-6

指 令	描 述	一字节的指令码		地址字节	哑读字节	数据字节
PW	页写	0000 1010	0AH	3	0	1~256
PP	页编程	0000 0010	02H	3	0	1~256
PE	页擦除	1101 1011	DBH	3	0	0
SSE	子扇区擦除	0010 0000	20H	3	0	0
SE	扇区擦除	1101 1000	D8H	3	0	0
BE	批量擦除	1100 0111	C7H	0	0	0
DP	深度掉电	1011 1001	B9H	0	0	0
RDP	从深度掉电释放	1010 1011	ABH	0	0	0

(1) 写使能/写禁止指令

在页面编程时,在写寄存器或擦除之前,必须先使用写使能指令设置寄存器的写使能位。在上电或写禁止指令操作,以及页编程、写寄存器及擦除指令完成时,该写使能位复位。写使能指令的时序比较简单,指令 0000 0110(06H)在片选信号拉低后的第一个时钟上升沿送入 Flash,先输入高位,指令输入完成后立即拉高片选信号,否则 Flash 的保护机制会认为是干扰信号而不执行该指令。写禁止指令与写使能指令类似,只是输入的指令代码为 0000 0100 (04H)。写使能指令时序图如图 12-3 所示。

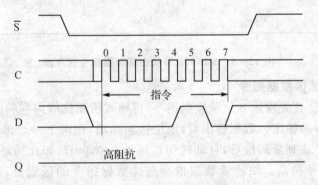

图 12-3 M25P80 写使能指令时序图

(2) 读/写状态寄存器

状态寄存器在任何时候都可读,即使在页面编程、擦除或者写寄存器时也可读取,状态寄存器可被连续读取。片选信号拉低后立即送入 8 位的读寄存器指令,然后 Flash 将 8 位内部寄存器的内容反复串行输出。

写状态寄存器的操作步骤是:写使能指令输入完成后,拉高片选信号,Flash 执行读使能指令以设置寄存器;然后拉低片选信号,输入写寄存器指令和数据;随后必须马上拉高片选信号。读状态寄存器指令时序图如图 12-4 所示。写状态寄存器指令时序图如图 12-5 所示。

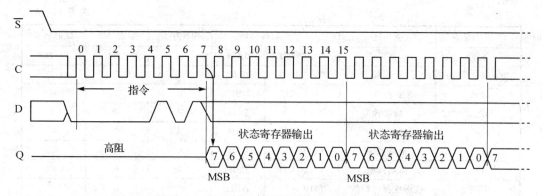

图 12-4　M25P80 读状态寄存器指令时序图

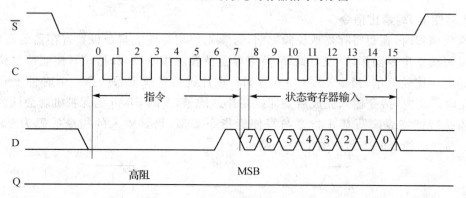

图 12-5　M25P80 写状态寄存器指令时序图

(3) 读数据/快速读数据指令

片选信号拉低后,首先输入 8 位读数据指令,再输入所要读取内容的 24 位首地址,地址指向的数据在时钟下降沿输出。数据输出后,地址自动递增,指向下一个地址,传输下一个地址指向的数据。当地址达到最高位后,自动转向首地址 000000H,如此循环,读出 Flash 中的全部内容,直到片选信号拉高。快速读数据指令与读数据指令的区别是:当快速读数据时,在 24 位地址后紧跟着 1B 的哑字。读数据指令时序图如图 12-6 所示。快速读数据指令时序图如图 12-7 所示。

(4) 页编程指令

在页面编程之前,首先要输入写使能指令,Flash 完成寄存器设置后,片选信号拉低,输入页编程指令,紧接着输入编程地址和数据。一次最多可输入 256 B 数据,如果超出则只保留最后输入的 256 B。如果输入地址的低 8 位不全为零,则从输入的地址开始编程,编程至该页最后,再从该页的起始位置开始编写。数据输入完毕后片选信号必须置高,否则不执行页编程指令。页编程指令时序图如图 12-8 所示。

主从同步串行端口模块—12

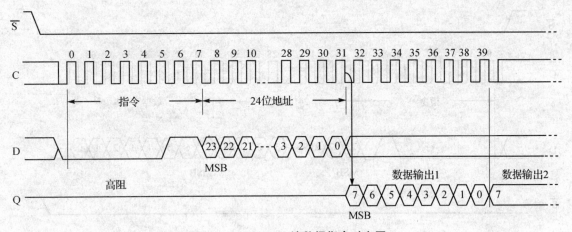

图 12-6　M25P80 读数据指令时序图

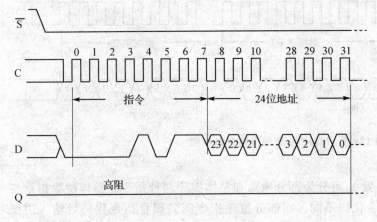

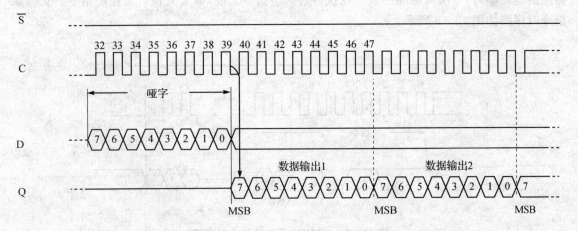

图 12-7　M25P80 快速读数据指令时序图

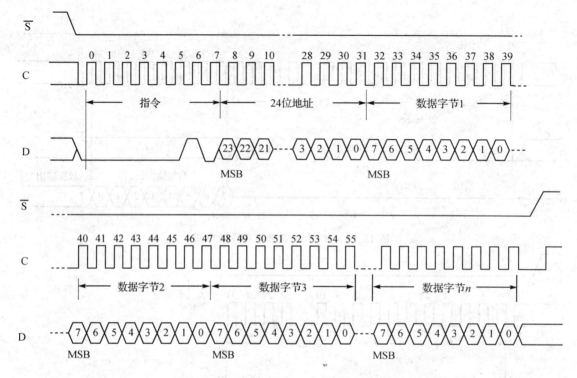

图 12-8 M25P80 页编程指令时序图

(5) 擦除指令

擦除指令是将 Flash 中的 0 置 1,可分为部分擦除和整体擦除两种指令。整体擦除指令与写使能指令类似,只是输入的指令代码不同。而部分擦除指令则只须在指令代码后输入需要擦除的地址即可,一次可擦除一块。在执行这两条指令之前,需要先执行写使能指令。页擦除指令时序图如图 12-9 所示。

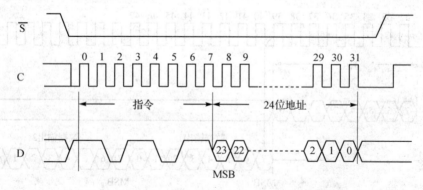

图 12-9 M25P80 页擦除指令时序图

2. 编程注意事项

Flash 正常工作时必须严格按照 Flash 的时序控制信号进行。首次使用 Flash 时,一定要先进行擦除操作,编程指令可将 1 变为 0。需要注意的是,一些指令在操作完成后,需要留出一段时间让 Flash 进行数据处理,如写寄存器周期(t_w)为 5~15 ms,页编程周期(t_{pp})为 1.4~5 ms,部分擦除周期(t_{se})为 1~3 s,而整体擦除周期(t_{be})为 10~20 s。这些指令输入结束后应拉高片选信号足够长的时间,也可以在执行这些指令操作的同时读取内部寄存器的值,以监控上述周期是否结束。一旦检测到指令执行完毕,则执行后续操作,这样可节省时间。如果忽略了 Flash 的处理时间,则会发生错误,将会导致 Flash 无法正确执行指令。M25P80 与 PIC16F877 的连接图如图 12-10 所示。

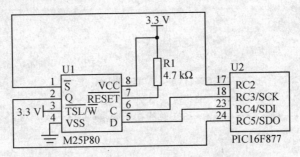

图 12-10　M25P80 与 PIC16F877 连接图

以下程序实现将 1~255 的数据写入 M25P80 的一页中,然后再读出来显示在串口助手窗口中,程序清单如下。

```c
#include <pic.h>
#define uchar unsigned char
#define uint unsigned int
__CONFIG(0x3B31);
#define M25_CS   2
#define DDR_SCK  3
#define DDR_MISO 4
#define DDR_MOSI 5
/******************command word************************/
#define WREN   0x06      //写使能
#define WRDI   0x04      //写禁止
#define RDID   0x9F      //读标识
#define RDSR   0x05      //读状态寄存器
#define WRLR   0xE5      //写锁存寄存器
#define WRSR   0x01      //写状态寄存器
```

```c
#define RDLR       0xE8            //读锁存寄存器
#define READ       0x03            //读数据
#define FAST_READ  0x0B            //快速读数据
#define PW         0x0A            //页写
#define PP         0x02            //页编程
#define PE         0xDB            //页擦除
#define SSE        0x20            //子扇区擦除
#define SE         0xD8            //扇区擦除
#define BE         0xC7            //批量擦除
#define DP         0xB9            //深度掉电
#define RDP        0xAB            //从深度掉电释放
/*************************************************************/
void IO_init(void)
{
    PORTC = 0x0B;
    TRISC = (0<<DDR_MOSI)|(0<<DDR_SCK)|(0<<DDR_SS);
}
//***************************SPI 总线初始化***************************//
void SPI_Init ()
{
    OPTION = 0;
    ADCON1 = 0x07;      //设置 RA0~RA5 和 RE0~RE2 为数字 I/O 口
    TRISC = 0x10;       //设置 RC3/SCK 为输出口,RC4/SDI 为输入口,RC5/SDO 为输出口
    TRISD = 0x00;       //输出口接 LED 等
    PORTD = 0xFF;       //输出高电平
    SSPSTAT = 0x80;     //在输出数据的末尾时刻对输入数据采样
    SSPCON = 0x31;      //使能串口,空闲时,时钟极性是高电平,SPI 主模式下,时钟为 $F_{osc}/16$
    INTCON = 0x00;      //关闭中断
    PIR1 = 0x00;        //清中断标志
}

/******************************************
* * 函数名称:MSPI_SendData()
* * 函数功能:向 SPI 总线发送数据
* * 入口参数:cData 为待发送的数据
* * 出口参数:返回值为读取的数据
******************************************/
uchar MSPI_SendData(uchar cData)
{
```

```c
    /*启动数据传输*/
    SPDR = cData;
    /*等待传输结束*/
    while(!(SPSR & 0x80))            //等待发送完成
    ;
    return(SPDR);                    //返回接收的数据
}

/****************************************************************
* 函数名称：MP25_WriteEnable
* 函数功能：写使能操作
* 函数说明：在 PP,SE,BE,WRSR 之前必须进行写使能操作
* 入口参数：无
* 出口参数：无
****************************************************************/
void MP25_WriteEnable(void)
{
    #asm("wdr")
    MP25_Check();
    M25_CS = 0;                      //片选
    MSPI_SendData(WREN);             //写使能
    M25_CS = 1;                      //禁止片选
}


/****************************************************************
* 函数名称：MP25_WriteDis
* 函数功能：写禁止
* 入口参数：无
* 出口参数：无
****************************************************************/
void MP25_WriteDis(void)
{
    #asm("wdr")
    MP25_Check();
    M25_CS = 0;                      //片选
    MSPI_SendData(WRDI);             //写禁止
    M25_CS = 1;                      //禁止片选
}
/****************************************************************
* 函数名称：MP25_ReadReg
```

```
 *  功能描述:读功能寄存器
 *  全局变量:无
 *  输     入:无
 *  返     回:无
 *****************************************************************/
uchar MP25_ReadReg(void)
{
    uchar Reg_Temp;
    #asm("wdr")
    M25_CS = 0;                          //片选
    MSPI_SendData(RDSR);                 //写指令
    Reg_Temp = MSPI_SendData(0);         //读状态字
    M25_CS = 1;                          //禁止片选
    return(Reg_Temp);                    //返回值
}

/*****************************************************************
 *  函数名称:MP25_Check
 *  功能描述:WIP 位检查
 *  函数说明:1 表示写操作未完成,0 表示写操作完成
 *  调用函数:MP25_ReadReg
 *  全局变量:无
 *  输     入:无
 *  返     回:无
 *****************************************************************/
void MP25_Check(void)
{
    while(MP25_ReadReg() & 0x01)
    {
        #asm("wdr");                     //等待操作完成
        delay_ms(1);
    }
}

/*****************************************************************
 *  函数名称:MP25_WriteReg
 *  功能描述:写状态寄存器
 *  全局变量:无
 *  输     入:无
```

```
*    返    回:无
***************************************************************/
void MP25_WriteReg(uchar comm)
{
    #asm("wdr")
    MP25_Check();
    MP25_WriteEnable();                //写使能
    M25_CS = 0;                        //片选
    MSPI_SendData(WRSR);               //写指令
    MSPI_SendData(comm);               //写数据
    M25_CS = 1;                        //禁止片选
    MP25_WriteDis();                   //写禁止
}


/*****************************读一个字节******************************
*   函数名称:M25P80_SPI_Read
*   功能描述:从 M25P80 的指定地址读出一字节数
*   全局变量:无
*   输    入:无
*   返    回:无
***************************************************************/
uchar M25P80_SPI_Read(long ADDR)
{
    uchar Data_Temp;
    #asm("wdr")
    M25_CS = 0;                                //片选
    MSPI_SendData(READ);                       //写指令
    MSPI_SendData((uchar)(ADDR>>16));          //地址高8位
    MSPI_SendData((uchar)(ADDR>>8));           //地址中8位
    MSPI_SendData((uchar)(ADDR&0xFF));         //地址低8位
    Data_Temp = MSPI_SendData(0);
    M25_CS = 1;                                //禁止片选
    return (Data_Temp);
}


/*****************************写一个字节******************************
*   函数名称:MP25_Write_Byte
*   功能描述:存储单字节数据
*   全局变量:无
```

```
 *  输    入:无
 *  返    回:无
***************************************************************/
void MP25_Write_Byte(long Addr,uchar data)
{
    #asm("wdr")
    MP25_Check();
    MP25_WriteEnable();                        //写使能
    M25_CS = 0;                                //片选
    MSPI_SendData(PP);                         //页写指令
    MSPI_SendData((uchar)(Addr>>16));          //地址高8位
    MSPI_SendData((uchar)(Addr>>8));           //地址中8位
    MSPI_SendData((uchar)(Addr&0xFF));         //地址低8位
    MSPI_SendData(data);                       //写数据
    M25_CS = 1;                                //禁止片选
    MP25_WriteDis();                           //写禁止
}

/*****************************************页写*********************************
 *  函数名称:MP25_Write_Page_Byte
 *  功能描述:写完一页(nByte = 1~256)
 *  全局变量:无
 *  输    入:无
 *  返    回:无
***************************************************************/
void MP25_Write_Page_Byte(long Addr,uchar * buffer,uchar nByte)
{
    uchar i;
    #asm("wdr")
    MP25_Check();
    MP25_WriteEnable();                        //写使能
    M25_CS = 0;                                //片选
    MSPI_SendData(PW);                         //页写指令
    MSPI_SendData((uchar)(Addr>>16));          //地址高8位
    MSPI_SendData((uchar)(Addr>>8));           //地址中8位
    MSPI_SendData((uchar)(Addr&0xFF));         //地址低8位
    for(i = 0;i<nByte;i++)
    {
        #asm("wdr")
```

```c
            MSPI_SendData(*(buffer+i));             //写数据
        }
        M25_CS = 1;                                  //禁止片选
        MP25_WriteDis();                             //写禁止
}

/**************************页编程**********************************
* 函数名称:MP25_Write_nByte
* 功能描述:存储多字节子程序
* 全局变量:无
* 输     入:无
* 返     回:无
********************************************************************/
void MP25_Write_nByte(long Addr,uchar * buffer,uchar nByte)
{
    uchar i;
    #asm("wdr")
    MP25_Check();
    MP25_WriteEnable();                              //写使能
    M25_CS = 0;                                      //片选
    MSPI_SendData(PP);                               //页写指令
    MSPI_SendData((uchar)(Addr>>16));                //地址高8位
    MSPI_SendData((uchar)(Addr>>8));                 //地址中8位
    MSPI_SendData((uchar)(Addr&0xFF));               //地址低8位
    for(i=0;i<nByte;i++)
    {
        #asm("wdr")
        MSPI_SendData(*(buffer+i));                  //写数据

    }
    MSPI_SendData('\0');                             //结束符号
    M25_CS = 1;
    MP25_WriteDis();                                 //禁止片选

}
/*******************************************************************
* 函数名称:M25P80_SPI_NRead
* 功能描述:从 M25P80 的指定地址读出 N 字节
* 全局变量:无
```

```
*    输    入:无
*    返    回:无
*********************************************************************/
void M25P80_SPI_NRead(long ADDR,uchar * buffer,uchar nByte)
{
    uchar i;
    #asm("wdr")
    MP25_Check();
    M25_CS = 0;                                      //片选
    MSPI_SendData(READ);                             //写指令
    MSPI_SendData((uchar)(ADDR>>16));                //地址高8位
    MSPI_SendData((uchar)(ADDR>>8));                 //地址中8位
    MSPI_SendData((uchar)(ADDR&0xFF));               //地址低8位
    for(i = 0;i<nByte;i++)
    {
        *(buffer + i) = MSPI_SendData(0);            //读取数据
        #asm("wdr")
    }
    *(buffer + i) = '\0';
    M25_CS = 1;                                      //禁止片选
}

/*********************************************************************
*  函数名称:M25P80_SPI_FAST_Read
*  功能描述:从 M25P80 的指定地址快速读出 N 字节
*  全局变量:无
*  输    入:无
*  返    回:无
*********************************************************************/
void M25P80_SPI_FAST_Read(long ADDR,uchar * buffer,uchar nByte)
{
    uchar i;
    #asm("wdr")
    MP25_Check();
    M25_CS = 0;                                      //片选
    MSPI_SendData(FAST_READ);                        //写指令
    MSPI_SendData((uchar)(ADDR>>16));                //地址高8位
    MSPI_SendData((uchar)(ADDR>>8));                 //地址中8位
    MSPI_SendData((uchar)(ADDR&0xFF));               //地址低8位
```

```c
        MSPI_SendData(0xFF);                            //哑字
        for(i = 0;i<nByte;i++)
        {
            *(buffer + i) = MSPI_SendData(0xFF);        //读取数据
        }
        M25_CS = 1;                                     //禁止片选
}

/*****************************************************************
 * 函数名称:MP25_Page_Erase
 * 功能描述:页擦除
 * 全局变量:无
 * 输    入:无
 * 返    回:无
 *****************************************************************/
void MP25_Page_Erase(long Addr)
{
    #asm("wdr")
    MP25_Check();
    MP25_WriteEnable();                                 //写使能
    M25_CS = 0;                                         //片选
    MSPI_SendData(PE);                                  //页擦除指令
    MSPI_SendData((uchar)(Addr>>16));                   //地址高8位
    MSPI_SendData((uchar)(Addr>>8));                    //地址中8位
    MSPI_SendData((uchar)(Addr&0xFF));                  //地址低8位
    M25_CS = 1;
    MP25_WriteDis();                                    //禁止片选
}

/*****************************************************************
 * 函数名称:MP25_Sub_EraseSector
 * 功能描述:子扇区擦除
 * 全局变量:无
 * 输    入:无
 * 返    回:无
 *****************************************************************/
void MP25_Sub_EraseSector(long Addr)
{
    #asm("wdr")
```

```
    MP25_Check();
    MP25_WriteEnable();                     //写使能
    M25_CS = 0;                             //片选
    MSPI_SendData(SSE);                     //子扇区擦除指令
    MSPI_SendData((uchar)(Addr>>16));       //地址高8位
    MSPI_SendData((uchar)(Addr>>8));        //地址中8位
    MSPI_SendData((uchar)(Addr&0xFF));      //地址低8位
    M25_CS = 1;                             //禁止片选
    MP25_WriteDis();                        //写禁止
}

/***************************************************************
*   函数名称:MP25_EraseSector
*   功能描述:扇区擦除
*   全局变量:无
*   输    入:无
*   返    回:无
***************************************************************/
void MP25_EraseSector(long Addr)
{
    #asm("wdr")
    MP25_Check();
    MP25_WriteEnable();                     //写使能
    M25_CS = 0;                             //片选
    MSPI_SendData(SE);                      //扇区擦除指令
    MSPI_SendData((uchar)(Addr>>16));       //地址高8位
    MSPI_SendData((uchar)(Addr>>8));        //地址中8位
    MSPI_SendData((uchar)(Addr&0xFF));      //地址低8位
    M25_CS = 1;                             //禁止片选
    MP25_WriteDis();                        //写禁止
}

/***************************************************************
*   函数名称:MP25_EraseBulk
*   功能描述:批量擦除
*   全局变量:无
*   输    入:无
*   返    回:无
***************************************************************/
```

```c
//需要 10 s
void MP25_EraseBulk(void)
{
    #asm("wdr")
    MP25_Check();                    //等待操作完毕
    MP25_WriteEnable();              //写使能
    M25_CS = 0;                      //片选
    MSPI_SendData(BE);               //批量擦除指令
    M25_CS = 1;                      //禁止片选
    MP25_WriteDis();                 //写禁止
}

/***************************************************************
 * 函数名称:M25PWriteStatus
 * 功能描述:写状态寄存器
 * 全局变量:无
 * 输    入:无
 * 返    回:无
 ***************************************************************/
void M25PWriteStatus(uchar databyte)
{
    #asm("wdr")
    MP25_Check();
    MP25_WriteEnable();              // 必须首先使能写锁存
    M25_CS = 0;                      // 置片选信号为低电平
    MSPI_SendData(WRSR);
    MSPI_SendData(databyte);
    M25_CS = 1;                      // 置片选信号为高电平
    MP25_WriteDis();
}

/***************************************************************
 * 函数名称:Init_m25p80
 * 功能描述:初始化 M25P80
 * 全局变量:无
 * 输    入:无
 * 返    回:无
 ***************************************************************/
void Init_m25p80(void)
```

```c
{
    M25PWriteStatus(0x00);
}
void main()
{
    uchar i;
    IO_init();
    SPI_Init ();
    INTCON = INTCON|0xC0;
    for(i = 0;i<255;i++)
    {
        Send_buff[i] = i + 1;              //1~255
        putchar(Send_buff[i]);             //串口发送程序将1~255数据发送到计算机中
    }
    Send_buff[i] = '\0';                   //第256个数据是结束符"\0",一共为一页数据
    Init_m25p80();                         //初始化状态寄存器,可以去掉不用
    MP25_EraseSector(0);                   //擦除扇区函数
    delay_ms(10);                          //延时等待擦除结束
    //指定地址写数据/指定地址读数据
    //MP25_Write_Byte(10,0xAA);            //在地址10处写一个数据0xAA
    //read = M25P80_SPI_Read(10);          //读出地址10处的数据送给变量read
    //putchar(read);                       //将读到的数据发送到计算机中,用串口观察
    //写一页数据/读一页数据
    MP25_Write_nByte(0,Send_buff,255);     //写一页数据
    M25P80_SPI_NRead(0,Receive_buff,255);  //读一页数据
    while (1)
    {
        for(i = 0;i<256;i++)
        {
            putchar(Receive_buff[i]);      //将读取的一页数据发送到计算机中
            delay_ms(10);                  //用串口观察到接收到的数据
        }
    };
}
```

串口显示程序留给读者来做。串口测试结果如图12-11所示。图中前面阴影部分的数据是 Send_buff 数组中准备写入 M25P80 中的数据,下面 01~FF~00 的数据是从 M25P80 中读出的数据。

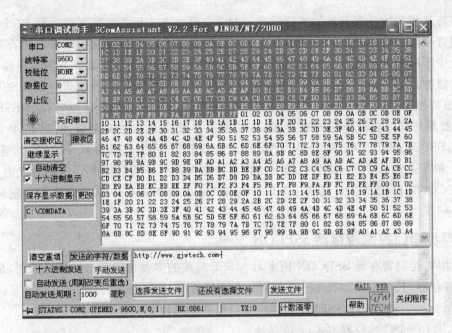

图 12-11 M25P80 串口读取数据测试结果

SPI 总线应用比较广泛,只有先弄清原理,然后进行实验才能彻底了解其工作方式。SPI 总线的芯片很多,如 TLC2543 等,这里不再一一列举,可通过多做练习来掌握其应用方法。

12.2 I²C 总线方式

I²C 总线是由 Philips 公司发明的一种高性能芯片间串行同步传输总线,它只需两根数据线就可实现完善的双工同步数据传送,并能极其方便地构成多机系统和外围器件扩展系统。I²C 总线采用器件地址的硬件设置方法,通过软件寻址可完全避免器件片选线寻址的弊端。MSSP 模块支持 I²C 方式的技术要求以及 7 位和 10 位的寻址。数据传输时的两个引脚分别为:

① 串行数据引脚(简称 SDA),对应 RC4/SDI/SDA 引脚;

② 串行时钟引脚(简称 SCL),对应 RC3/SCK/SCL 引脚。

当 I²C 方式使能时,系统自动组态 SDA 和 SCL 引脚,通过对使能位 SSPEN(SSPCON⟨5⟩)进行设置,MSSP 模块功能被使能。

12.2.1 寄存器设置

为了掌握 PIC16F877 系列单片机的 I²C 总线方式的使用,与使用 SPI 总线方式一样,首先要熟悉与其相关的各寄存器的各位定义。与 I²C 总线方式相关的寄存器共有 12 个,分别是中断控制寄存器 INTCON、第一外设中断标志寄存器 PIR1、第一外设中断屏蔽寄存器 PIE1、第二外设中断标志寄存器 PIR2、第二外设中断屏蔽寄存器 PIE2、RC 端口方向寄存器 TRISC、收发数据缓冲器 SSPBUF、同步串口控制寄存器 SSPCON、同步串口控制寄存器 2 SSPCON2、从地址/波特率寄存器 SSPADD、同步串口状态寄存器 SSPSTAT 和移位寄存器 SSPSR。前 6 个寄存器是与其他模块合用的寄存器,其功能及各位定义在此不再赘述;另外 4 个寄存器 SSPBUF、SSPSR、SSPCON 和 SSPSTAT 的位定义已在 SPI 总线方式中介绍过,但寄存器 SSPCON 和 SSPSTAT 中与 I²C 总线方式相关位的含义与 SPI 总线方式中的含义有所不同;此外,SSPCON2 和 SSPADD 是属于 I²C 总线方式专用的两个寄存器,所以下面分别对它们进行介绍。

1. 同步串口控制寄存器 SSPCON

同步串口控制寄存器 SSPCON 用来对 MSSP 模块的多种功能和指标进行控制,是一个可读/写的寄存器,其位定义如表 12-2 所列。与 I²C 总线方式相关的位及其功能如下:

◆ Bit3~0 SSPM3~SSPM0 为同步串口模式选择位。其取值为:
- 0110＝I²C 被控器方式,7 位寻址。
- 0111＝I²C 被控器方式,10 位寻址。
- 1000＝I²C 主控器方式,时钟＝$F_{OSC}/4\times(SSPADD+1)$。
- 1011＝I²C 由软件控制的主控器方式(被控器方式空闲)。
- 1110＝I²C 由软件控制的主控器方式,启动位和停止位被允许中断的 7 位寻址。
- 1111＝I²C 由软件控制的主控器方式,启动位和停止位被允许中断的 10 位寻址。
- 1001、1010、1100 和 1101＝保留未用。

◆ Bit4 CKP 为时钟极性选择位。该位是在 I²C 被控器方式下的 SCL 时钟使能位。其取值为:
- 1＝时钟正常工作。
- 0＝将时钟线拉低并保持,以延长时钟周期,来确保数据建立时间。

在 I²C 主控器方式下未使用。

◆ Bit5 SSPEN 为同步串行端口使能位。其取值为:
- 1＝允许串行端口使能,并且设定 SDA 和 SCL 为 I²C 总线专用引脚。
- 0＝关闭串行端口使能,并且设定 SDA 和 SCL 为普通数字 I/O 端口。

◆ Bit6 SSPOV 为接收溢出标志值。其取值为:
- 1＝当 SSPBUF 中的前一个数据还没有被取走时,又收到了新数据。在发送方式下此位无效,必须用软件清 0。
- 0＝未发生接收溢出。

◆ Bit7　WCOL 为写操作冲突检测位。其取值为：
- 1＝在 I²C 总线的状态还没有准备好时，试图向 SSPBUF 缓冲器写入数据（必须用软件清 0）。
- 0＝未发生冲突。

2. 同步串口控制寄存器 2 SSPCON2

SSPCON2 寄存器主要是为了增强 MSSP 模块 I²C 总线模式的主控器功能而新增加的，它也是一个可读/写寄存器。其中 GCEN 位仅用于 I²C 被控器方式，其余 7 位仅用于 I²C 主控器方式。其各位定义如表 12－7 所列。

表 12－7　SSPCON2 位定义

Bit7	Bit6	Bit5	Bit4	Bit3	Bit2	Bit1	Bit0
GCEN	ACKSTAT	ACKDT	ACKEN	RCEN	PEN	PSEN	SEN

SSPCON2 寄存器各位的定义如下：

◆ Bit0　SEN 为启动信号时序发送使能位。其取值为：
- 1＝在 SDA 和 SCL 引脚上建立并发送一个启动信号时序（被硬件自动清 0）。
- 0＝不在 SDA 和 SCL 引脚上建立和发送启动信号时序。

◆ Bit1　RSEN 为重启动信号时序发送使能位。其取值为：
- 1＝在 SDA 和 SCL 引脚上建立并发送一个重启动信号时序（被硬件自动清 0）。
- 0＝不在 SDA 和 SCL 引脚上建立和发送重启动信号时序。

◆ Bit2　PEN 为停止信号时序发送使能位。其取值为：
- 1＝在 SDA 和 SCL 引脚上建立并发送一个停止信号时序（被硬件自动清 0）。
- 0＝不在 SDA 和 SCL 引脚上建立和发送停止信号时序。

◆ Bit3　RCEN 为接收使能位。其取值为：
- 1＝使能接收模式，以接收来自 I²C 总线上的信息。
- 0＝禁止接收模式工作。

◆ Bit4　ACKEN 为应答信号时序发送使能位。在 I²C 主控器接收方式下的取值为：
- 1＝在 SDA 和 SCL 引脚上建立并发送一个携带有应答信息位 ACKDT 的应答信号时序（被硬件自动清 0）。
- 0＝不在 SDA 和 SCL 引脚上建立和发送应答信号时序。

◆ Bit5　ACKDT 为应答信息位。在 I²C 主控器接收方式下，在接收完一字节后，主控器软件应反送一个应答信号，该位就是用户软件写入的将被反送的值。其取值为：
- 1＝将发送非应答位（NACK）。
- 0＝将发送有效应答位（$\overline{ACK}$）。

- Bit6 ACKSTAT 为应答状态位。在 I²C 主控器发送方式下,硬件自动接收来自被控接收器的应答信号。其取值为:
  - 1=没有收到来自被控接收器的有效应答位(或表示为 NACK)。
  - 0=收到来自被控接收器的有效应答位(或表示为 $\overline{NACK}$)。
- Bit7 GCEN 为通用呼叫地址寻址使能位。其取值为:
  - 1=当 SSPSR 中收到通用呼叫地址(00H)时允许中断。
  - 0=禁止以通用呼叫地址寻址。

3. 从地址/波特率寄存器 SSPADD

在 I²C 主控器工作方式下,SSPADD 寄存器被用做波特率发生器的定时参数装载寄存器。在 I²C 被控器工作方式下,SSPADD 寄存器被用做地址寄存器,用来存放从器件地址,且在 10 位寻址方式下,用户程序需要写入高字节(11110$A_9A_8$0),一旦该高字节与所收到的地址字节匹配,则再装入地址的低字节($A_7 \sim A_0$)。SSPADD 的位定义如表 12-8 所列。

表 12-8 SSPADD 位定义

Bit7	Bit6	Bit5	Bit4	Bit3	Bit2	Bit1	Bit0
I²C 被控器方式下地址寄存器/主控器方式下波特率寄存器							

4. 同步串口状态寄存器 SSPSTAT

同步串口状态寄存器 SSPSTAT 用来对 MSSP 模块的各种工作状态进行记录。其最高两位可读/写,低六位只能读出。其各位定义如表 12-3 所列。各位具体含义如下:
- Bit0 BF 为缓冲器已满标志位。在 I²C 总线方式下接收时,其取值为:
  - 1=接收成功,缓冲器 SSPBUF 已满。
  - 0=接收未完成,缓冲器 SSPBUF 仍为空。

  在 I²C 总线方式下发送时,其取值为:
  - 1=数据发送正在进行中(不包含应答位和停止位),缓冲器 SSPBUF 仍满。
  - 0=数据发送已完成(不包含应答位和停止位),缓冲器 SSPBUF 已空。
- Bit1 UA 为地址更新标志位(仅用于 I²C 总线的 10 位地址寻址方式)。其取值为:
  - 1=需要用户更新 SSPADD 寄存器中的地址(该位由硬件自动置 1)。
  - 0=不需要用户更新 SSPADD 寄存器中的地址。
- Bit2 R/$\overline{W}$ 为读/写信息位(仅用于 I²C 总线方式)。该位记录最近一次地址匹配后,从地址字节中获取的读/写状态信息。该位仅从地址匹配到下一个启动位或停止位或非应答位被检测到的期间之内有效。它与 SEN、RSEN、PEN、RCEN 或 ACKEN 位一起,用于显示 MSSP 模块是否处于空闲状态。在 I²C 被控器方式下,其取值为:

- 1=读操作。
- 0=写操作。

在 I²C 主控器方式下,其取值为:
- 1=正在进行发送。
- 0=未进行发送。

◆ Bit3 S 为启动位(仅用于 I²C 总线方式,当 SSPEN(SSPCON⟨5⟩)为 0 且 MSSP 模块被关闭时,该位被自动清 0)。其取值为:
- 1=最近检测到了启动位(单片机复位时该位为 0)。
- 0=最近没有检测到启动位。

◆ Bit4 P 为停止位(仅用于 I²C 总线方式,当 SSPEN(SSPCON⟨5⟩)为 0 且 MSSP 模块被关闭时,该位被自动清 0)。其取值为:
- 1=最近检测到了停止位(单片机复位时该位为 0)。
- 0=最近没有检测到停止位。

◆ Bit5 D/$\overline{A}$ 为数据/地址标志位(仅用于 I²C 总线方式)。其取值为:
- 1=最近一次接收或发送的字节是数据。
- 0=最近一次接收或发送的字节是地址。

◆ Bit6 CKE 为 SPI 时钟沿选择位兼 I²C 总线输入电平规范选择位。在 I²C 主控器和被控器方式下的取值为:
- 1=输入电平遵循 SMBus 总线规范。
- 0=输入电平遵循 I²C 总线规范。

◆ Bit7 SMP 为 SPI 采样控制位兼 I²C 总线转换率控制位。在 I²C 主控器和被控器方式下的取值为:
- 1=转换率控制被关闭,以便适应标准速度模式(100 kHz)。
- 0=转换率控制被打开,以便适应快速速度模式(400 kHz)。

12.2.2 波特率发生器

信号时序的产生离不开定时器件。MSSP 模块内部配置了一个专用的波特率发生器 BRG,用来设置 I²C 工作方式下串行时钟 SCL 的频率。波特率发生器的电路结构如图 12-12 所示。

设置 SCL 频率的具体方法是:用户程序向 SSPADD 寄存器的低 7 位中写入一个定时参数,该定时参数在"重装载控制逻辑"的控制下,一旦装载到"BRG 减法计数器"中,就自动开始进行减法计数,当减到 0 时自动停止,直到再次被装载。BRG 中的计数值在一个指令周期 T_{cy} 内进行两次减 1 操作,即在第 2 个时钟周期(Q2)和第 4 个时钟周期(Q4)各减一次。在 SCL 引脚上输出的时钟频率计算公式为

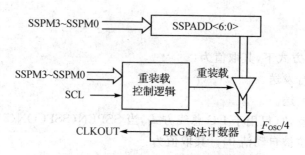

图 12-12 波特率发生器电路结构

$$SCL\text{ 时钟频率} = F_{osc}/[4\times(SSPADD+1)]$$

BRG 的每个计数周期都会在 SCL 引脚上产生一个定时参数规定宽度的高电平或低电平。一旦给定操作完成之后，BRG 计数器就自动停止计数，且 SCL 时钟线保持在原有电平上。

在 I²C 主控器工作方式下，波特率发生器自动装载，如果发生时钟仲裁现象，即 SCL 时钟线由被控器暂时锁定在了低电平上，则只能等到 SCL 时钟线被恢复为高电平且被主控器检测到时，BRG 才能被重新装载。BRG 的工作时序图如图 12-13 所示。从该图可以看出，一旦 BRG 被装入初始值（在此假设为 03H），就自动开始减计数（图中描绘的是 BRG 的一个减计数周期对应于 SCL 的一个低电平脉宽的情况）。当 BRG 减到 00H 时，主控器释放 SCL 时钟线，企图由 I²C 总线共用上拉电阻 R_{pl} 拉高 SCL 时钟线，可是，此时被控器钳制了 SCL 时钟线，当结果被主控器检测到后，就只好向后拖延 BRG 被重新装载的时间。

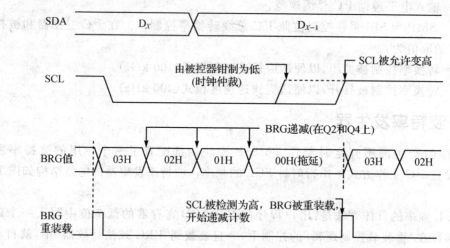

图 12-13 BRG 的工作时序图

12.2.3 24C02 编程应用

24C02 是一款基于 I^2C 总线的 EEPROM 存储器,其存储容量为 256 字节。

1. 器件特点

- ◆ 与 400 kHz 的 I^2C 总线兼容;
- ◆ 1.8～6.0 V 的宽电压工作范围;
- ◆ 低功耗 CMOS 技术制作;
- ◆ 写保护功能;
- ◆ 页写缓冲器;
- ◆ 自定时擦写周期;
- ◆ 可保存数据一百年;
- ◆ 8 脚 DIP、SOIC 和 TSSOP 封装;
- ◆ 温度范围为商业级、工业级和汽车级。

2. 24C02 的功能描述

24C02 支持 I^2C 总线数据传输协议。I^2C 总线协议规定:将数据发送到总线的任何器件为发送器;从总线接收数据的任何器件为接收器。数据传送是由产生串行时钟和所有起始/停止信号的主器件控制的。主器件和从器件都可作为发送器和接收器,但由主器件控制传送数据的模式,通过器件地址输入端 A_0、A_1 和 A_2 可实现 8 个 24C02 连接在一条 I^2C 总线上。

3. I^2C 总线规则

初始状态时,SCL 和 SDA 两引脚都为高电平。当 SCL 为高电平时,如果 SDA 跌落,则认为是起始位。当 SCL 为高电平时,如果 SDA 上升,则认为是停止位。另外,在发送数据过程中,当 SCL 为高电平时,SDA 应保持稳定。ACK 应答位指在此时钟周期内由从器件(EEPROM)把 SDA 拉低,表示回应。此时,主器件的 SDA 口的属性应该变为输入,以便检测。

在写数据周期依次执行以下过程:

- ◆ 发初始位。
- ◆ 发写入代码(8 位)1010($A_2A_1A_0$)0,其中 A_2、A_1 和 A_0 三位是片地址,由 24C02 的硬件决定,文中采用 000 表示。
- ◆ 收 ACK 应答(1 位)。
- ◆ 发 EEPROM 片内地址(即要写入 EEPROM 的位置)(8 位),为 0x00～0xFF 中的任意一个值,对应 EEPROM 中的相应位。
- ◆ 收 ACK 应答(16 位)。
- ◆ 要发送的数据(8 位),即存储到 EEPROM 中的数据。

- ◆ 发停止位。

在读数据周期依次执行以下过程：
- ◆ 发起始位。
- ◆ 发写入代码(8位)1010($A_2A_1A_0$)0，其中 A_2、A_1 和 A_0 三位是片地址，由24C02的硬件决定，文中采用000表示。
- ◆ 收 ACK 应答(1位)。
- ◆ 发起始位(1位)。
- ◆ 发读出代码(8位)1010($A_2A_1A_0$)1，其中 A_2、A_1 和 A_0 三位是片地址，由24C02的硬件接线决定，文中采用000表示。
- ◆ 接收。
- ◆ 发 ACK 应答。
- ◆ 发停止位。

4. 硬件电路设计

24C02的电路图如图12-14所示，24C02共有8个引脚，其中8脚和4脚分别接电源的正极和负极；5脚是 I^2C 总线的数据/地址引脚 SDA，连接到单片机 PIC16F877 的 RC4 脚上；6脚是 I^2C 总线的串行时钟引脚 SCL，连接到单片机 PIC16F877 的 RC3 脚；引脚 A_0、A_1 和 A_2 是 24C02 的地址脚，因本例只用到了一个24C02，所以将这3个引脚都接地；7脚是24C02的写保护引脚，若要对24C02进行写操作，则必须将此脚设置为低电平。24C02的引脚功能如表12-9所列。

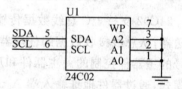

图12-14 24C02电路图

表12-9 24C02的引脚功能

引脚序号	引脚名	功能
1、2、3	A_0、A_1、A_2	器件地址选择
4	VSS	地
5	SDA	串行数据/地址
6	SCL	串行时钟
7	WP	写保护
8	VCC	1.8～6.0 V 工作电压

5. 软件设计

在程序设计时，要特别注意以下两个问题：

- 24C02 有一个约 10 ms 的片内写周期。在该周期内，24C02 不对外界操作做出反应。
- 在发送数据过程中，要确保当 SCL 为高电平时，SDA 保持稳定。24C02 的读/写程序流程图如图 12-15 所示。

以下程序在地址 0～9 单元中写入 0x55，然后读出来通过串口发送出去，此时在 PC 机上通过串口助手窗口可以观察读出的数据。程序清单如下。

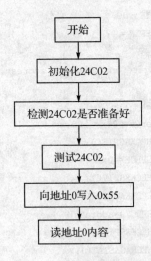

图 12-15　24C02 读/写程序流程图

```
# include <pic.h>
void INII2C(void);
void USART(int a);
void INITIAL(void);
void CHECKSSPIF();
void CHECKACKSTAT();
void write(unsigned char address, unsigned char data);
unsigned char read(unsigned char address);
void main()
{
    unsigned char x, data;
    INITIAL();
    INII2C();
    for (x = 0;x<10;x++)
    {
        write(x,0x55);
        Data = read(x);
        USART(data);
    }
}
void INII2C(void)
{
    TRISC3 = 0;
    TRISC4 = 0;
    SSPCON = 0x28;
    SSPCON2 = 0x00;
    SSPSTAT = 0x80;
    SSPADD = 0x80;
    SSPADD = 0x02;
```

```c
    GIE = 0;
    SSPEN = 1;
}
void write(unsigned char address, unsigned char data)
{
    SEN = 1;
    for(x = 0;x<100;x++);
    CHECKSSPIF();
    SSPBUF = 0xA0;
    CHECKSSPIF();
    CHECHKACKSTAT();
    SSPBUF = address;
    CHECKSSPIF();
    CHECKACKSTAT();
    SSPBUF = data;
    CHECKSSPIF();
    PEN = 1;
    CHECKSSPIF();
}
unsigned char read(unsigned char address)
{
    unsigned char data;
    SEN = 1;
    for(x = 0;x<100;x++);
    CHECKSSPIF();
    SSPBUF = 0xA0;
    CHECKSSPIF();
    CHECKACKSTAT();
    SSPBUF = address;
    CHECKSSPIF();
    CHECKACKSTAT();
    RSEN = 1;
    for(x = 0;x<100;x++);
    CHECKSSPIF();
    SSPBUF = 0xA1;
    CHECKSSPIF();
    CHECKACKSTAT();
    SSPBUF = address;
```

```
    CHECKSSPIF();
    CHECKACKSTAT();
    RCEN = 1;
    DELAY(1);
    Data = SSPBUF;
    SSPIF = 0;
    ACKDT = 0;
    ACKEN = 1;
    while(ACKEN == 1)
    {
        ;
    }
    RCEN = 0;
    return(data);
}
//延时程序
void DELAY(int time)
{
    int x,y;
    for(x = 0;x<100;x ++)
    {
        for(y = 0;y<time;y ++);
    }
}
//检测 SSPBUF 发送是否完成
void checksspif()
{
    while(SSPIF == 0)
    {
        ;
    }
    SSPIF = 0;
}
//检测应答信号
void CHECKACKSTAT()
{
    while(ACKSTAT == 1)
    {
        ;
    }
```

```
        ACKSTAT = 1;
}
//串口发送
void USART(int a)
{
    Txsta_5 = 0x01;
    while(!TXIF)
        continue;
    TXREG = a;
}
//串口初始化
void INITIAL(void)
{
    SPBRG = 23;
    TRISC = 0xFF;
    TXSTA = 0xA6;
    RCSTA = 0xB0;
    PIR1 = 0x00;
}
```

12.2.4 PCF8563 I²C 实时时钟/日历芯片

1. 概　述

PCF8563 是低功耗的 CMOS 实时时钟/日历芯片,它提供了一个可编程时钟输出、一个中断输出和一个掉电检测器,所有的地址和数据都通过 I²C 总线接口串行传递。最大总线速度为 400 kb/s,每次读/写数据后,内嵌的字地址寄存器都会自动产生增量。

2. 特　性

◆ 低工作电流,典型值为 0.25 μA(V_{DD}=3.0 V,T_{amb}=25℃时)。

◆ 世纪标志。

◆ 大工作电压范围,值为 1.0～5.5 V。

◆ 低休眠电流,典型值为 0.25 μA(V_{DD}=3.0 V,T_{amb}=25℃时)。

◆ 400 kHz 的 I²C 总线接口(V_{DD}=1.8～5.5 V 时)。

◆ 可编程时钟输出频率为 32.768 kHz、1 024 Hz、32 Hz 和 1 Hz。

◆ 报警和定时器。

◆ 掉电检测器。

◆ 内部集成的振荡器电容。

- ◆ 片内电源复位功能。
- ◆ I^2C 总线的从地址读数据时为 0A3H,写数据时为 0A2H。
- ◆ 开漏中断引脚。

3. 引脚配置

PCF8563 的引脚配置图如图 12-16 所示,每个引脚的功能如表 12-10 所列。

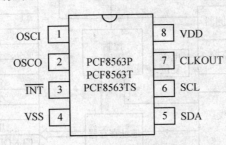

图 12-16 PCF8563 引脚配置图

表 12-10 PCF8563 的引脚功能描述

符号	引脚	描述	符号	引脚	描述
OSCI	1	振荡器输入	SDA	5	串行数据
OSCO	2	振荡器输出	SCL	6	串行时钟
INT	3	中断输出(开漏,低电平有效)	CLKOUT	7	时钟输出(开漏)
VSS	4	地	VDD	8	正电源

4. 功能描述

从图 12-17 可以看出,PCF8563 有 16 个 8 位寄存器,一个可自动增量的地址寄存器、一个内置 32.768 kHz 的振荡器(带有一个内部集成的电容)、一个分频器(用于给实时时钟 RTC 提供源时钟)、一个可编程时钟输出、一个定时器、一个报警器、一个掉电检测器和一个 400 kHz 的 I^2C 总线接口。所有 16 个寄存器都设计成可寻址的 8 位并行寄存器,但不是所有位都有用。前两个寄存器(内存地址 00H 和 01H)用于控制/状态寄存器,内存地址 02H~08H 用于时钟计数器(秒~年计数器),地址 09H~0CH 用于报警寄存器(定义报警条件),地址 0DH 控制 CLKOUT 引脚的输出频率,地址 0EH 和 0FH 分别用于定时器控制寄存器和定时器寄存器。秒、分钟、小时、日、月、年、分钟报警、小时报警、日报警寄存器的编码格式为 BCD,星期和星期报警寄存器不以 BCD 格式编码。当一个 RTC 寄存器被读时,所有计数器的内容被锁存,因此,在传送条件下,可以禁止对时钟/日历芯片的错读。

(1) 报警功能模式

一个或多个报警寄存器 MSB 的报警使能位 AE 被清 0 时,相应的报警条件有效,这样,一

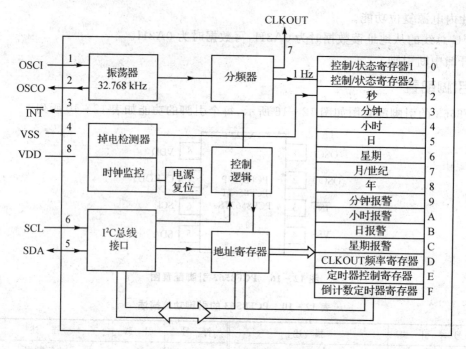

图 12-17 PCF8563 内部结构图

个报警将在每分钟至每星期范围内产生一次。设置报警标志位 AF(控制/状态寄存器2的位3)用于产生中断,AF 只可以用软件清除。

(2) 定时器

8位的倒计数器(地址 0FH)由定时器控制寄存器控制,定时器控制寄存器用于设定定时器的频率(为 4 096 Hz、64 Hz、1 Hz 或 1/60 Hz),以及设定定时器有效或无效。定时器从软件设置的 8 位二进制数倒计数,每次倒计数结束,定时器设置标志位 TF(控制/状态寄存器2的位2)。TF 只可用软件清除,且用于产生一个中断($\overline{INT}$),每个倒计数周期产生一个脉冲作为中断信号。TI/TP(控制/状态寄存器2的位4)控制中断产生的条件。当读定时器时,返回当前倒计数的数值。

(3) CLKOUT 输出

引脚 CLKOUT 可输出可编程的方波。CLKOUT 频率寄存器决定方波的频率,CLKOUT 可以输出 32.768 kHz(默认值)、1 024 Hz、32 Hz 和 1 Hz 的方波。CLKOUT 为开漏输出引脚,通电时有效,无效时为高阻抗。

(4) 复 位

PCF8563 包含一个片内复位电路,当振荡器停止工作时,复位电路开始工作。在复位状态下,I^2C 总线初始化,标志位 TF、VL、TD1、TD0、TESTC 和 AE 被置逻辑 1,其他标志位和地址指针被清 0。

(5) 掉电检测器和时钟监控

PCF8563 内嵌掉电检测器,当 V_{DD} 低于 V_{low} 时,位 VL(秒寄存器的位 7)被置 1,表示可能产生不准确的时钟/日历信息,VL 标志位只可用软件清除,当 V_{DD} 慢速降低(例如以电池供电)达到 V_{low} 时,标志位 VL 被设置,这时可能会产生中断。PCF8563 掉电检测原理图如图 12-18 所示。

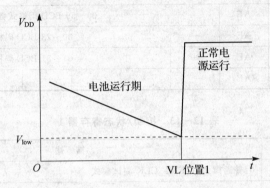

图 12-18 PCF8563 掉电检测原理图

(6) 寄存器结构

PCF8563 的内部寄存器如表 12-11 和表 12-12 所列,表中标明"—"的位无效,标明"0"的位应置逻辑 0。控制/状态寄存器 1 和 2 各位的作用如表 12-13 和表 12-14 所列。

表 12-11 PCF8563 内部寄存器

地 址	寄存器名称	Bit7	Bit6	Bit5	Bit4	Bit3	Bit2	Bit1	Bit0
00H	控制/状态寄存器 1	TEST1	0	STOP	0	TESTC	0	0	0
01H	控制/状态寄存器 2	0	0	0	TI/TP	AF	TF	AIE	TIE
0DH	CLKOUT 频率寄存器	FE	—	—	—	—	—	FD1	FD0
0EH	定时器控制寄存器	TE	—	—	—	—	—	TD1	TD0
0FH	定时器倒计数数值寄存器	定时器倒计数数值							

表 12-12 PCF8563 内部 BCD 格式寄存器

地 址	寄存器名称	Bit7	Bit6	Bit5	Bit4	Bit3	Bit2	Bit1	Bit0
02H	秒	VL	00~59 BCD 码格式数						
03H	分钟	—	00~59 BCD 码格式数						
04H	小时	—	—	00~59 BCD 码格式数					

续表 12-12

地址	寄存器名称	Bit7	Bit6	Bit5	Bit4	Bit3	Bit2	Bit1	Bit0
05H	日	—	—	01~31 BCD 码格式数					
06H	星期	—	—	—	—	—	0~6		
07H	月/世纪	C	—	—	01~12 BCD 码格式数				
08H	年	00~99 BCD 码格式数							
09H	分钟报警	AE	00~59 BCD 码格式数						
0AH	小时报警	AE	—	00~23 BCD 码格式数					
0BH	日报警	AE	—	01~31 BCD 码格式数					
0CH	星期报警	AE	—	—	—	—	—	0~6	

表 12-13 控制/状态寄存器 1

位	符号	描述
7	TEST1	0:普通模式;1:EXT_CLK 测试模式
5	STOP	0:芯片时钟运行;1:所有芯片分频器异步置逻辑 0,芯片时钟停止运行(CLKOUT 在 32.768 kHz 时可用)
3	TESTC	0:电源复位功能失效(普通模式时置逻辑 0);1:电源复位功能有效
6,4,2,1,0	0	默认值置逻辑 0

表 12-14 控制/状态寄存器 2

位	符号	描述
7,6,5	0	默认值置逻辑 0
4	TI/TP	0:当 TF 有效时 $\overline{INT}$ 有效(取决于 TIE 的状态);1:$\overline{INT}$ 脉冲有效,参见表 12-15(取决于 TIE 的状态)。注意:若 AF 和 AIE 都有效,则 $\overline{INT}$ 一直有效
3	AF	当报警发生时,AF 被置逻辑 1;相似的是,在定时器倒计数结束时,TF 被置逻辑 1,它们在被软件重写前一直保持原有值,若定时器和报警中断都请求时,中断源由 AF 和 TF 决定,要使清除一个标志位而防止另一标志位被重写,应运用逻辑指令 AND,标志位 AF 和 TF 值的描述参见表 12-16
2	TF	
1	AIE	标志位 AIE 和 TIE 决定一个中断的请求有效或无效,当 AF 或 TF 中有一个为 1 时,中断是 AIE 和 TIE 都置 1 时的逻辑"或"。AIE=0:报警中断无效;AIE=1:报警中断有效;TIE=0:定时器中断无效;TIE=1:定时器中断有效
0	TIE	

$\overline{INT}$操作(位 TI/TP=1)产生中断信号的周期与时钟源和倒计数定时器值有关,如表 12-15 所列。AF 和 TF 值的描述如表 12-16 所列。

表 12-15 时钟源与中断信号周期

源时钟/Hz	$\overline{INT}$周期	
	$n=1$	$n>1$
4 096	1/8 192	1/4 096
64	1/128	1/64
1	1/64	1/64
1/60	1/64	1/64

注:1 TF 和 $\overline{INT}$ 同时有效。
2 n 为倒计数定时器的数值,当 $n=0$ 时定时器停止工作。

表 12-16 AF 和 TF 值描述

R/W	AF		TF	
	值	描述	值	描述
读	0	报警标志无效	0	定时器标志无效
	1	报警标志有效	1	定时器标志有效
写	0	报警标志被清除	0	定时器标志被清除
	1	报警标志保持不变	1	定时器标志保持不变

1) 秒、分钟和小时寄存器

表 12-17 是秒寄存器位描述(地址 02H)。

表 12-17 秒寄存器位描述

位	符号	描述
7	VL	0:保证准确的时钟/日历数据;1:不保证准确的时钟/日历数据
6~0	〈秒〉	代表 BCD 格式的当前秒数值,值为 00~99,例如〈秒〉=1011001,代表 59 秒

表 12-18 是分钟寄存器位描述(地址 03H)。

表 12-18 分钟寄存器位描述

位	符号	描述
7	—	无效
6~0	〈分钟〉	代表 BCD 格式的当前分钟数值,值为 00~59

表12-19是小时寄存器位描述(地址04H)。

表12-19 小时寄存器位描述

位	符 号	描 述
7~6	—	无效
5~0	〈小时〉	代表BCD格式的当前小时数值,值为00~23

2) 日、星期、月/世纪和年寄存器

表12-20是日寄存器位描述(地址05H)。

表12-20 日寄存器位描述

位	符 号	描 述
7~6	—	无效
5~0	〈日〉	代表BCD格式的当前日数值,值为01~31。当年计数器的值是闰年时,PCF8563自动给二月增加一个值,使其成为29天

表12-21是星期寄存器位描述(地址06H)。

表12-21 星期寄存器位描述

位	符 号	描 述
7~3	—	无效
2~0	〈星期〉	代表当前星期数值0~6,参见表12-22,这些位也可由用户重新分配

表12-22是星期分配表。

表12-22 星期分配表

日(Day)	Bit2	Bit1	Bit0
星期日	0	0	0
星期一	0	0	1
星期二	0	1	0
星期三	0	1	1
星期四	1	0	0
星期五	1	0	1
星期六	1	1	0

表12-23是月/世纪寄存器位描述(地址07H)。

表 12-23 月/世纪寄存器位描述

位	符号	描述
7	C	世纪位。0:指定世纪数为20××;1:指定世纪数为19××。其中"××"为年寄存器中的值,参见表12-25。当年寄存器中的值由99变为00时,世纪位会改变
6~5	—	无用
4~0	〈月〉	代表BCD格式的当前月份,值为01~12,参见表12-24

表 12-24 是月分配表。

表 12-24 月分配表

月份	Bit4	Bit3	Bit2	Bit1	Bit0
一月	0	0	0	0	1
二月	0	0	0	1	0
三月	0	0	0	1	1
四月	0	0	1	0	0
五月	0	0	1	0	1
六月	0	0	1	1	0
七月	0	0	1	1	1
八月	0	1	0	0	0
九月	0	1	0	0	1
十月	1	0	0	0	0
十一月	1	0	0	0	1
十二月	1	0	0	1	0

表 12-25 是年寄存器位描述(地址08H)。

表 12-25 年寄存器位描述

位	符号	描述
7~0	〈年〉	代表BCD格式的当前年数值,值为00~99

3) 报警寄存器

当一个或多个报警寄存器写入合法的分钟、小时、日或星期数值并且它们相应的 AE 位为逻辑 0,以及这些数值与当前的分钟、小时、日或星期数值相等时,报警标志位 AF 被设置,AF 保持该值直到被软件清除为止。AF 被清除后,只有在时间增量与报警条件再次匹配时才可再次被设置。报警寄存器在它们相应的位 AE 置为逻辑 1 时将被忽略。

表 12-26 是分钟报警寄存器位描述(地址09H)。

表 12-26 分钟报警寄存器位描述

位	符 号	描 述
7	AE	0：分钟报警有效；1：分钟报警无效
6~0	〈分钟报警〉	代表 BCD 格式的分钟报警数值，值为 00~59

表 12-27 是小时报警寄存器位描述（地址 0AH）。

表 12-27 小时报警寄存器位描述

位	符 号	描 述
7	AE	0：小时报警有效；1：小时报警无效
6	—	无用
5~0	〈小时报警〉	代表 BCD 格式的小时报警数值，值为 00~23

表 12-28 是日报警寄存器位描述（地址 0BH）。

表 12-28 日报警寄存器位描述

位	符 号	描 述
7	AE	0：日报警有效；1：日报警无效
6	—	无用
5~0	〈日报警〉	代表 BCD 格式的日报警数值，值为 00~31

表 12-29 是星期报警寄存器位描述（地址 0CH）。

表 12-29 星期报警寄存器位描述

位	符 号	描 述
7	AE	0：星期报警有效；1：星期报警无效
6~3	—	无用
2~0	〈星期报警〉	代表 BCD 格式的星期报警数值，值为 0~6

4) CLKOUT 频率寄存器

表 12-30 是 CLKOUT 频率寄存器位描述（地址 0DH）。

表 12-30 CLKOUT 频率寄存器位描述

位	符 号	描 述
7	FE	0：CLKOUT 输出被禁止并设为高阻抗；1：CLKOUT 输出有效

续表 12-30

位	符 号	描 述
6～2	—	无用
1	FD1	用于控制 CLKOUT 的频率(F_{CLKOUT})输出引脚,参见表 12-31
0	FD0	

表 12-31 是 CLKOUT 频率选择表。

表 12-31 CLKOUT 频率选择表

FD1	FD0	F_{CLKOUT}
0	0	32.768 kHz
0	1	1 024 Hz
1	0	32 Hz
1	1	1 Hz

5) 倒计数定时器

定时器寄存器是一个 8 位的倒计数定时器,它由定时器控制器中的位 TE 决定有效或无效,定时器的时钟也可由定时器控制器来选择,其他定时器的功能,如中断产生,则由控制/状态寄存器 2 来控制。为了能精确读回倒计数的数值,I^2C 总线时钟 SCL 的频率应至少为所选定定时器时钟频率的 2 倍。

表 12-32 是定时器控制寄存器位描述(地址 OEH)。

表 12-32 定时器控制寄存器位描述

位	符 号	描 述
7	TE	0:定时器无效;1:定时器有效
6～2	—	无用
1	TD1	定时器时钟频率选择位决定了倒计数定时器的时钟频率,参见表 12-33,不使用时 TD1 和 TD0 应设为 11(1/60 Hz),以降低电源损耗
0	TD0	

表 12-33 是定时器时钟频率选择。

表 12-33 定时器时钟频率选择

TD1	TD0	定时器时钟频率/Hz
0	0	4 096
0	1	64
1	0	1
1	1	1/60

表 12-34 是定时器倒计数数值寄存器位描述(地址 OFH)。

表 12-34 定时器倒计数数值寄存器位描述

位	符号	描述
7～0	〈定时器倒计数数值〉	倒计数数值 n,倒计数周期＝n/时钟频率

(7) EXT_CLK 测试模式

测试模式用于在线测试、建立测试模式和控制 RTC 的操作。测试模式由控制/状态寄存器 1 的位 TEST1 设定,这时 CLKOUT 引脚成为输入引脚。在测试模式状态下,通过 CLKOUT 引脚输入的频率信号代替片内的 64 Hz 频率信号,每 64 个上升沿将产生 1 秒的时间增量。注意:进入 EXT_CLK 测试模式时,时钟不与片内 64 Hz 时钟始终同步,而且也无法确定预分频的状态。

5. I^2C 总线描述

虽然 I^2C 总线的硬件电路简单,但是软件实现起来较麻烦,特别是对于内部没有总线控制的 MCU,则需用软件模拟时序来实现其功能,相对来说比较费时。如果想要掌握这种芯片的使用方法,则还需细心研究具体时序,只有掌握了时序,才能真正掌握这种总线的编程方法。

(1) I^2C 总线特性

I^2C 总线使用两条线(SDA 和 SCL)在芯片和模块间传递信息。SDA 为串行数据线,SCL 为串行时钟线,两条线必须使用一个上拉电阻与正电源相连,其数据只有在总线不忙时才可传送。I^2C 总线系统配置如图 12-19 所示,产生信号的设备是传送器,接收信号的设备是接收器,控制信号的设备是主设备,受控制信号的设备是从设备。

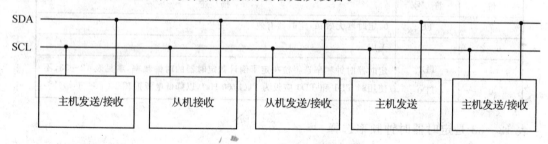

图 12-19 I^2C 总线系统配置图

(2) 启动(START)和停止(STOP)条件

总线不忙时,数据线和时钟线保持高电平。数据线在下降沿而时钟线为高电平时为启动条件(S),数据线在上升沿而时钟线为高电平时为停止条件(P),如图 12-20 所示。

(3) 位传送

每个时钟脉冲传送一个数据位,SDA 线上的数据在时钟脉冲高电平时应保持稳定,否则

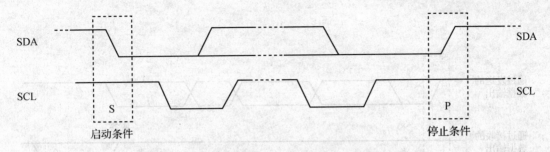

图 12-20　I²C 总线的启动(START)和停止(STOP)条件

该数据将成为控制信号,如图 12-21 所示。

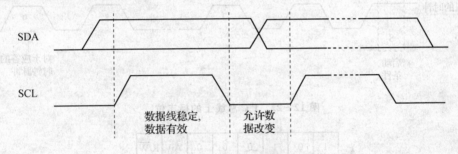

图 12-21　I²C 总线上的位传送

(4) 标志位

在启动条件和停止条件之间,传送器传给接收器的数据数量没有限制。每字节后加一个标志位,传送器产生高电平的标志位,这时主设备产生一个附加标志时钟脉冲。从接收器必须在接收到每个字节后产生一个标志位,主接收器也必须在接收从传送器传送的每个字节后产生一个标志位。在标志位时钟脉冲出现时,SDA 线应保持低电平(应考虑启动和保持时间)。传送器应在从设备接收最后一个字节时变为低电平,使接收器产生标志位,这时主设备可产生停止条件,如图 12-22 所示。

(5) I²C 总线协议

用 I²C 总线传递数据前,接收的设备应先标明地址,在 I²C 总线启动后,该地址与第一个传送字节一起被传送。PCF8563 可作为一个从接收器或从传送器,这时时钟信号线 SCL 只能是输入信号线,数据信号线 SDA 是一条双向信号线。PCF8563 的从地址如图 12-23 所示。

在三种 PCF8563 时钟/日历芯片读/写周期中,I²C 总线的配置如图 12-24～图 12-26 所示,图中的字地址是一个 4 位的数,用来指出下一个访问的寄存器,字地址的高 4 位未用。

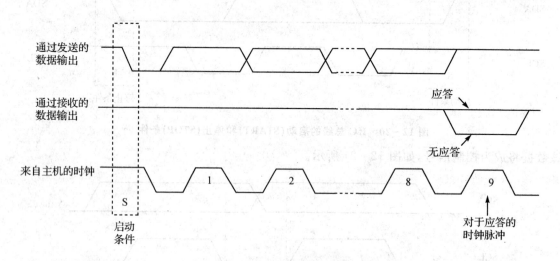

图 12-22 I²C 总线上的标志位

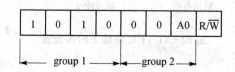

图 12-23 PCF8563 的从地址

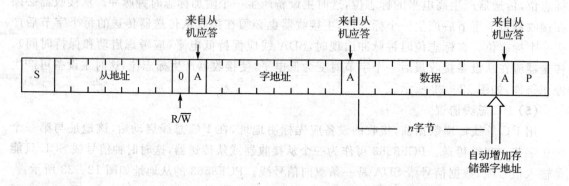

图 12-24 主传送器到从接收器(写模式)

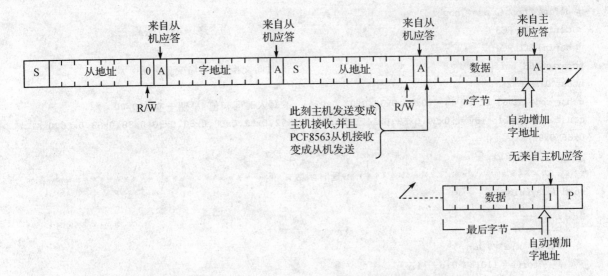

图 12-25　设置字地址后,主设备读数据(写字地址,读数据)

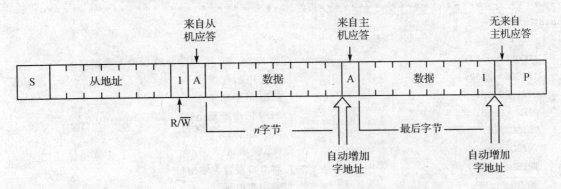

图 12-26　主设备读从设备第一字节数据后的数据(读模式)

12.2.5　PCF8563 时钟软件设计

时钟/日历芯片 PCF8563 是 I^2C 总线控制方式的芯片,可用于各种与时钟相关的场合。要想使芯片正常工作,一般采用两种方式:一种是对于没有 I^2C 总线控制器的 MCU 采用 I/O 模拟时序控制;另一种是对于内部有 I^2C 总线控制器的 MCU 采用总线控制器进行控制。

下面的程序是采用 I/O 口模拟时序实现的时钟程序,详细清单如下。

```
#include <pic.h>
#define uchar unsigned char
#define uint unsigned int
```

```c
#define _nop_() asm("nop")
#define SDA RC3
#define SCL RC4
uchar g8563_buff[4];                          /*时间交换区,全局变量声明*/
uchar DATE[6];
uchar code c8563_Store[4] = {0x00,0x30,0x07,0x01};  /*写入时间初值:星期一 07:30:00*/
const uchar table[16] = {0xC0,0xF9,0xA4,0xB0,0x99,0x92,0x82,0xD8,0x80,0x90,0x88,0x83,0xC6,0xA1,
0x86,0x8E};
__CONFIG(0x3B31);
//*************************延时函数******************************//
void delay(uint x)
{
    uint a,b;
    for(a = x;a>0;a--)
        for(b = 110;b>0;b--);
}
//*************************初始化********************************//
void Init()
{
    ADCON1 = 0x07;              //将 RE2~RE0 和 RA5~RA0 设置为数据口
    INTCON = 0x00;              //关总中断
    PIE1 = 0x00;                //PIE1 的中断禁止
    PIE2 = 0x00;                //PIE2 的中断禁止
    TRISC3 = 0;                 //SDA 输出口
    TRISC4 = 0;                 //SCL 输出口
    TRISD = 0;                  //将 D 口设置为输出口
    PORTD = 0xFF;               //输出高电平
    TRISA = 0xC0;               //将 A 口设置为输出口
    PORTA = 0xFF;               //A 口输出高电平
}
/************************************************************
    内部函数:延时
*************************************************************/
void Delay()
{
    _nop_();
    _nop_();                    /*根据晶振频率制定延时时间*/
}
```

```c
/******************************************************************
    内部函数:I²C 开始
******************************************************************/
void Start()
{
    INTCON = 0x00;
    SDA = 1;
    SCL = 1;
    Delay();
    SDA = 0;
    Delay();
    SCL = 0;
}
/******************************************************************
    内部函数:I²C 结束
******************************************************************/
void Stop()
{
    TRISC3 = 0;
    SDA = 0;
    SCL = 0;
    Delay();
    SCL = 1;
    Delay();
    SDA = 1;
    Delay();
    INTCON| = 0xC0;
}
/******************************************************************
    内部函数:输出 ack。每字节传输完成,ack = 0;结束读数据,ack = 1
******************************************************************/
void Write_ACK(uchar ack)
{
    TRISC3 = 0;
    SDA = ack;
    Delay();
    SCL = 1;
    Delay();
    SCL = 0;
```

```c
}
/****************************************************************
    内部函数:等待 ack
****************************************************************/
void Wait_ACK()
{
    uchar errtime = 20;
    SDA = 1;
    TRISC3 = 1;
    Delay();                        /* 读 ack */
    SCL = 1;
    Delay();
    while(SDA)
    {
        errtime--;
        if(!errtime) Stop();
    }
    SCL = 0;
    Delay();
}
/****************************************************************
    内部函数:输出数据字节
    参数:数据
****************************************************************/
void write_byte(uchar wdata)
{
    uchar i;
    TRISC3 = 0;
    for(i = 0;i<8;i++)
    {
        if(wdata&0x80) SDA = 1;
        else SDA = 0;
        wdata<<=1;
        SCL = 1;
        Delay();
        SCL = 0;
    }
    Wait_ACK();                     //I²C器件或通信出错,将会退出 I²C 通信
}
```

```c
/******************************************************************
        内部函数:输入数据
******************************************************************/
uchar Read_byte()
{
    uchar i,bytedata;
    SDA = 1;
    TRISC3 = 1;
    for(i = 0;i<8;i ++)
    {
        SCL = 1;
        bytedata<< = 1;
        bytedata| = SDA;
        SCL = 0;
        Delay();
    }
    return(bytedata);
}
/******************************************************************
        输出数据→PCF8563
******************************************************************/
void writeData(uchar address,uchar mdata)
{
    Start();
    write_byte(0xA2);                   /*写命令*/
    write_byte(address);                /*写地址*/
    write_byte(mdata);                  /*写数据*/
    Stop();
}
/******************************************************************
        输入数据←PCF8563
******************************************************************/
uchar ReadData(uchar address)                /*单字节*/
{
    uchar rdata;
    Start();
    write_byte(0xA2);                   /*写命令*/
    write_byte(address);                /*写地址*/
```

```c
    Start();
    write_byte(0xA3);                            /*读命令*/
    rdata = Read_byte();
    Write_ACK(1);
    Stop();
    return(rdata);
}
void ReadData1(uchar address,uchar count,uchar * buff)  /*多字节*/
{
    uchar i;
    Start();
    write_byte(0xA2);                            /*写命令*/
    write_byte(address);                         /*写地址*/
    Start();
    write_byte(0xA3);                            /*读命令*/
    for(i = 0;i<count;i++)
    {
        buff[i] = Read_byte();
        if(i<count-1) Write_ACK(1);
    }
    Write_ACK(1);                                //最后一个数据不用发送应答信号
    Stop();
}
/****************************************************************
    内部函数:读时间到内部缓冲区
****************************************************************/
void P8563_Read()
{
    uchar time[7];
    ReadData1(0x02,0x07,time);
    g8563_buff[0] = time[0]&0x7F;                /*秒*/
    g8563_buff[1] = time[1]&0x7F;                /*分*/
    g8563_buff[2] = time[2]&0x3F;                /*小时*/
    g8563_buff[3] = time[4]&0x07;                /*星期*/
}
/****************************************************************
    读时间到内部缓冲区——外部调用
****************************************************************/
```

```c
void P8563_gettime()
{
    P8563_Read();
    if(g8563_buff[0] == 0)
    P8563_Read();                              /*如果秒为0,则为防止时间变化,再读一次*/
}
/****************************************************************
    写时间修改值
****************************************************************/
void P8563_settime()
{
    uchar i;
    for(i=2;i<=4;i++) { writeData(i,g8563_buff[i-2]); }
    writeData(6,g8563_buff[3]);              //星期1
}
/****************************************************************
    P8563的初始化——外部调用
****************************************************************/
void P8563_init()
{
    uchar i;
    for(i=0;i<=3;i++) g8563_buff[i]=c8563_Store[i];    /*初始化时间*/
    P8563_settime();
    writeData(0x0,0x00);                     //状态寄存器1
    writeData(0xA,0x8);                      /*8:00报警*/
    writeData(0x1,0x12);                     /*报警有效*/
    writeData(0xD,0xF0);                     //CLKOUT输出有效
}
//********************************时间处理函数************************//
void process()
{
    DATE[0] = g8563_buff[2]/10;              //时十位
    DATE[1] = g8563_buff[2]%10;              //时个位
    DATE[2] = g8563_buff[1]/10;              //分十位
    DATE[3] = g8563_buff[1]%10;              //分个位
    DATE[4] = g8563_buff[0]/10;              //秒十位
    DATE[5] = g8563_buff[0]%10;              //秒个位
}
```

```c
//***************************时间显示函数*****************************//
void display(void)
{
    uchar i,sel = 0xDF;
    for(i = 0;i<6;i++)
    {
        PORTD = table[DATE[i]];
        PORTA = sel;
        sel = (sel>>1)|0x80
        delay(2);
    }
}
void main()
{
    Init();
    P8563_init();
    P8563_gettime();
    while(1)
    {
        display();
    }
}
```

下面的程序是采用控制器实现的时钟程序,显示器采用的是 LCD1602,详细清单如下。

```c
#include <pic.h>
__CONFIG(0x3B31);
typedef unsigned char uchar;
typedef unsigned int uint;
uchar Sbuff[9];
uchar Rbuff[7];
void write_comm(uchar dat)
{
    uchar i;
    PORTC = PORTC&0xF8;              //PORTC.1 = 0 指令
    asm("nop");
    PORTC = PORTC|0x04;              //PORTC.2 = 1(EN = 1)使能
    PORTB = dat;                     //PORTB 数据端口
    asm("nop");
    for(i = 0;i<20;i++);
```

```c
    PORTC = PORTC&0xFB;              //PORTC.2 = 0(EN = 0)禁止
}
void write_data(uchar dat)
{
    uchar i;
    PORTC = PORTC&0xF8;
    //rw = 1;
    PORTC = PORTC|0x01;              //PORTC.1 = 1 数据
    asm("nop");
    PORTC = PORTC|0x04;              //PORTC.2 = 1(EN = 1)使能
    PORTB = dat;                     //PORTB 数据端口
    asm("nop");
    for(i = 0;i<20;i++);
    PORTC = PORTC&0xFB;              //PORTC.2 = 0(EN = 0)禁止
}
//**********************液晶屏初始化******************//
void lcd_init()
{
    write_comm(0x38);
    write_comm(0x06);
    write_comm(0x0C);
}
//***********************写数据*********************//
void write(void)
{
    uint i;
    SSPIF = 0;                       //清标志
    SEN = 1;                         //发送启动信号
    while(!SSPIF);                   //等待发送完成
    SSPIF = 0;
    SSPBUF = 0xA2;                   //发送从机地址
    while(!SSPIF);                   //等待从机地址发送完成并接收到从机应答信号
    SSPIF = 0;
    SSPBUF = 0x02;                   //发送字地址,秒寄存器地址
    while(!SSPIF);                   //等待发送完成
    SSPIF = 0;
    for(i = 0;i<9;i++)
    {
        SSPBUF = Sbuff[i + 1];
```

```c
        while(!SSPIF);
        SSPIF = 0;
    }
    PEN = 1;                        //停止信号
    while(!SSPIF);
    SSPIF = 0;
}
void read(void)
{
    uchar i;
    SSPIF = 0;
    SEN = 1;                        //发送启动信号
    while(!SSPIF);                  //等待启动信号发送完成
    SSPIF = 0;
    SSPBUF = 0xA2;                  //发送从地址
    while(!SSPIF);                  //等待从地址发送完成并接收到从机应答信号
    SSPIF = 0;
    SSPBUF = 0x02;                  //发送字地址秒
    while(!SSPIF);                  //等待字地址发送完成并收到从机应答信号
    SSPIF = 0;
    RSEN = 1;                       //重启发送启动信号
    while(!SSPIF);                  //等待启动信号发送完成
    SSPIF = 0;
    SSPBUF = 0xA3;                  //发送从地址 1010 0011 读
    while(!SSPIF);                  //等待从地址发送完成接收到从机应答
    SSPIF = 0;
    for(i = 0; i < 7; i ++)         //读取
    {
        RCEN = 1;                   //使能接收
        while(!SSPIF);              //等待接收完成
        Rbuff[i] = SSPBUF;          //接收数据
        SSPIF = 0;
        if(i >= 6)
        {
            ACKDT = 1;              //主机无应答
        }
        else
        {
```

```c
            ACKDT = 0;                              //主机应答
        }
        ACKEN = 1;                                  //应答使能控制
        while(!SSPIF);                              //等待应答或无应答信号发送完成
        SSPIF = 0;
    }
    PEN = 1;                                        //发送停止信号
    while(!SSPIF);                                  //等待停止信号发送完成
    SSPIF = 0;
}
void main()
{
    uchar i,j;
    uint k;
    TRISB = 0;
    TRISC = 0xF8;
    SSPSTAT = 0x80;                                 //SMP通信速率
    SSPCON = 0x38;
    SSPCON2 = 0;
    SSPADD = 9;
    Sbuff[0] = 0;Sbuff[1] = 0;
    Sbuff[2] = 0x00;Sbuff[3] = 0x29;
    Sbuff[4] = 0x16;Sbuff[5] = 0x19;
    Sbuff[6] = 0x03;Sbuff[7] = 0x08;
    Sbuff[8] = 0x09;
    lcd_init();
    write();
    while(1)
    {
        read();
        Rbuff[0] = Rbuff[0]&0x7F;
        i = (Rbuff[0]&0x70)>>4;
        j = Rbuff[0]&0x0F;
        write_comm(0x8B);write_data(i + 0x30);      //显示秒
        write_comm(0x8C);write_data(j + 0x30);
        Rbuff[1] = Rbuff[1]&0x7F;
        i = (Rbuff[1]&0x70)>>4;
        j = Rbuff[1]&0x0F;
```

```c
        write_comm(0x88);write_data(i+0x30);        //显示分
        write_comm(0x89);write_data(j+0x30);
        Rbuff[2] = Rbuff[2]&0x3F;
        i = (Rbuff[2]&0x30)>>4;
        j = Rbuff[2]&0x0F;
        write_comm(0x85);write_data(i+0x30);        //显示小时
        write_comm(0x86);write_data(j+0x30);
        Rbuff[3] = Rbuff[3]&0x3F;
        i = (Rbuff[3]&0x30)>>4;
        j = Rbuff[3]&0x0F;
        write_comm(0xCB);write_data(i+0x30);        //显示日
        write_comm(0xCC);write_data(j+0x30);
        Rbuff[4] = Rbuff[4]&0x07;
        //i = (Rbuff[3]&0x70)>>4;
        j = Rbuff[4]&0x0F;
        write_comm(0x81);write_data(j+0x30);        //显示星期
        //write_comm(0xCC);write_data(j+0x30);
        Rbuff[5] = Rbuff[5]&0x1F;
        i = (Rbuff[5]&0x10)>>4;
        j = Rbuff[5]&0x0F;
        write_comm(0xC8);write_data(i+0x30);        //显示月
        write_comm(0xC9);write_data(j+0x30);
        Rbuff[6] = Rbuff[6]&0xFF;
        i = (Rbuff[6]&0xF0)>>4;
        j = Rbuff[6]&0x0F;
        write_comm(0xC5);write_data(i+0x30);        //显示年
        write_comm(0xC6);write_data(j+0x30);
    }
}
```

第 13 章

通用同步/异步收发器

通用同步/异步收发器 USART(Universal Synchronous/Asynchronous Receiver Transmitter)也称为串行通信接口 SCI(Serial Communication Interface)模块,是 PIC16F877 系列单片机与其他计算机及单片机外部扩展独立外设芯片之间进行串行通信的模块,其工作方式包括既可与 PC 或 CRT 终端等外围模块进行通信的全双工异步方式,又可与 A/D 或 D/A 转换器、串行 EEPROM 存储器等外围模块进行通信的半双工同步通信方式。

PIC16F877 系列单片机的 USART 模块所需的两根外接引脚是与 RC 端口模块共用的 RC7 和 RC6 两根线。在使用 USART 模块时,PC 端口模块必须放弃对 RC7 和 RC6 两根线的使用权,而且不仅不能使用,还不能干扰这两个引脚。在实际使用过程中,在 RC 模块一侧设置两引脚为输入模式(对外呈高阻态),令方向寄存器 TRISC⟨7:6⟩=11。

13.1 USART 寄存器设置

为了掌握 PIC16F877 系列单片机的 USART 模块的使用,首先要熟悉与该模块相关的各寄存器中各位的定义。与 USART 模块相关的寄存器共有 9 个,分别是中断控制寄存器 INTCON、第一外设中断标志寄存器 PIR1、第一外设中断屏蔽寄存器 PIE1、C 口方向寄存器 TRISC、发送状态和控制寄存器 TXSTA、接收状态和控制寄存器 RCSTA、发送缓冲寄存器 TXREG、接收缓冲寄存器 RCREG 和波特率寄存器 SPBRG。前 4 个寄存器是与其他模块合用的寄存器,其功能及各位定义在前几章已有介绍,本节主要介绍后 5 个 USART 模块专用的寄存器。

1. 发送状态和控制寄存器 TXSTA

TXSTA 寄存器的位定义如表 13-1 所列。

表 13-1 TXSTA 位定义

Bit7	Bit6	Bit5	Bit4	Bit3	Bit2	Bit1	Bit0
CSRC	TX9	TXEN	SYNC	—	BRGH	TRMT	TX9D

TXSTA 寄存器各位的具体含义如下：
- ◆ Bit0　TX9D 为发送数据的第 9 位（可以是奇偶校验位）。
- ◆ Bit1　TRMT 为发送移位寄存器 TSR 的状态位，其取值为：
  - ·1＝TSR 空；
  - ·0＝TSR 满。
- ◆ Bit2　BRGH 为高速波特率选择位，其取值为：
  - ·异步模式下，1＝高速，0＝低速；
  - ·同步模式下，未使用。
- ◆ Bit3　未使用，读取时返回值为"0"。
- ◆ Bit4　SYNC 为 USART 同步/异步模式选择位，其取值为：
  - ·1＝同步模式；
  - ·0＝异步模式。
- ◆ Bit5　TXEN 为发送使能端，其取值为：
  - ·1＝发送使能；
  - ·0＝禁止发送。
- ◆ Bit6　TX9 为发送数据长度选择端，其取值为：
  - ·1＝选择 9 位数据发送；
  - ·0＝选择 8 位数据发送。
- ◆ Bit7　CSRC 为时钟源选择位，其取值为：
  - ·同步模式下，1＝主控模式（从 BRG 内部产生的时钟），0＝被控模式（从外部源产生的时钟）；
  - ·异步模式下，未使用。

2. 接收状态和控制寄存器 RCSTA

RCSTA 为低 3 位只读、高 5 位可读/写的寄存器。其各位定义如表 13-2 所列。

表 13-2　RCSTA 位定义

Bit7	Bit6	Bit5	Bit4	Bit3	Bit2	Bit1	Bit0
SPEN	RX9	SREN	CREN	ADDEN	FERR	OERR	RX9D

RCSTA 各位的具体含义如下：
- ◆ Bit0　RX9D 为所接收数据的第 9 位（可以是奇偶校验位）。
- ◆ Bit1　OERR 为超速出错标志位，其取值为：
  - ·1＝发生超速错误（可以通过 CREN 位清零来清除）；
  - ·0＝未发生超速错误。

◆ Bit2　FERR 为帧格式错误位,其取值为:
- 1＝有帧格式错误(通过读 RCREG 寄存器更新并接收下一个有效字节);
- 0＝无帧格式错误。

◆ Bit3　ADDEN 为地址检测使能位。异步 9 位模式(RX9＝1)下的取值为:
- 1＝地址检测使能,当 RSR⟨8⟩置位时,使能中断,接收缓冲器装载;
- 0＝地址检测禁止,接收所有字节,第 9 位可以是奇偶校验位。

◆ Bit4　CREN 为持续接收使能端,其取值为:
- 异步模式下,1＝持续接收使能,0＝持续接收禁止;
- 同步模式下,1＝持续接收使能直到该位被清零为止(优先于 SREN),0＝持续接收禁止。

◆ Bit5　SREN 为单字节接收使能端,其取值为:
- 异步模式下,未使用;
- 同步模式(主控)下,1＝使能单字节接收,0＝禁止单字节接收;
- 同步模式(被控)下,未使用。

◆ Bit6　RX9 为接收数据长度选择端,其取值为:
- 1＝选择接收 9 位数据;
- 0＝选择接收 8 位数据。

◆ Bit7　SPEN 为串行端口使能位,其取值为:
- 1＝串行口使能(将 RC7/RX/DT 与 RC6/TX/CK 配置成串行口引脚);
- 0＝串行口禁止。

3. USART 发送缓冲寄存器 TXREG

USART 发送缓冲寄存器 TXREG 也称为发送缓冲器,是一个用户程序可读/写的寄存器。每次用户发送的数据都通过写入该缓冲器来实现。其位定义如表 13-3 所列。

表 13-3　TXREG 位定义

Bit7	Bit6	Bit5	Bit4	Bit3	Bit2	Bit1	Bit0
TX7	TX6	TX5	TX4	TX3	TX2	TX1	TX0

4. USART 接收缓冲寄存器 RCREG

USART 接收缓冲寄存器 RCREG 也称为接收缓冲器,是一个用户程序可读/写的寄存器。每次从对方接收过来的数据都从该缓冲器最后读取出来。其定义如表 13-4 所列。

表 13-4　RCREG 位定义

Bit7	Bit6	Bit5	Bit4	Bit3	Bit2	Bit1	Bit0
RX7	RX6	RX5	RX4	RX3	RX2	RX1	RX0

5. 波特率寄存器 SPBRG

SPBRG 寄存器用来控制一个独立的 8 位定时器的溢出周期。该寄存器的设定值（0～255）与波特率成反比关系。在同步方式下，波特率仅由该寄存器独自决定；在异步方式下，则由 BRGH 位(TXSTA⟨2⟩)和该寄存器共同决定。其位定义如表 13-5 所列。

表 13-5　SPBRG 位定义

Bit7	Bit6	Bit5	Bit4	Bit3	Bit2	Bit1	Bit0
对于波特率发生器产生波特率的定义值							

13.2　USART 波特率发生器 BRG

波特率(baud rate)这个名词对于接触过 RS—232 接口的读者来说并不陌生，波特率决定了串行传输的速度，波特率值愈高，传输的速度就愈快。在 USART 模块中，SPBRG 寄存器是一个 8 位的寄存器，决定了通信时的波特率值。SPBRG 寄存器中的值与单片机内部一个 8 位的定时器 BRGTimer 进行比较，SPBRG 寄存器的值决定了定时器的计时周期。当将某值写入 SPBRG 寄存器时，也会同时将 BRGTimer 复位。

事实上，TXSTA 寄存器中的 BRGH 位也与波特率有关，该位称为"高速波特率选择位"(high baud rate select bit)，配合该位的使用可以产生较快的波特率，不过它只有在异步方式下才有用。波特率的值也与单片机的工作时钟有关，与 SPBRG 寄存器值的关系可用公式算出，如表 13-6 所列。

表 13-6　主控模式下波特率的计算公式

SYNC	BRGH=0(低速)	BRGH=1(高速)
0(异步)	波特率=$F_{OSC}/[64X+1]$ $X=[F_{OSC}/(64×波特率)]-1$	波特率=$F_{OSC}/[16(X+1)]$ $X=[F_{OSC}/(16×波特率)]-1$
1(同步)	波特率=$F_{OSC}/[4(X+1)]$ $X=[F_{OSC}/(4×波特率)]-1$	无

注：X=SPBRG 寄存器初始值(0～255)。

与波特率相关的寄存器汇总在表 13-7 中,便于集中查阅。

表 13-7 与波特率发生器相关的寄存器

寄存器符号	寄存器地址	Bit7	Bit6	Bit5	Bit4	Bit3	Bit2	Bit1	Bit0	POR 或 BOR 值	所有其他复位值
TXSTA	98H	CSRC	TX9	TXEN	SYNC	—	BRGH	TRMT	TX9D	0000-010	0000-010
RCSTA	18H	SPEN	RX9	SREN	CREN	ADDEN	FERR	OERR	RX9D	0000000X	0000000X
SPBRG	99H	对于波特率发生器产生波特率的定义值								00000000	00000000

注:表格中阴影表示未使用。

已知需要的波特率和 F_{OSC},则根据表 13-6 的公式可计算出 SPBRG 寄存器最接近的整数值,不仅如此,还可以计算出波特率的误差率。

例如:假设单片机的时钟频率 $F_{OSC}=16$ MHz,所需波特率为 9 600 b/s,选定 BRGH=0(低速方式),SYNC=0(异步方式)。那么,经过查表 13-6,确定波特率的计算公式为

$$波特率 = F_{OSC}/[64(X+1)]$$

代入数值,则

$$9\ 600\ b/s = 16\ 000\ 000\ Hz/[64(X+1)]$$

所以

$$X = 25.042 \approx 25 = 19H$$

那么

$$波特率 = 16\ 000\ 000\ Hz/[64(25+1)] = 9\ 615\ b/s$$

所以

$$波特率的误差率 = (9\ 615 - 9\ 600)(b/s)/9\ 600\ b/s = 0.16\%$$

即使需要的是低波特率,但只要计算出来的 SPBRG 的初始值不超出 0~255,则利用高速方式(BRGH=1)及其波特率计算公式"波特率 $= F_{OSC}/[16(X+1)]$"同样可以达到目的。例如上例中,如果其他不变,仅仅改变 BRGH=1(高速方式),则可以计算出

$$X = 103.16 \approx 103 = 67H$$

那么

$$波特率 = 16\ 000\ 000\ Hz/[16(103+1)] = 9\ 615\ b/s$$

所以

$$误差率 = (9\ 615 - 9\ 600)(b/s)/9\ 600\ b/s = 0.16\%$$

可见,选择高速方式计算出的波特率和误差率与选择低速方式的完全相同。不仅如此,在某些情况下利用高速方式的波特率计算公式甚至可以减小所产生的误差,所以,即使所需要的是低波特率,利用高速方式进行计算还是具有一定的优越性。

提示:在修改波特率时,一旦把新的初始值写入 SPBRG 寄存器,就会使波特率发生器 BRG 清零,这样就可以保证不必等到 BRG 溢出时,即可开始新的波特率。

13.3 USART 异步模式

通过把控制位 SYNC(TXSTA⟨4⟩)清零,即可将 USART 模块设定为异步工作方式。在

异步工作方式下，串行数据的传输使用标准的不归零 NRZ 格式，该格式的组成包括 1 位起始位、8 位或 9 位数据位以及 1 位停止位，这也是一般所熟悉的 RS—232 通信协议格式。在 USART 模块的硬件上，并没有提供奇偶效验位，但可以在软件中当做数据位的第 9 位来处理。USART 模块中的波特率由单片机的系统时钟驱动，作为数据传送的时钟源，因此在休眠模式下，异步方式是无法工作的。在数据传输时，不论发送或接收都从最低位（LSB）开始，在 USART 模块的 2 个引脚中，RC6/TX/CK 引脚作为串行数据的发送引脚（TX），RC7/RX/DT 引脚作为串行数据的接收引脚（RX），基本上这 2 个引脚的动作是相互独立、不受影响的，但它们的波特率和串行数据的格式是相同的。波特率发生器可以根据 BRGH 位的设置，产生两种不同的移位速度，分别对应系统时钟 16 分频和 64 分频得到的波特率时钟。

USART 模块异步工作方式由以下一些重要部件组成：波特率发生器 BRG、采样电路、异步发送器和异步接收器。

USART 模块对于异步串行输入数据的采样方法，采用"三中取二"的方式来判断输入引脚上的电平是高还是低。也就是说，对串行数据输入端 RX 引脚上送入的每一位数据都要连续采样 3 次，正常情况下，3 次采样的结果应该一致；假若通信线路上或者引脚上受到干扰，导致 3 次采样结果不完全相同，则少数服从多数，取其中 2 次为高或为低的结果来认定 RX 引脚上的输入电平。

13.3.1 发送模式

在 PIC 单片机中要使用 USART 的串行传输是一件轻松容易的事，只要先设置好相关的参数，然后发送数据时将数据写到指定的寄存器即可。在异步工作方式下，数据的发送和接收可以同时进行，这是因为 USART 模块中有各自的电路模块来处理发送和接收。图 13-1 是异步方式下发送模块的内部结构。

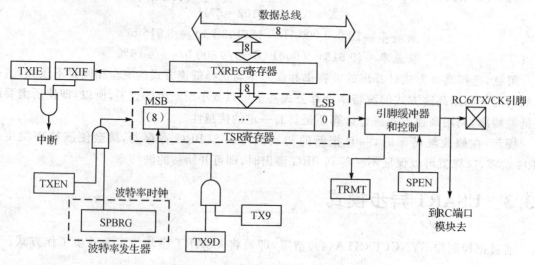

图 13-1 USART 异步发送模式框图

如图 13-1 所示,在发送方式下,USART 的串行数据发送电路主要包括一个发送移位寄存器 TSR 和一个数据发送寄存器 TXREG。TSR 寄存器实际上是将串行数据通过位移送出的寄存器,是一个无法直接存取的寄存器,要发送的数据必须先写到 TXREG 寄存器中。一旦将一字节的值加载到 TXREG 寄存器之后,寄存器中的值就会在一个指令周期中,被放到 TSR 寄存器中进行数据的发送。不过,如果此时正在进行数据发送,那么 TXREG 寄存器的值不会立刻被放到 TSR 寄存器中,而要等到发送中的停止位出现后,TXREG 寄存器的数据才会被放到 TSR 寄存器中。串行数据的发送包括了要发送的数据和起始位、停止位,USART 中的发送模块会自动处理起始位和停止位,因此,只要将准备发送的数据放到 TXREG 寄存器即可。

TXIF 中断标志位是一个与 TXREG 寄存器关系密切的位。当 TXREG 寄存器的内容为空时,或者数据被转移到 TSR 寄存器之后,该中断位会被置 1;只有在数据写入 TXREG 寄存器,而还未转移到 TSR 寄存器的情况下,TXIF 位才会被清 0。不论 TXIE 位是否为 1,TXIF 位都会依据 TXREG 寄存器的状况被设定或清除。TXIF 中断位与其他中断位相比具有的特点是:当中断发生时,该中断位无法从软件中清除,唯一的方法是将新值写到 TXREG 寄存器中。相同的情形也发生在接收方式下,13.3.2 小节会做说明。从另外一个角度来看,TXIF 中断标志位表示了写入 TXREG 寄存器的值是否已经开始发送。

除了 TXIF 中断标志位之外,TXSTA 寄存器中还包含数据发送的状态位 TRMT。TRMT 是一个只读位,用来显示 TSR 寄存器是否正在进行数据的位移发送,如果 TSR 寄存器为空,那么 TRMT 位被置 1。如果要使用该位来检查数据发送的状态,则必须在编写的程序中以软件方式持续地检查,因为它并没有像中断那样的逻辑电路能够主动通知单片机发送的状态。

前面曾经提到数据传输允许使用 8 位或 9 位的数据格式,但实际上 TXREG 寄存器和 TSR 寄存器都是 8 位的寄存器,如果要使用 9 位的数据格式,就必须先将 TXSTA 寄存器中的 TX9 位设为 1,表示选择 9 位的数据格式,而第 9 位的值则要放在 TXSTA 寄存器中的 TX9D 位。在数据发送之前,必须先将该位的值写入,然后再将 8 位的值写入 TXREG 寄存器中,因为一旦 TXREG 寄存器中写入数据后,该 8 位的数据就会立即被放到 TSR 寄存器中开始发送的工作。因此,为了保证数据发送的正确性,最好先写入第 9 位的值。

除了 TXREG 寄存器的写入工作之外,发送方式的工作还有使能 TXEN 位和设定波特率。如果 TXEN 位没有被使能,或者波特率的时钟尚未产生,或者 TXREG 寄存器没有写入数据,那么任何其中一种情况的发生都无法开始串行数据的发送。一般情况下,在一开始 TSR 寄存器是空的,数据的发送在先设置 TXEN,再设定波特率,最后写入 TXREG 寄存器后即开始进行。而实际上数据的发送也可以在设定好波特率之后,以先写入 TXREG 寄存器,然后再设定 TXEN 位这样的顺序开始。TXEN 位用来使能发送方式,如果在数据发送进行中将该位清 0,那么数据发送的动作就会被中断,发送模块也会被复位,RC6/TX/CK 引脚会变为高输入阻抗状态。

在写入 TXREG 之后,且数据发送未完成之前,TXREG 寄存器应该是空的,此时还是可以向 TXREG 寄存器写入下一个要发送的数据值,不过此时 TXREG 寄存器中的值并不进行发送。图 13-2 与图 13-3 是 USART 在异步工作方式下单个数据帧和连续发送两个数据帧的发送时序图,通过图中相关信号的变化,可以更清楚地了解数据发送的流程。

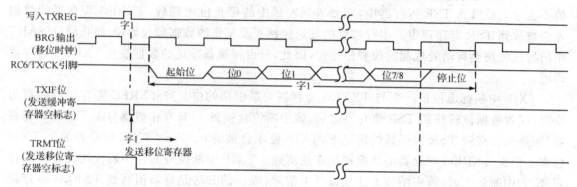

图 13-2 异步发送单个数据帧时序

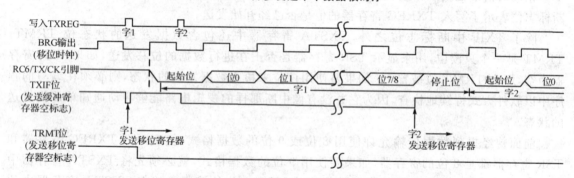

图 13-3 异步连续发送两个数据帧时序

综上所述,在异步发送模式下编写程序应当遵循以下几个步骤:

① 根据时钟速度和合适的波特率来初始化 SPBRG 寄存器,注意 TXSTA 寄存器中的 BRGH 位也对所要设定的波特率有影响,如要选用高波特率,则应置 BRGH=1;

② 将 TXSTA 寄存器中的 SYNC 位清 0,表示选择异步方式,并在 RCSTA 寄存器中将 SPEN 位置 1,使能串行通信模块;

③ 如果要用到 TXIF 中断,则 TXIE 位也必须使能;

④ 决定数据的发送是采用 8 位或 9 位的格式,若采用 9 位,则 TXSTA 寄存器中 TX9 位置 1,否则清 0;

⑤ 将 TXSTA 寄存器中的 TXEN 位置 1,使能发送模块;

⑥ 如果采用9位数据格式,则先将第9位的值写入TXSTA寄存器中的TX9D位;
⑦ 将要发送的8位数据写入TXREG寄存器中并启动发送,硬件开始自动发送。

以上步骤是使用USART异步发送方式的一般步骤,但并非是固定不变的,也可采用其他可行的方法。

表13-8汇总了在异步发送方式下可能用到的相关寄存器及相关位,以便集中查阅。

表13-8 与异步发送相关的寄存器

寄存器符号	寄存器地址	Bit7	Bit6	Bit5	Bit4	Bit3	Bit2	Bit1	Bit0	POR或BOR值	所有其他复位值
PIRI	0CH	PSPIF	ADIF	RCIF	TXIF	SSPIF	CCP1IF	TMR2IF	TMR1IF	0000 0000	0000 0000
RCSTA	18H	SPEN	RX9	SREN	CREN	ADDEN	FERR	OERR	RX9D	0000 000X	0000 000X
TXREG	19H	USART发送寄存器								0000 0000	0000 0000
PIEI	8CH	PSPIE	ADIE	RCIE	TXIE	SSPIE	CCP1IE	TMR2IE	TMR1IE	0000 0000	0000 0000
TXSTA	98H	CSRC	TX9	TXEN	SYNC	—	BRGH	TRMT	TX9D	0000 -010	0000 -010
SPBRG	99H	对于波特率发生器产生波特率的定义值								0000 0000	0000 0000

注:表中阴影表示未被异步发送使用。

13.3.2 接收模式

在USART的异步接收方式下,异步工作方式也是在TXSTA寄存器中的SYNC位设定的,数据的接收使用RC7/RX/DT引脚,其内部由独立接收方式时的接收逻辑电路来处理接收的串行数据。图13-4是异步方式下接收模式的内部结构。

由RC7/RX/DT引脚进入的串行数据会先被放到一个位缓冲器中,然后再被放到数据恢复区域中,该数据恢复区域实际上是一个高速移位运算器,其工作速率是波特率的16倍。该数据恢复区域的位值,会接着被移位到一个接收移位寄存器RSR中,所有的串行数据包括起始位、停止位以及数据位都会被放到该寄存器中。RSR寄存器并没有存储器地址的映射,因此无法对它进行直接存取。当RSR寄存器接收到停止位后,它中的数据位部分会被移到RCREG寄存器中,RCREG寄存器才是在软件中读取接收值的寄存器。如果在从RSR寄存器转移数据到RCREG寄存器的过程中没有出现问题,则RCIF中断位被置1。RCIF中断位是一个只读位,当RCREG寄存器中的数据被读取后,或者RCREG寄存器中没有数据时,该位会被清0。从另外一个角度来看,RCIF中断位为0时表示RCREG寄存器中没有新接收的数据;如果RCIF中断位为1,则表示RCREG寄存器中有新接收的数据尚未被读取。当RCIF中断位被设定后,也无法从软件中清除,而一定要通过读取RCREG寄存器的动作来清除。虽然RCIF中断位会根据接收值的读取与否来设定或清除,但实际上RCIF中断的使用还是由中断允许位RCIE来决定的。

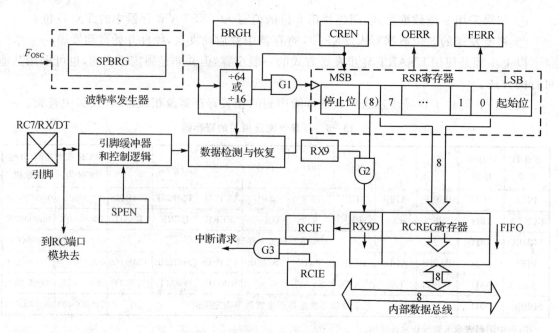

图 13-4 USART 异步接收模式框图

寄存器 RCREG 是一个双缓冲寄存器,其结构是一个 2 层深的先进先出缓冲器 FIFO,在 RCREG 寄存器被读取之前,可同时存有两次接收的数据;也是因为 RCREG 寄存器是 2 层的 FIFO,因此可从软件中 2 次读取寄存器中的数据。当 RCREG 寄存器中已有 2 个数据时, RSR 寄存器仍可以进行数据接收,但当接收完数据并检测到停止位时,如果 RCREG 寄存器中的数据仍未被读取,那么 RCSTA 寄存器中的 OERR 位被置 1,表示 RSR 接收到的数据无法转移到 RCREG 寄存器中,RSR 寄存器中的数据会因此流失。OERR 位是一个只读标志位,代表 RSR 寄存器中的数据是否能顺利地转移到 RCREG 寄存器中,当 OERR=1 时,表示该数据的转移无法完成。清除该位的唯一方法是复位接收逻辑电路,在软件上可先将持续接收使能位 CREN 清 0,然后再置 1,便可复位接收模块。

RCSTA 寄存器中的 RX9 位用来设置接收数据的格式是 8 位或 9 位。而不论数据位的格式如何,RSR 寄存器中都会存放接收到的所有数据位,不过,在将数据转移到 RCREG 寄存器时,第 9 位的值会被放到 RCSTA 寄存器中的 RX9D 位中。在数据接收过程中,当接收完数据位后,应该接收一个停止位,如果此时接收模块接收到的不是一个停止位,那么就会发生所谓帧出错的情形,这时帧出错位 FERR 和 RX9D 位都会被加载新值,因此如果需要这两个位的值,那么最好的做法是先读取 RCSTA 寄存器的值,然后再读取 RCREG 寄存器的值。 USART 异步接收时序图如图 13-5 所示。

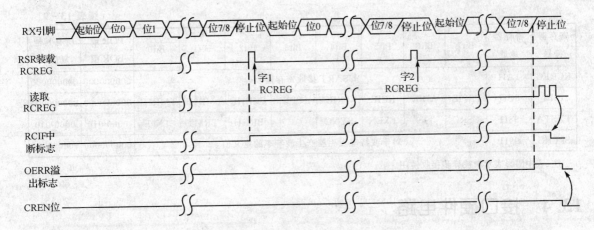

图 13-5 USART 异步接收时序图

综上所述,在异步接收模式下编写程序时应遵循以下几个步骤:
① 根据时钟速度和合适的波特率来初始化 SPBRG 寄存器,注意 TXSTA 寄存器中的 BRGH 位也对所要设定的波特率有影响,如要选用高波特率,则应置 BRGH=1;
② 将 TXSTA 寄存器中的 SYNC 位清 0,表示选择异步方式,并在 RCSTA 寄存器中将 SPEN 位置 1,使能串行通信模块;
③ 如果要用到 RCIF 中断,则 RCIE 位也必须使能;
④ 决定数据的发送是采用 8 位或 9 位的格式,RCSTA 寄存器中的 RX9 位必须清 0 或置 1;
⑤ 将 RCSTA 寄存器中的 CREN 位置 1,使能接收模式;
⑥ 在接收完毕时 RCIF 位会被置 1,如果 RCIE 位使能,则就会产生 RCIE 中断;
⑦ 读取 RCSTA 寄存器,目的是得到第 9 位的值(如果采用 9 位数据格式)以及检查数据接收是否发生问题;
⑧ 读取 RCREG 寄存器得到 8 位数据;
⑨ 如果接收过程发生错误,则清除 CREN 位来清除错误。
表 13-9 汇总了在异步接收方式下可能用到的相关寄存器及相关位,以便集中查阅。

表 13-9 与异步接收相关的寄存器

寄存器符号	寄存器地址	Bit7	Bit6	Bit5	Bit4	Bit3	Bit2	Bit1	Bit0	POR 或 BOR 值	所有其他复位值
PIR1	0CH	PSPIF	ADIF	RCIF	TXIF	SSPIF	CCP1IF	TMR2IF	TMR1IF	000000000	000000000
RCSTA	18H	SPEN	RX9	SREN	CREN	ADDEN	FERR	OERR	RX9D	0000000X	0000000X

续表 13-9

寄存器符号	寄存器地址	Bit7	Bit6	Bit5	Bit4	Bit3	Bit2	Bit1	Bit0	POR 或 BOR 值	所有其他复位值
RCREG	1AH	USART 接收寄存器								000000000	000000000
PIE1	8CH	PSPIE	ADIE	RCIE	TXIE	SSPIE	CCP1IE	TMR2IE	TMR1IE	000000000	000000000
TXSTA	98H	CSRC	TX9	TXEN	SYNC	—	BRGH	TRMT	TX9D	0000-010	0000-010
SPBRG	99H	对于波特率发生器产生波特率的定义值								000000000	000000000

注：表中阴影表示未被异步接收使用。

13.4 接口硬件电路

利用 PC 机配置的串行口，可方便地实现 PC 机与 PIC 单片机的串行数据通信。PC 机与 PIC 单片机之间 USART 连接的最简单方式是三线方式。由于 PIC 单片机的输入、输出电平均为 TTL 电平，而 RS—232C PC 机配置的是 RS—232C 标准串行接口，二者的电气规范不一致，因此要想完成 PC 机与微控制器的串行数据通信，就必须进行电平转换。图 13-6 为 PIC16F877 单片机的 RS—232C 电平转换电路。图中 MAX232 将 PIC16F877 单片机 TX 输出的 TTL 电平信号转换为 RS—232C 电平，输入到 PC 机，并将 PC 机输出的 RS—232C 电平信号转换为 TTL 电平输出到 PIC 微控制器的 RX 引脚。J9 与 PC 机的连接方式参见 RS—232 标准，连接单片机的 D 型头(J9)的 2 脚(PIC 接收信号)与连接 PC 机的 D 型头的 3 脚(PC 机发送信号)相连，连接单片机的 D 型头(J9)的 3 脚(PIC 发送信号)与连接 PC 机的 D 型头的 2 脚(PC 机接收信号)相连，二者的 5 脚与 5 脚相连(地相连)。

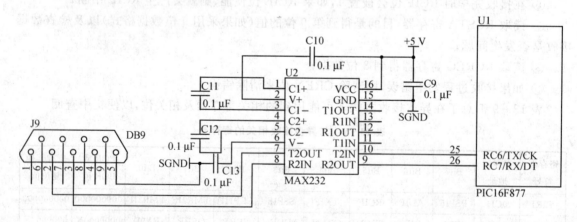

图 13-6 USART 接口电路图

13.5 USART 异步模式编程

串行通信的接收有查询和中断两种方式,在实际应用中,一般不采用查询方式接收数据,而常采用中断方式。发送有中断发送和非中断发送。在下面的程序中采用了中断方式接收数据,发送数据是采用中断方式还是非中断方式则可在程序中通过对发送方式标志 Send_Mode(不为 0,中断方式发送;为 0,非中断方式发送)进行设置来实现。

在 PIC 单片机发送数据时,发送中断标志 TXIF 不能用软件清 0,只有当新的发送数据送入发送数据寄存器 TXREG 后,TXIF 位才能被硬件复位,因此在程序中清除该标志是无效的。

采用中断方式发送数据的方法是:在主程序中启动发送一串数据的第一个数据,然后利用发送完成中断启动下一个数据发送;当一串数据发送后,不再发送数据,但又有发送完成中断标志 TXIF 时,程序还要进入一次中断,这最后一次中断对数据发送是无用的,因此必须将 TXIF 标志清 0,采用的方法是禁止发送使能(TXEN=0),从而使发送被终止或对发送器复位。

程序 1 是从串口接收一字节数据,然后送给 LED 显示,同时发送到 PC。程序清单如下。

```c
//程序1清单
#include <pic.h>
#define uchar unsigned char
#define uint unsigned int
__CONFIG(0x3B31);
uchar Rec_data;
void initial()
{
    INTCON = 0;
    ADCON1 = 0x07;
    PIE1 = 0;
    PIE2 = 0;
    TRISD = 0;
}

void sciinitial()
{
    TXSTA = 0x04;              //8 位数据,异步模式,高速
    RCSTA = 0x80;              //使能串行通信,8 位接收
    TRISC = TRISC|0x80;        //将 RC7(RX)设置为输入方式
```

```c
    TRISC = TRISC&0xBF;              //将 RC6(TX)设置为输出方式
    SPBRG = 25;                      //波特率设置,$F_{osc}/16(x+1)$
    PIR1 = 0;                        //清中断标志
    PIE1 = PIE1|0x20;                //允许接收中断。RCIE,TXIE
    CREN = 1;                        //允许串行口接收数据
    TXEN = 1;                        //允许串行口发送数据
}
void interrupt Sci_isr()
{
    if(RCIF == 1)
    {
        RCIF = 0;
        recdata = RCREG;
        PORTD = recdata;
        TXREG = recdata;
    }
}
main()
{
    initial();
    sciinitial();
    INTCON = INTCON|0xC0;
    while(1)
    {
        ;
    }
}
```

程序 2 是将接收到的数据发送给 LED 显示,同时将本数据及每次自动加 1 后的数据发送到 PC 机,共发送 4 个数据。比如串口接收的数据是 0x50,那么将 0x50 发送给 PORTD 显示,同时将 0x50、0x51、0x52、0x53 发送到 PC 机。程序中采用了中断与查询相结合的方法实现数据的接收和发送,程序清单如下。

```c
//程序 2 清单
#include <pic.h>
#define uchar unsigned char
#define uint unsigned int
__CONFIG(0x3B31);
uchar Rec_data;
```

```c
uchar Rec_flag;
//**********************端口程序*****************************//
void initial()
{
    INTCON = 0;
    ADCON1 = 0x07;
    PIE1 = 0;
    PIE2 = 0;
    TRISD = 0;
}
//**********************串口初始化****************************//
void sciinitial()
{
    TXSTA = 0x04;                   //8位数据,异步模式,高速
    RCSTA = 0x80;                   //使能串行通信,8位接收
    TRISC = TRISC|0x80;             //将 RC7(RX)设置为输入方式
    TRISC = TRISC&0xBF;             //将 RC6(TX)设置为输出方式
    SPBRG = 25;                     //波特率设置,$F_{osc}/16(x+1)$
    PIR1 = 0;                       //清中断标志
    PIE1 = PIE1|0x20;               //允许接收中断。RCIE,TXIE
    CREN = 1;                       //允许串行口接收数据
    TXEN = 1;                       //允许串行口发送数据
}
//**********************中断服务程序**************************//
void interrupt Sci_isr()
{
    if(RCIF == 1)
    {
        RCIF = 0;
        Rec_data = RCREG;
        PORTD = Rec_data;
        Rec_flag = 1;
    }
}
main()
{
    uchar i;
    initial();
```

```
    sciinitial();
    INTCON = INTCON|0xC0;
    while(1)
    {
        if(Rec_flag == 1)                    //查询接收是否完成
        {
            Rec_flag = 0;                    //将标志位清 0
            for(i = 0;i<4;i++)
            {
                TXREG = Rec_data++;          //自加发送数据给 PC 机
                while(1)
                {
                    if(TXIF == 1) break;     //等待数据发送完成,跳出死循环
                }
            }
        }
    }
}
```

程序 3 是一个用串行通信进行接收和发送数据的例子,程序实现如下功能:PIC16F877 单片机接收到 PC 机下发的 8 个数据后,将收到的 8 个数据以中断或非中断发送方式返送回 PC 机。由于 PIC16F877 单片机只有一个中断向量,所以进入中断函数后需要查询各个标志位以确定是哪个中断源产生的中断,这里有两个中断源:一个是串口接收中断;另一个是串口发送中断。程序中设置了两个缓冲区:一个是接收缓冲区;另一个是发送缓冲区。只有当接收缓冲区满时,才认为接收完成,此时,发送缓冲区中存放的数据也就是接收缓冲区中的数据,然后再将发送缓冲区中的数据发送给 PC 机。程序清单如下。

```
//程序 3 清单
#include <pic.h>
#define uchar unsigned char
#define uint unsigned int
__CONFIG(0x3B31);
uchar receive232[8];
uchar send232[8];
uchar receive_count = 0;
uchar send_count = 0;
uchar * pointer;
uchar SciReceiveFlag = 0;
void initial()
{
```

```c
    INTCON = 0;
    ADCON1 = 0x07;
    PIE1 = 0;
    PIE2 = 0;
    TRISD = 0;
}

void sciinitial()
{
    TXSTA = 0x04;                       //8 位数据,异步模式,高速
    RCSTA = 0x80;                       //使能串行通信,8 位接收
    TRISC = TRISC|0x80;                 //将 RC7(RX)设置为输入方式
    TRISC = TRISC&0xBF;                 //将 RC6(TX)设置为输出方式
    SPBRG = 25;                         //波特率设置,$F_{osc}/16(x+1)$
    PIR1 = 0;                           //清中断标志
    PIE1 = PIE1|0x20;                   //允许接收中断。RCIE,TXIE
    PIE1 = PIE1|0x10;
    CREN = 1;                           //允许串行口接收数据
    TXEN = 1;                           //允许串行口发送数据
    TRISD = 0;
}

void interrupt Sci_isr()
{
    if(RCIF == 1)
    {
        RCIF = 0;
        receive232[receive_count] = RCREG;
        send232[receive_count] = RCREG;
        PORTD = RCREG;                  //用 LED 显示单片机接收到的数据
        receive_count ++;
        if(receive_count>7)
        {
            receive_count = 0;
            SciReceiveFlag = 1;
        }
    }
    else if(TXIF == 1)
    {
        if(send_count>7)
```

```c
            {
                TXEN = 0;                       //数据已经发送完成,禁止发送
                return;                         //返回主程序
            }
            else
            {
                send_count ++;                  //发送数据计数器
                TXREG = * pointer ++;           //获取要发送的发送数据,送入发送寄存器中,等待发送
            }
        }
    }

}
main()
{
    uchar i;
    initial();
    sciinitial();
    INTCON = INTCON|0xC0;
    while(1)
    {
        if(SciReceiveFlag == 1)                 //接收完 8 个数据
        {
            SciReceiveFlag = 0;
            send_count = 0;
            pointer = &send232[0];
            TXREG = * pointer ++;
            TXEN = 1;
        }
    }
}
```

> **锦　囊：**
> 　　串行通信尽管在传输速度上不如并行通信；但对于单片机而言，串行通信凭借占用引脚资源少，尤其适合远距离传输的优势，应用较广泛。通过第 12 章和第 13 章的讲解，一定要掌握各种串行通信方式的特点，并在应用时通过分析来选择适合的串行传送方式，这样才能搞好"外交"，才能让单片机家族发展更快，应用更广。

第 14 章

GPS 应用实例

充分了解单片机最好的方法就是进行实验,前面几章中已经进行了各个模块的小型实验,本章介绍扩展性实验,只有这样才能更好地学习单片机,发挥单片机内部资源的优势。

14.1 GPS 定位原理浅析

位置服务已经成为越来越热的一门技术,今后将成为所有移动设备(智能手机、掌上电脑等)的标准配置。而在定位导航技术中,目前精度最高、应用最广的自然非 GPS 莫属了。现在介绍 GPS 原理的专业资料很多,而本章试图从编程人员的角度出发,以程序员易于理解的方式简单介绍 GPS 定位的基本原理。

首先介绍数学模型,因为笔者认为数学模型可能是程序员比较关心的问题。当然在此事先声明,该模型只是笔者根据一些 GPS 资料专为程序员总结出来的一个简化模型,对于细节方面可参考专业的 GPS 资料。

GPS 定位实际上就是通过四颗已知位置的卫星来确定 GPS 接收器的位置。GPS 的定位原理如图 14-1 所示,图中的 GPS 接收器为当前要确定位置的设备,卫星1、2、3、4 为本次定位要用到的四颗卫星,具体参数说明如下:

◆ Position1~Position4 分别为四颗卫星的当前位置(空间坐标),已知。
◆ d1~d4 分别为四颗卫星到要定位的 GPS 接收器的距离,已知。
◆ Location 为要定位的卫星接收器的位置,待求。

那么简单来讲,定位的过程就是:通过一个函数 GetLocation(),从已知的[Position1,d1]、[Position2,d2]、[Position3,d3]、[Position4,d4]这四对数据中求出 Location 的值,用程序员熟悉的函数调用可表示为

```
Location = GetLocation([Position1,d1],[Position2,d2],[Position3,d3],[Position4,d4]);
```

那么,此函数是从哪里来的?又是怎样执行的?为什么必须要有 4 对参数呢?下面就来进行介绍。

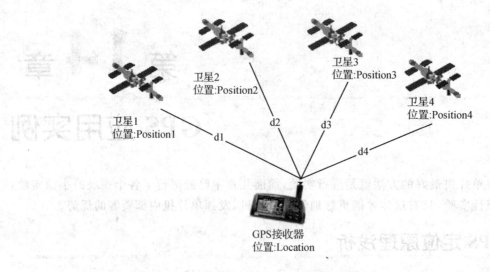

图 14-1 GPS 定位原理图

1. Position1、Position2、Position3、Position4 这些位置信息是从哪里来的?

实际上,运行于宇宙空间的 GPS 卫星,每一个都在时刻不停地通过卫星信号向全世界广播自己的当前位置坐标信息。任何一个 GPS 接收器都可通过天线很轻松地接收到这些信息,并且能够读懂这些信息(这其实也是每一个 GPS 芯片的核心功能之一)。这就是这些位置信息的来源。

2. d1、d2、d3、d4 这些距离信息是从哪里来的?

已经知道每一个 GPS 卫星都在不辞辛劳地广播自己的位置,而且在发送位置信息的同时,也会附加上该数据包发出时的时间戳。GPS 接收器收到数据包后,用当前时间(由 GPS 接收器自己确定)减去时间戳上的时间,就是数据包在空中传输所用的时间。

数据包在空中的传输时间乘以数据的传输速度,就是数据包在空中传输的距离,也就是该卫星到 GPS 接收器的距离。数据包是通过无线电波传送的,那么理想速度就是光速 c,如果把传播时间记为 T_i 的话,则传输距离可用公式表示为

$$d_i = c \times T_i \quad (i=1,2,3,4)$$

这就是 d1~d4 的来源。

3. GetLocation() 函数是如何执行的?

此函数是为了说明问题而虚构的,事实上并不存在;但是一定存在这样一个类似的运算逻辑,这些运算逻辑可由软件实现,但事实上可能大都是由硬件芯片来完成的(这可能也是每一个 GPS 芯片的核心功能之一)。

4. 为什么必须要有四对参数？

根据立体几何知识，在三维空间中，三对[Position$i$,di]数据就可以确定一个点了(实际上可能确定两个点，但可通过逻辑判断舍去一个点)，可为什么这里却需要四对呢？在理想情况下，的确三对数据就够了，也就是说在理想情况下，只需要三颗卫星就可以实现 GPS 定位了。但是，实际上必须要四颗。

因为根据上面的公式，di 是通过 $c \times T_i$ 计算出来的，而我们知道 c 值很大(理想速度即光速)，所以对于时间 T_i 而言，一个极小的误差都会被放大很多倍，从而导致整个结果无效。也就是说，在 GPS 定位中，对时间的精度要求是极高的。在 GPS 卫星上使用铯原子钟来计时，但由于铯原子钟价格昂贵，所以不可能为每一个 GPS 接收器配一个铯原子钟；同时，由于速度 c 会受到空中电离层的影响，因此也会有误差；再者，GPS 卫星广播的自己的位置也可能会有误差；还可能有其他一些因素也会影响数据的精确度。总之，数据是存在误差的。这些误差可能导致定位精确度降低，也可能直接导致定位无效。因此，GetLocation( )函数中多用一组数据正是为了校正误差。至于具体的细节就不用关心了，只要知道多用一组数据就可以通过一些巧妙的算法来消除或减小误差，保证定位有效。这就是 GetLocation( )函数必须使用四组数据的原因，也就是为什么必须有四颗卫星才能定位的原因。

5．GetLocation( )函数返回的位置信息怎样被 GPS 设备识别呢？

前面在进行位置计算时都是用空间坐标形式表示的，但是对 GPS 设备及应用程序而言，通常需要使用[经度，纬度，高度]这样的位置信息。那么可以想象，在 GetLocation( )函数返回位置结果前，可能会进行一个从空间坐标形式到经纬度形式的转换，不妨假设存在一个 Convert(经纬度,空间坐标)这样的函数来进行这个转换。

6．单点定位与差分定位

实际上前面所说的内容只是定位原理中的一种，称为单点定位或绝对定位。它是通过唯一的一个 GPS 接收器来确定位置的，如图 14 - 2 所示。

目前定位精度最高的是差分定位，或称相对定位。它是通过增加一个参考 GPS 接收器来提高定位精度的，如图 14 - 3 所示。

前面已经围绕一个虚拟函数 GetLocation( )基本了解了 GPS 定位的基本数学模型，对于编程而言，知道这些知识就足够了(其实不知道也不影响编程)。如果好奇心还没满足，可以继续了解以下一些与 GPS 相关的背景知识。

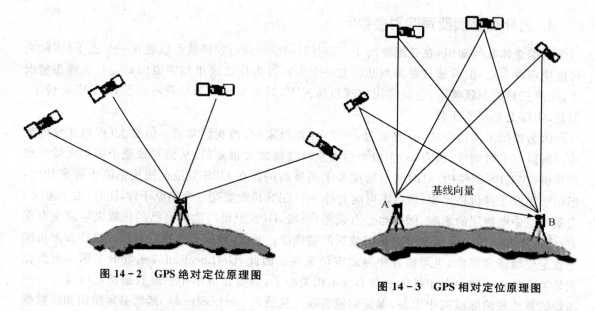

图 14-2　GPS 绝对定位原理图　　　　图 14-3　GPS 相对定位原理图

14.2　GPS 卫星的身世

全球定位系统 GPS(Global Position System)的全称为导航星测时与测距全球定位系统 NAVSTAR GPS(NAVigation Satellite Timing And Ranging Global Position System)。GPS 是一个由美国国防部开发的空基全天候导航系统，用以满足军方在地面或近地空间内获取一个通用参照系中的位置、速度和时间信息的要求。

1. GPS 的发展历程

◆ 1957 年 10 月第一颗人造地球卫星 Sputnik I 发射成功，空基导航定位由此开始。
◆ 1958 年开始设计 NNSS-TRANSIT，即子午卫星系统。
◆ 1964 年子午卫星系统正式运行。
◆ 1967 年子午卫星系统解密以供民用。
◆ 1973 年美国国防部批准研制 GPS。
◆ 1991 年海湾战争中，GPS 首次大规模用于实战。
◆ 1994 年 GPS 全部建成投入使用。
◆ 2000 年克林顿宣布，GPS 取消实施 SA(对民用 GPS 精度的一种人为限制策略)。

2. 美国政府的 GPS 策略

◆ 有两种 GPS 服务，包括：
　　• SPS　　标准定位服务，民用，精度约为 100 m；

- PPS 精密定位服务,军用和得到特许的民间用户使用,精度高达 10 m。
◆ 有两种限制民用定位精度的措施(保障国家利益不受侵害),包括:
  - SA 选择可用性,降低普通用户的测量精度,限制水平定位精度为 100 m,垂直定位精度为 157 m(已于 2005 年 5 月 1 日取消);
  - AS 反电子欺骗。

3. 其他卫星导航系统

◆ GLONASS(全球轨道导航卫星系统),前苏联。
◆ Galileo-ENSS(欧洲导航卫星系统,即伽利略计划),欧盟。
◆ 北斗导航系统,中国。

14.3 GPS 系统的构成

GPS 系统由空间部分、控制部分和用户部分三部分组成,如图 14-4 所示。

1. 空间部分

GPS 的空间部分主要由 24 颗 GPS 卫星构成,其中 21 颗工作卫星,3 颗备用卫星。24 颗卫星运行在 6 个轨道平面上,运行周期为 12 小时。保证在任一时刻、任一地点高度角 15°以上都能观测到 4 颗以上的卫星。GPS 空间部分的主要作用是发送用于导航定位的卫星信号。

2. 控制部分

GPS 的控制部分由 1 个主控站、5 个监控站和 3 个注入站组成,如图 14-5 所示。作用是监测和控制卫星运行,编算卫星星历(导航电文),保持系统时间。各部分的作用分别是:

◆ 主控站 从各个监控站收集卫星数据,计算出卫星的星历和时钟修正参数等,并通过注入站注入卫星;向卫星发布指令,控制卫星,当卫星出现故障时,调度备用卫星。
◆ 监控站 接收卫星信号,监测卫星运行状态,收集天气数据,并将这些信息传送给主控站。
◆ 注入站 将主控站计算的卫星星历及时钟修正参数等注入卫星。

控制部分的分布情况如图 14-6 所示,具体位置是:

◆ 主控站 位于美国科罗拉多州(Colorado)的法尔孔(Falcon)空军基地。
◆ 注入站 位于阿松森群岛(Ascension),大西洋;迭戈加西亚(Diego Garcia),印度洋;卡瓦加兰(Kwajalein),东太平洋。
◆ 监控站 1 个与主控站在一起;3 个与注入站在一起;另外 1 个在夏威夷(Hawaii),西太平洋。

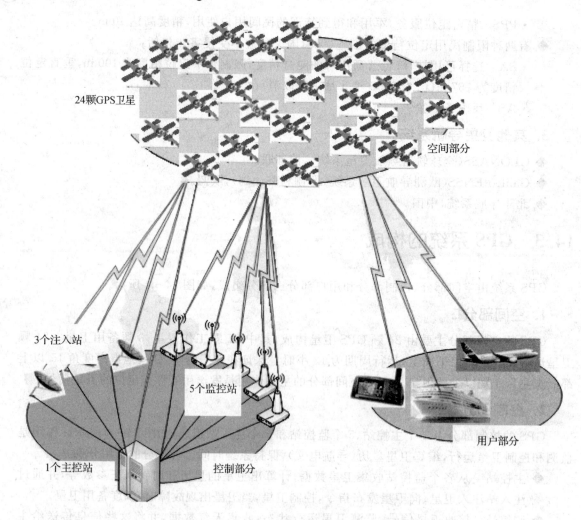

图 14-4 GPS 系统组成

3. 用户部分

GPS 的用户部分包含 GPS 接收器及相关设备。GPS 接收器主要由 GPS 芯片构成。如车载、船载 GPS 导航仪,内置 GPS 功能的移动设备,GPS 测绘设备等都属于 GPS 用户设备。

用户部分主要由 GPS 接收器组成。

GPS 接收器是接收、跟踪、变换和测量 GPS 信号的设备,是 GPS 系统的消费者。

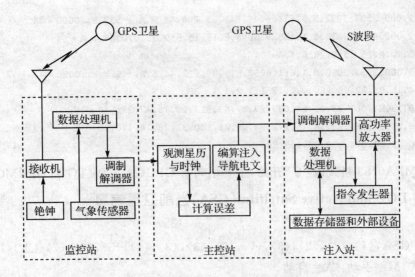

图 14-5　GPS 地面监控系统框图

全球定位系统主控站和监控站网络分布

图 14-6　GPS 控制部分的分布情况

14.4　GPS 程序设计

　　GPS 程序就是用单片机串口对 GPS 输出数据进行解析,解析出有用信息,然后用液晶屏等显示器显示出来,这些信息由经度、经度方向、纬度、纬度方向和移动速度等组成。详细的 GPS 输出数据信息如下所列,共有 8 种格式的数据,可根据情况对其中一种或几种格式进行解析,找到需要的数据。

```
$GPGGA,121252.000,3937.3032,N,11611.6046,E,1,05,2.0,45.9,M,-5.7,M,,0000*77
$GPRMC,121252.000,A,3958.3032,N,11629.6046,E,15.15,359.95,070306,,,A*54
$GPVTG,359.95,T,,M,15.15,N,28.0,K,A*04
$GPGGA,121253.000,3937.3090,N,11611.6057,E,1,06,1.2,44.6,M,-5.7,M,,0000*72
$GPGSA,A,3,14,15,05,22,18,26,,,,,,2.1,1.2,1.7*3D
$GPGSV,3,1,10,18,84,067,23,09,67,067,27,22,49,312,28,15,47,231,30*70
$GPGSV,3,2,10,21,32,199,23,14,25,272,24,05,21,140,32,26,14,070,20*7E
$GPGSV,3,3,10,29,07,074,,30,07,163,28*7D
```

说明：NMEA0183 格式以"$"开始，主要语句有 GPGGA、GPVTG 和 GPRMC 等。

1. GPS DOP and Active Satellites(GSA)当前卫星信息

格式为：

$GPGSA,⟨1⟩,⟨2⟩,⟨3⟩,⟨3⟩,,,,,⟨3⟩,⟨3⟩,⟨3⟩,⟨4⟩,⟨5⟩,⟨6⟩,⟨7⟩⟨CR⟩⟨LF⟩

其中：⟨1⟩模式，M＝手动，A＝自动。

⟨2⟩定位形式，1＝未定位，2＝二维定位，3＝三维定位。

⟨3⟩PRN 数字，01～32 表示天空中使用的卫星编号，最多可接收 12 颗卫星信息。

⟨4⟩PDOP 位置精度因子，为 0.5～99.9。

⟨5⟩HDOP 水平精度因子，为 0.5～99.9。

⟨6⟩VDOP 垂直精度因子，为 0.5～99.9。

⟨7⟩Checksum 检查位。

2. GPS Satellites in View(GSV)可见卫星信息

格式为：

$GPGSV,⟨1⟩,⟨2⟩,⟨3⟩,⟨4⟩,⟨5⟩,⟨6⟩,⟨7⟩,?⟨4⟩,⟨5⟩,⟨6⟩,⟨7⟩,⟨8⟩⟨CR⟩⟨LF⟩

其中：⟨1⟩GSV 语句的总数。

⟨2⟩本句 GSV 的编号。

⟨3⟩可见卫星的总数，00～12。

⟨4⟩卫星编号，01～32。

⟨5⟩卫星仰角，00～90°。

⟨6⟩卫星方位角，000～359°。实际值。

⟨7⟩讯号噪声比(C/No)，00～99 dB；无未接收到讯号。

⟨8⟩Checksum 检查位。

注意：个别卫星会重复出现第⟨4⟩,⟨5⟩,⟨6⟩,⟨7⟩项，每行数据中最多有四颗卫星，其余卫星信息会于次一行出现，若未使用，则这些字段空白。

3. Global Positioning System Fix Data(GGA)GPS 定位信息

格式为：

$$\text{\$ GPGGA},\langle1\rangle,\langle2\rangle,\langle3\rangle,\langle4\rangle,\langle5\rangle,\langle6\rangle,\langle7\rangle,\langle8\rangle,\langle9\rangle,M,\langle10\rangle,$$
$$M,\langle11\rangle,\langle12\rangle*hh\langle CR\rangle\langle LF\rangle$$

其中：⟨1⟩UTC 时间,hhmmss(时分秒)格式。

⟨2⟩纬度,ddmm.mmmm(度分)格式(前面的 0 也将被传输)。

⟨3⟩纬度半球,N(北半球)或 S(南半球)。

⟨4⟩经度,dddmm.mmmm(度分)格式(前面的 0 也将被传输)。

⟨5⟩经度半球,E(东经)或 W(西经)。

⟨6⟩GPS 状态,0＝未定位,1＝非差分定位,2＝差分定位,6＝正在估算。

⟨7⟩正在使用解算位置的卫星数量(00～12)(前面的 0 也将被传输)。

⟨8⟩HDOP 水平精度因子,为 0.5～99.9。

⟨9⟩海拔高度,为－9 999.9～99 999.9 m。

⟨10⟩地球椭球面相对大地水准面的高度。

⟨11⟩差分时间(从最近一次接收到差分信号开始的秒数,如果不是差分定位将为空)。

⟨12⟩差分站 ID 号,为 0000～1023(前面的 0 也将被传输,如果不是差分定位将为空)。

4. Recommended Minimum Specific GPS/TRANSIT Data(RMC)推荐定位信息

格式为：

$$\text{\$ GPRMC},\langle1\rangle,\langle2\rangle,\langle3\rangle,\langle4\rangle,\langle5\rangle,\langle6\rangle,\langle7\rangle,\langle8\rangle,\langle9\rangle,\langle10\rangle,$$
$$\langle11\rangle,\langle12\rangle*hh\langle CR\rangle\langle LF\rangle$$

其中：⟨1⟩UTC 时间,hhmmss(时分秒)格式。

⟨2⟩定位状态,A＝有效定位,V＝无效定位。

⟨3⟩纬度,ddmm.mmmm(度分)格式(前面的 0 也将被传输)。

⟨4⟩纬度半球,N(北半球)或 S(南半球)。

⟨5⟩经度,dddmm.mmmm(度分)格式(前面的 0 也将被传输)。

⟨6⟩经度半球,E(东经)或 W(西经)。

⟨7⟩地面速率,为 000.0～999.9 kn(节)(前面的 0 也将被传输)。

⟨8⟩地面航向,为 000.0～359.9°,以真北为参考基准(前面的 0 也将被传输)。

⟨9⟩UTC 日期,ddmmyy(日月年)格式。

⟨10⟩磁偏角,为 000.0～180.0°(前面的 0 也将被传输)。

⟨11⟩磁偏角方向,E(东)或 W(西)。

⟨12⟩模式指示(仅 NMEA0183 3.00 版本输出),A＝自主定位,D＝差分,E＝估算,N＝数据无效。

5. Track Made Good and Ground Speed(VTG)地面速度信息

格式为：

$GPVTG,⟨1⟩,T,⟨2⟩,M,⟨3⟩,N,⟨4⟩,K,⟨5⟩*hh⟨CR⟩⟨LF⟩

其中：⟨1⟩以真北为参考基准的地面航向，为 000～359°(前面的 0 也将被传输)。

⟨2⟩以磁北为参考基准的地面航向，为 000～359°(前面的 0 也将被传输)。

⟨3⟩地面速率，为 000.0～999.9 kn(前面的 0 也将被传输)。

⟨4⟩地面速率，为 0000.0～1 851.8 km/h(前面的 0 也将被传输)。

⟨5⟩模式指示(仅 NMEA0183 3.00 版本输出)，A＝自主定位，D＝差分，E＝估算，N＝数据无效。

因格式有很多种，故这里以 RMC 为例进行解析，解析出来的数据可用液晶屏进行显示，具体显示操作可查看液晶屏的使用方法，显示部分的程序需要自己完成。程序清单如下：

```c
#include <pic.h>
#define uchar unsigned char
#define uint unsigned int
#define RX_BUFFER_SIZE0 128
__CONFIG(0x3B31);
char rx_buffer0[128];
char GPS_RX_Over_Flag = 0;
char GPS_Time[7] = {"\0"};                    //GPS 时间
char GPS_Status = '\0';                       //GPS 有效性
char GPS_Latitude[11] = {"\0"};               //GPS 纬度
char GPS_NSIndicator = '\0';                  //GPS 南北纬标识位
char GPS_Longitude[12] = {"\0"};              //GPS 经度
char GPS_EWIndicator = '\0';                  //GPS 东西经标识位
char GPS_Speed[7] = {"\0"};                   //GPS 速度
char GPS_Course[7] = {"\0"};                  //GPS 正北夹角
char GPS_Date[7] = {"\0"};                    //GPS 日期
char GPS_Speed_Int = '\0';                    //GPS 速度,整数
//*****************************端口初始化********************************//
void initial()
{
    INTCON = 0;
    ADCON1 = 0x07;
    PIE1 = 0;
```

```c
    PIE2 = 0;
    TRISD = 0;
}
// ************************* 串口初始化函数 *******************************//
void sciinitial()
{
    TXSTA = 0x04;                       //8 位数据,异步模式,高速
    RCSTA = 0x80;                       //使能串行通信,8 位接收
    TRISC = TRISC|0x80;                 //将 RC7(RX)设置为输入方式
    TRISC = TRISC&0xBF;                 //将 RC6(TX)设置为输出方式
    SPBRG = 25;                         //波特率设置,$F_{osc}/16(x+1)$
    PIR1 = 0;                           //清中断标志
    PIE1 = PIE1|0x20;                   //允许接收中断
    CREN = 1;                           //允许串行口接收数据
    TXEN = 1;                           //允许串行口发送数据
}
// ************************* 数据解析函数 *********************************//

void CMPRC(void)
{
    uchar i,j,comma = 0;
    float x = 0.000;
    for(j = 0;j<RX_BUFFER_SIZE0;j++)
    {
        if(rx_buffer0[j] == ',')
        {
            comma++;
            i = 0;
        }
        else
        {
            switch(comma)
            {
                case 1:
                    if (i<6)
                        GPS_Time[i++] = rx_buffer0[j]; //时间
                    break;
                case 2:
```

```c
                    GPS_Status = rx_buffer0[j];              //定位状态是否有效标志
                    break;
                case 3:
                    if (i<9)
                        GPS_Latitude[i++] = rx_buffer0[j];   //纬度
                    break;
                case 4:
                    GPS_NSIndicator = rx_buffer0[j];         //南北纬标识位
                    break;
                case 5:
                    if (i<10)
                        GPS_Longitude[i++] = rx_buffer0[j];  //经度
                    break;
                case 6:
                    GPS_EWIndicator = rx_buffer0[j];         //东西经标识位
                    break;
                case 7:
                    if (i<6)
                        GPS_Speed[i++] = rx_buffer0[j];      //速度
                    break;
                case 8:
                    if (i<6)
                        GPS_Course[i++] = rx_buffer0[j];     //正北夹角
                    break;
                case 9:
                    if (i<6)
                        GPS_Date[i++] = rx_buffer0[j];       //日期
                    break;
                default:
                    break;
            }
        }
    }
    GPS_Speed[6] = '\0';                                     //最后一位
}
void main()
{
    initial();
    sciinitial();
```

```c
    while(1)
    {
        if(GPS_RX_Over_Flag)
        {
            GPS_RX_Over_Flag = 0;
            CMPRC();                        //对数据进行解析
        }
        display();                          //显示经纬度等信息,具体内容自己来完成
    }
}
//*************************串口中断函数********************************//
void interrupt Sci_isr( )
{
    char status,data;
    status = RCSTA;
    data = RCREG;
    if((!GPS_RX_Over_Flag)&&(rx_counter0<=RX_BUFFER_SIZE0))
    {
        if((status & (FERR | OERR))==0)
        {
            rx_buffer0[rx_counter0] = data;
            if((rx_buffer0[rx_counter0]=='C')&&(rx_buffer0[rx_counter0-1]=='M')
                &&(rx_buffer0[rx_counter0-2]=='R'))
            { GPRMC_flag=1; rx_counter0=0; return; }
            if(GPRMC_flag==1)
            {
                if((data==0x0D)&&(rx_counter0<=RX_BUFFER_SIZE0))
                {
                    GPRMC_flag = 0;
                    GPS_RX_Over_Flag = 1;    //GPS数据接收完成标志
                    rx_counter0 = 0;
                    return;
                }
            }
            ++rx_counter0;
        };
    }
    else  rx_counter0 = 0;
}
```

从以上程序可以看出,先用串口接收了 GPS 定位信息,然后将接收到的信息进行分离处理,得到所需要的经纬度等信息,最后用液晶屏将信息显示出来。关于液晶屏的使用需要根据具体类型来学习。

参考文献

[1] 周坚.PIC单片机轻松入门.北京:北京航空航天大学出版社,2009.
[2] 张明峰.PIC单片机入门与实战.北京:北京航空航天大学出版社,2004.
[3] 刘笃仁.PIC软硬件系统设计——基于PIC16F87X系列.北京:电子工业出版社,2005.
[4] 李海涛,等.PIC单片机应用开发典型模块.北京:人民邮电出版社,2007.
[5] 王宇,等.PIC单片机入门与提高.北京:机械工业出版社,2006.
[6] 李学海.PIC单片机实用教程——基础篇.北京:北京航空航天大学出版社,2007.
[7] 李学海.PIC单片机实用教程——提高篇.北京:北京航空航天大学出版社,2007.